本书系黑龙江省教育厅2022年度高等教育教学改革项目"基于立德树人和师范专业认证双重背景下课程教育教学的研究与实践"(项目编号：SJGY20220441)、佳木斯大学2022年度教育教学改革项目"师范认证背景下地方高校生物科学专业建设策略研究"（项目编号：2022JY2-33）的研究成果之一

# 遗传学实验指导

主　编　◎　张丽敏
副主编　◎　王　仲

中国纺织出版社有限公司

## 内容提要

本书介绍了植物、动物、微生物及人类遗传学实验，实验内容包括染色体（质）标本的制作与分析、有性杂交实验与基因定位、数量性状的测定与分析、染色体结构和数量诱变、同工酶技术、核酸的提取方法与遗传分析等36个实验。每个实验编排有实验目的、实验原理、实验试剂与器材、实验材料、实验方法与步骤、实验作业、注意事项、思考题等部分。

本书设计合理、内容全面、方便实用、结果明确，适合于高等院校的教师和学生在遗传学实验教学中使用，也可作为遗传学及相关工作者在科研实践中的参考资料。

### 图书在版编目（CIP）数据

遗传学实验指导 / 张丽敏主编；王仲副主编. —— 北京：中国纺织出版社有限公司，2024.5. --ISBN 978-7-5229-1832-7

Ⅰ. Q3-33

中国国家版本馆 CIP 数据核字第 2024KE6373 号

---

责任编辑：范红梅　　责任校对：寇晨晨　　责任印制：王艳丽

---

中国纺织出版社有限公司出版发行
地址：北京市朝阳区百子湾东里 A407 号楼　邮政编码：100124
销售电话：010—67004422　传真：010—87155801
http://www.c-textilep.com
中国纺织出版社天猫旗舰店
官方微博 http://weibo.com/2119887771
三河市宏盛印刷有限公司印刷　各地新华书店经销
2024 年 5 月第 1 版第 1 次印刷
开本：710×1000　1/16　印张：15
字数：280 千字　定价：68.00 元

---

凡购本书，如有缺页、倒页、脱页，由本社图书营销中心调换

# 前言

遗传学是一门发展迅速，实验性、应用性强的学科，它是生物工程的核心与精髓，在生命科学中处于前沿学科的地位。

遗传学的发展离不开科学的实验设计与研究，遗传学实验课程的内容设置、教材适合度、实验教学环节等都直接关系到学生对遗传学知识的理解和掌握，以及其他专业课程的学习。为此，编者根据多年的实验教学体会，结合多数高校的教学大纲、实验教学条件和生源特点，编写了此书。

本书分别从植物、动物、微生物及人类角度设置4个模块，对遗传学实验进行介绍。实验内容包括染色体（质）标本的制作与分析、有性杂交实验与基因定位、数量性状的测定与分析、染色体结构和数量诱变、同工酶技术、核酸的提取方法与遗传分析等36个实验。既有验证性实验，可加深学生对遗传学知识的理解，又有综合性实验，以锻炼学生的综合分析能力和动手能力。此外，书中附录部分涵盖了遗传实验室的管理制度、实验室常用仪器的使用、常用试剂、培养基的配制等，便于不同学校或地域根据当地取材的难易及学校实际条件，选择合适的实验方法。本书具有设计合理、内容全面、方便实用、结果明确等特点，适合于高等院校的教师和学生在教学中使用，也可供遗传学工作者在研究及实践中参考。

本书由佳木斯大学张丽敏老师主编，王仲老师副主编完成，实验1～14和实验26～29由王仲编写，实验15～25和实验30～36由张丽敏编写，附录由张丽敏和王仲共同整理。在撰写过程中得到黑龙江省高等教育教学改革项目资助，项目名称：基于立德树人和师范专业认证双重背景下课程教育教学的研究与实践（SJGY20220441），佳木斯大学教育教学改革项目资助，项目名称：师范认证背景下地方高校生物科学专业建设策略研究（2022JY2-33）的大力支持。

由于编者知识水平有限，书中不足之处在所难免，恳请读者给予批评指正。

编　者
2024年1月

# 目录

## 模块一　植物遗传学实验 ··········································································· 1
实验 1　植物根尖细胞有丝分裂的制备与观察 ·············································· 1
实验 2　植物花粉母细胞的减数分裂 ···························································· 6
实验 3　染色体核型（组型）分析 ······························································ 11
实验 4　植物染色体分带技术 ···································································· 15
实验 5　植物的有性杂交 ·········································································· 23
实验 6　玉米籽粒一对相对性状的观察 ······················································ 34
实验 7　玉米籽粒两对相对性状的观察 ······················································ 36
实验 8　玉米的三点测交 ·········································································· 38
实验 9　染色体畸变的观察 ······································································ 42
实验 10　诱变剂的微核测试 ···································································· 44
实验 11　人工诱发多倍体植物 ·································································· 47
实验 12　植物单倍体的人工诱导 ······························································ 51
实验 13　植物同工酶技术 ········································································ 54
实验 14　植物总 DNA 的提取 ·································································· 60

## 模块二　动物遗传学实验 ········································································· 65
实验 15　动物细胞的减数分裂 ·································································· 65
实验 16　动物骨髓细胞染色体制片技术 ······················································ 68
实验 17　唾腺染色体的制片技术与观察 ······················································ 71
实验 18　果蝇的生活史及形态观察 ···························································· 77
实验 19　果蝇的单因子杂交 ······································································ 84
实验 20　果蝇的双因子杂交 ······································································ 89
实验 21　果蝇的伴性遗传 ·········································································· 94
实验 22　果蝇的三点测交 ·········································································· 99
实验 23　果蝇数量性状的遗传分析 ···························································· 105
实验 24　果蝇同工酶的遗传学分析 ···························································· 108
实验 25　动物组织总 DNA 的提取 ···························································· 116

## 模块三　微生物遗传学实验 ··· 119
实验 26　粗糙链孢霉的杂交 ··· 119
实验 27　细菌的中断杂交 ··· 126
实验 28　质粒 DNA 的提取 ··· 129
实验 29　细菌的转导 ··· 132

## 模块四　人类遗传学实验 ··· 137
实验 30　人体外周血淋巴细胞培养与染色体标本制备 ··· 137
实验 31　人类 X 染色质的观察 ··· 144
实验 32　人体染色体分带技术 ··· 148
实验 33　人类若干性状的遗传特性及其调查分析 ··· 152
实验 34　多基因遗传的人类指纹分析 ··· 162
实验 35　人群中 PTC 味盲基因频率的分析 ··· 167
实验 36　人类的 ABO 血型测定与分析 ··· 173

## 参考文献 ··· 177

## 附　录 ··· 179
附录Ⅰ　遗传实验室的管理制度 ··· 179
附录Ⅱ　遗传实验室常用仪器的使用 ··· 179
附录Ⅲ　常用试剂、培养基的配制 ··· 196
附录Ⅳ　常见生物体细胞染色体数 ··· 224
附录Ⅴ　$\chi^2$ 分布表（卡方分布表） ··· 230

# 模块一　植物遗传学实验

## 实验1　植物根尖细胞有丝分裂的制备与观察

### 一、实验目的

（1）了解细胞有丝分裂这一连续变化过程。
（2）掌握有丝分裂几个重要时期的典型特征。
（3）掌握对植物组织、细胞的固定、解离及制片方法。

### 二、实验原理

有丝分裂是真核细胞较普遍的一种分裂方式。各种生长旺盛的植物组织，如根尖、茎尖、幼叶、愈伤组织、孢原组织以及分化的小孢子、萌发的花粉管，都在不断地进行细胞分裂。在有丝分裂过程中，染色体复制1次，核分裂1次，形成2个核，最终形成2个子细胞。在这一过程中，复制的染色体通过一系列有规律的变化，保证了子细胞与母细胞染色体形态与数目的同一性。经过适当的取材处理，加以固定、解离、染色、压片，可以在显微镜下观察到染色体的变化特点和染色体的形态特征。这是遗传学上通过细胞分裂观察、研究染色体形态和结构的基本方法。

有丝分裂是一个动态的过程，大致可分为前后连续的5个时期。

（1）间期：两次分裂之间的时期，细胞核较大，蛋白质合成和DNA（脱氧核糖核酸）在间期完成复制，但在显微镜下看不到染色体的形态结构。

（2）前期：由DNA和蛋白质构成的细丝逐渐卷曲，缩短成为可见的染色体结构，核仁和核膜逐渐消失。

（3）中期：核仁和核膜消失，全部染色体排列在中央赤道板上，出现纺锤丝，与每个染色体的着丝粒相连。

（4）后期：由于纺锤丝蛋白收缩，着丝粒纵向分裂，每个染色体的2个染色单体分别向两极移动，染色单体成为子染色体。由于着丝粒在每个染色体上位置的不同，可呈现不同的形状。

（5）末期：分裂后的2套染色体开始在两极聚集，逐渐变细变长，纺锤丝消失，核仁、核膜重新出现，细胞板在细胞中央赤道板形成，1个细胞分裂形成2个子细胞。

植物细胞分裂周期的长短不尽相同，通常为十到几十小时，且温度明显地影响分裂周期。对于不太熟悉的材料，最好让其在特定的温度下长根，掌握有丝分裂高峰期，以便得到更多的有丝分裂细胞。

## 三、实验试剂与器材

1. 实验试剂

（1）卡诺固定液：用 3 份无水乙醇，加入 1 份冰醋酸（现用现配）。

（2）1mol/L 盐酸：取 82.5mL 浓盐酸，用蒸馏水定容至 1000mL。

（3）卡宝品红染色液：包括配方Ⅰ（石炭酸品红）和配方Ⅱ（改良石炭酸品红）2 种配制方法。

配方Ⅰ：先配母液 A 和母液 B。

母液 A：称取 3g 碱性品红，溶解于 100mL 70% 乙醇中（此溶液可长期保存）。

母液 B：取 10mL 母液 A，加入 90mL 50% 石炭酸水溶液（2 周内使用）。

取母液 B 45mL，加入 6mL 冰醋酸和 6mL 37% 甲醛。此染色液含有较多的甲醛，在植物原生质体培养过程中，观察核分裂比较适宜。后来在此基础上加以改良，形成配方Ⅱ，称为改良石炭酸品红，可以普遍应用于植物染色体的压片技术。

配方Ⅱ：改良石炭酸品红。

取配方Ⅰ石炭酸品红染色液 2～10mL，加入 90～98mL 45% 醋酸和 1.8g 山梨醇。此染色液初配好时颜色较浅，放置 2 周后，染色能力显著增强。在室温下不产生沉淀而较稳定。

2. 实验器材

冰箱、恒温箱、显微镜、恒温水浴锅、吸水纸、纱布、培养皿、棉纱缸、载玻片和盖玻片、小试管、吸管、白色滴瓶、茶色滴瓶、盖片镊子、医用镊子、擦镜纸、小刀片、解剖针。

## 四、实验材料

大蒜根尖、洋葱根尖等。首选大蒜根尖为实验材料，因为它有以下 3 个方面的优点：

（1）来源方便，南方、北方都很容易在市面上买到。

（2）价格便宜。

（3）染色体大，镜下易观察其形态特征及动态变化。

除大蒜外，也可用洋葱、玉米、蚕豆等根尖，或各类植物幼叶，或组织培养的愈伤组织等，各实验室可根据具体情况自行选择。

## 五、实验方法与步骤

【概括步骤】

取材（1.5～2.0cm根尖）──→ 固定 $\xrightarrow{2～24\text{h }70\%\text{乙醇中}}$ 解离 $\xrightarrow{1\text{mol/L}盐酸\ 60℃\ 4\text{min}}$ 水洗（3次）──→ 染色 $\xrightarrow{7～8\text{min}}$ 压片──→观察。

【具体步骤】

1. 取材

可直接从田间挖取刚长出的幼嫩根尖，也可在室内培养根尖，不同植物取材时间略有不同。

（1）大蒜取材：室内培养大蒜根尖，可将大蒜置于盛有清水的小烧杯口上或培养皿中，使根茎部与水接触，或将其半埋于湿沙中，大蒜可整头放于烧杯口培养，也可先将蒜瓣扒皮后用铁丝串起放在培养皿中，在25℃恒温箱中培养2～3d。待根尖长至1.5～2.0cm时，取下根尖，取材时间一般在10:00—11:00，15:00—17:00。

（2）洋葱取材：洋葱根的培养与大蒜类似，取材时间一般在中午或晚上12点。

（3）玉米或蚕豆等其他植物种子根尖的取材：先将种子浸泡一天，待吸水膨胀后再转移到铺有几层湿吸水纸的培养皿中，上面盖两层湿纱布并加水少许，放在18～20℃黑暗条件下培养40～50h，待根长至1～2cm时，剪下备用，蚕豆根取材时间在7:00—13:00为好。

（4）幼叶取材：取幼叶时以最内幼叶为最好。秋冬季节以种子室内培养苗的幼叶为好，春夏季节自然生长的和室内培养的植物幼叶均可。

2. 固定

将取下的根尖立即放入卡诺固定液中，室温下固定2～24h，固定后材料若不立即使用，可转入70%乙醇中，在4℃冰箱中保存（可长期保存）。若材料立即使用，则不需转入乙醇中。

3. 解离

下面介绍两种解离方法，可根据实验需要选择使用。

（1）酸解：用镊子从固定液中取出大蒜根尖，放入小试管中，滴入蒸馏水漂洗，用胶头滴管吹洗根尖，然后吸走蒸馏水，滴入1mol/L盐酸，将小试管放入60℃水浴锅中解离4min，取出试管后，用吸管吸走盐酸。

（2）酶解：从固定液中取出大蒜根尖，放在0.1mol/L醋酸钠溶液中漂洗，用刀片切除根冠及延长区（根尖较粗的蚕豆，可以把根尖分生组织切成2～3片），把根尖分生组织放到用醋酸钠溶液配制的纤维素酶（2%）和果胶酶（0.5%）的混合液中，在28℃恒温箱中解离4～5h，此时组织已被酶液浸透而呈淡褐色，质地柔软但仍可由镊子夹起，用滴管将酶液吸去，再滴上0.1mol/L醋酸钠溶液，使组织中的酶液渐渐渗出，再换45%醋酸。

酶解后的根尖，如作分带或姐妹染色单体交换，可用45%醋酸压片，如作核型分析或染色体计数等常规压片，可放在改良石炭酸品红染色液中染色，经过酶处理的组织染色的速度快。

解离一步在此实验中较为关键。若解离不够充分，则细胞和染色体分散不好，细胞重叠，观察效果不好；若解离时间过长，则压片时细胞极易破裂，显微镜下看不到完整的细胞，染色体也会分散而不易看到一整套染色体的动态变化，所以掌握好一定温度下的解离时间是十分必要的。

4. 水洗

向小试管中滴入蒸馏水，用吸管吹洗根尖，然后吸去，滴入蒸馏水，再清洗，反复3次，目的是洗去材料中的药品以利于染色。此步水洗也较为关键，漂洗不彻底，则染色不充分，显微镜下看到的图像效果就不好，所以一定要漂洗干净。水洗过程中，吸管吹洗根尖要轻，因解离后根尖软化，漂洗时稍不注意，则所需的根尖分生组织部分容易丢失，以致看不到最后结果，所以应特别注意。

5. 染色及压片

将解离后经水洗的根尖放在清洁的载玻片上，用刀片切除根的根冠及延长区部分，保留分生组织部分（经固定、解离后的根尖分生组织位于根冠后，呈乳白色），用针尖向四周挑开，加上少量卡宝品红染色液，染色7～8min，然后盖上盖玻片，拿一张吸水纸盖在盖玻片上，用拇指向下垂直按压盖玻片，注意千万不能使盖玻片前后左右滑动，然后用铅笔平头轻敲打盖片，使细胞及重叠的染色体分散，较易得到理想的分裂象。

6. 观察

把制好的片子放在显微镜下观察，先在低倍镜下镜检，寻找有丝分裂的各个时期，选择中期染色体分散的细胞后转到高倍镜下观察（图1-1）。染色分散较好的片子，可以脱水封片，制成永久封片。

7. 永久封片

将片子用干冰或制冷器冷冻数分钟，也可在冰箱中冷冻几小时，取出后用刀片将盖玻片迅速掀开，将附着材料的玻片置于37℃恒温箱中烘干，经二甲苯中透明处理10～20min，滴加中性树胶，盖上盖玻片封片，做成永久封片，干燥后可长期保存。

## 六、实验作业

（1）制作出一张合格的有丝分裂临时装片。

（2）绘出显微镜下观察到的各期有丝分裂图像。

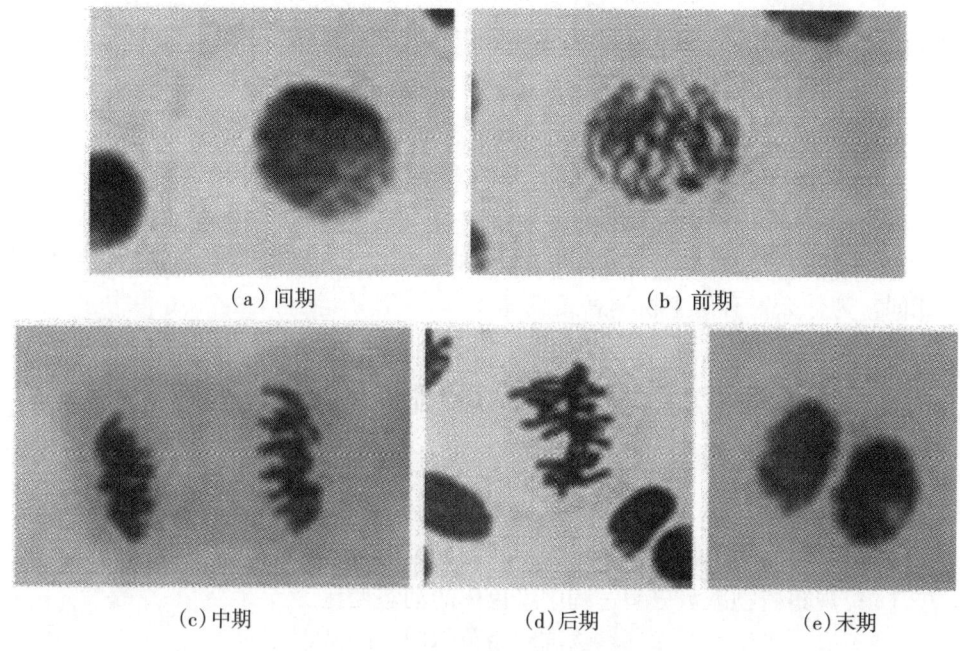

(a) 间期　　　　(b) 前期

(c) 中期　　　　(d) 后期　　　　(e) 末期

图 1-1　大蒜根尖有丝分裂过程

## 七、注意事项

（1）根尖的取材比较方便，它是观察植物染色体最常用的材料。有些植物种子难以发芽，或仅有植株而无种子，也可以用茎尖或幼叶作为材料。

（2）固定的目的是用化学药品使细胞迅速死亡，以保持其生活特性。乙醇只能使细胞脱水死亡，但不能保持其原状态，冰醋酸有膨胀作用，两者以 3∶1 混合，能较好地保持其生活状态。

（3）解离的目的是使分生组织细胞间果胶质分解，细胞壁软化或部分分解，使细胞和染色体容易分散压平。解离方法有酸解法和酶解法两种，其特点及应用范围不同。

①酸解法是用盐酸解离根尖，操作简便，容易掌握，广泛应用于染色体计数、核型分析和染色体畸变的观察。根尖分生组织经过酸解和压片后，都呈单细胞状态，但是大部分分裂细胞的染色体还包在细胞壁中间。

②酶解法常用于染色体显带技术或姐妹染色单体交换等研究，通过解离和压片，使分生细胞的原生质体能够从细胞壁里压出，再经过精心的压片，使染色体周围不带有细胞质或仅有少量细胞质，使多项制片技术措施直接作用于染色体。

（4）压片材料要少，避免细胞紧贴在一起，致使细胞和染色体没有伸展的余地。

（5）用笔敲打盖玻片时，用力要均匀适中，防止敲碎盖玻片或分散不够。若在压片时不留意，还会使个别染色体丢失，而被迫放弃一个良好的分裂象细胞。

### 八、思考题

（1）实验中，为观察到良好的分裂象细胞，你认为必要的步骤有哪些？

（2）试述染色体的结构及分类。

（3）何为染色单体与子染色体？子细胞中的染色体与母细胞中的染色体是否相同？为什么？有何生物学意义？

## 实验 2　植物花粉母细胞的减数分裂

### 一、实验目的

（1）了解高等植物小孢子母细胞减数分裂的过程。
（2）观察植物减数分裂过程中染色体的动态变化。
（3）进一步学习并掌握植物细胞染色体制作的基本技能。

### 二、实验原理

花粉母细胞中的 $2n$ 个染色体，$n$ 个来自父方，$n$ 个来自母方，$n$ 对染色体虽各不相同，但每对的形态完全一样，称为同源染色体。例如，玉米有 10 对共 20 个染色体，其中 10 个来自父方，10 个来自母方。大麦有 7 对共 14 个染色体，其中 7 个来自父方，7 个来自母方。减数分裂不仅使染色体数目减半，而且包含父母同源染色体的配对、非姐妹染色单体的交换重组以及非同源染色体的自由组合。染色体的这种行为和传递规律是一致的。

在适当的时期采集植物的花药，经固定、染色、压片等操作后，就可以在显微镜下看到细胞减数分裂过程中染色体的动态变化（图 2-1）。

在植物花粉形成过程中，花药内的一些细胞分化成小孢子母细胞（2n），每个小孢子母细胞进行 2 次连续的细胞分裂（第一次减数分裂和第二次减数分裂）。每一小孢子母细胞产生 4 个子细胞，每个子细胞就是 1 个子孢子。小孢子内的染色体数目是体细胞的一半。

在适当的时机采集植物的花蕾，经固定、染色压片后，就可以在显微镜下观察到细胞的减数分裂。整个减数分裂可分为下列各个时期。

1. 第一次减数分裂

（1）前期Ⅰ：包括 5 个子时期。

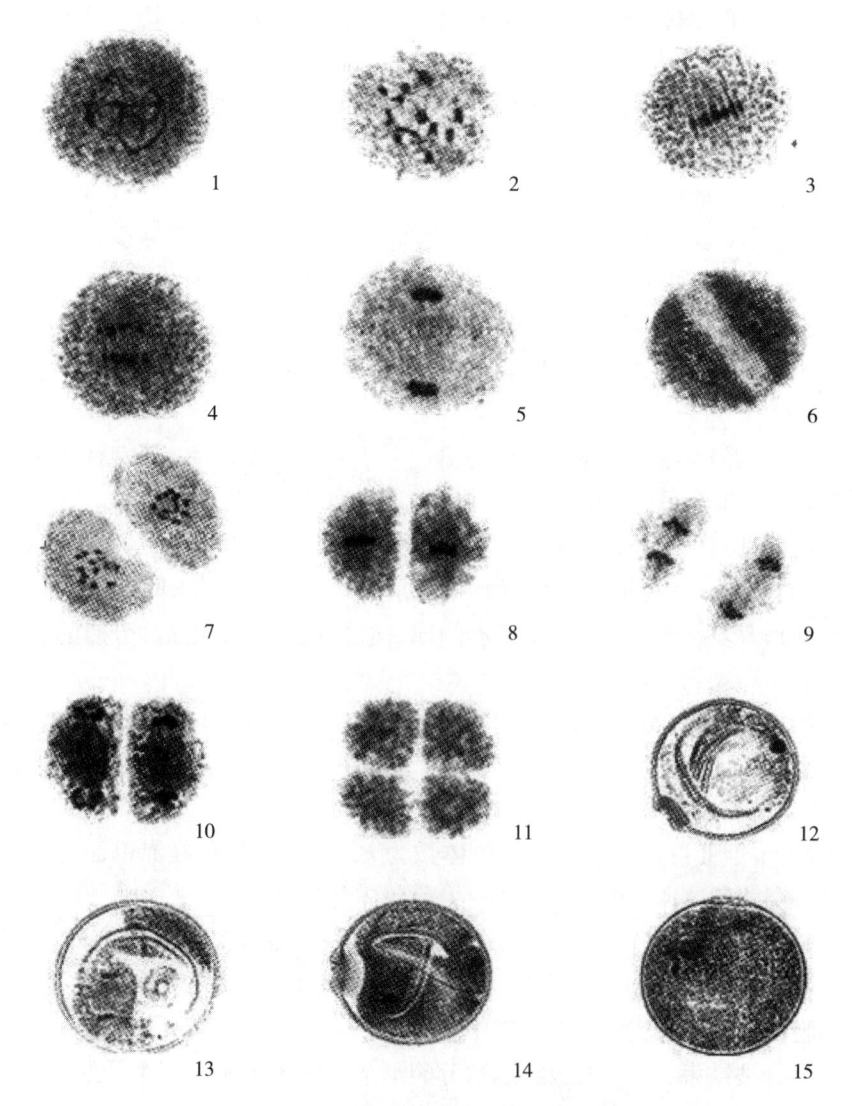

图 2-1  水稻小孢子母细胞减数分裂过程

1.粗线期；2.终变期；3.中期Ⅰ；4.后期Ⅰ；5.末期Ⅰ；6.分裂间期；7.前期Ⅱ；8.中期Ⅱ；9.后期Ⅱ；10.末期Ⅱ；11.四分体；12.单核花粉；13.单核分裂花粉；14.二核花粉；15.成熟花粉

①细线期：第一次分裂开始，每 1 个染色体已复制为 2 个单体，但在显微镜下还看不出染色体的双重性。染色质浓缩为几条细而长的细线，镜下可见细线相互缠绕而成团状。

②偶线期：又叫合线期，染色体形态与细线期没有多大变化，同源染色体开始配对，所以显微镜下可见边缘伸展开，细线呈双重性。

③粗线期：同源染色体配对完毕，这种配对的染色体称为双价体，每个双价

体含有4个染色单体，但仅有2个着丝粒。染色体依然短粗。镜下可见染色体结的产生。

④双线期：配对的同源染色体开始分开。由于染色单体间经过交换，同源染色体有交叉现象。染色体螺旋化程度加深。显微镜下可见染色体变粗变短，可见到交叉位点、双股的扭成麻花状的染色体。

⑤浓缩期：又叫终变期，交叉向染色体端部移动，交叉数减少，染色体变得更为短粗。浓缩期末核膜消失。镜下可见染色体呈O或V形。

（2）中期Ⅰ：各个双价体排列在赤道上，纺锤体形成，2个同源染色体上的着丝粒逐渐远离。双价体开始分离，染色体数仍为2n，但每一染色体含有2个染色单体。

（3）后期Ⅰ：2个同源染色体分开，分别移向两极。每一染色体有1个着丝粒，带着2个染色单体。每一极得到$n$个染色体，染色体数已减半。

（4）末期Ⅰ：染色体解旋，呈丝状，核膜形成，细胞质分裂，成为2个子细胞。

（5）间期Ⅰ：在第二次分裂开始以前，2个子细胞进入间期。但有的植物如延龄草和大多数动物不经过末期和间期，直接进入第二次减数分裂的前期。

2. 第二次减数分裂

（1）前期Ⅱ：染色体缩短变粗，染色体开始清晰起来。每个染色体含有1个着丝粒和纵向排列的2个染色单体。前期快结束时，染色体更为短粗，核膜消失。

（2）中期Ⅱ：此期细胞的染色体数为$n$，染色体排列在赤道面上，每个染色体含1个着丝粒和2个染色单体。染色单体开始分离。

（3）后期Ⅱ：2个染色单体分离，移向两极，每极含$n$个染色体。

（4）末期Ⅱ：染色体逐渐解螺旋，变为细丝状，核膜重建，核仁重新形成。细胞质分裂，各成为2个子细胞。

减数分裂结束，1个细胞经减数分裂形成4个子细胞，每个子细胞中只有$n$个染色体。因为细胞分裂2次，染色体只复制1次。

## 三、实验试剂与器材

1. 实验试剂

（1）铁矾媒染剂 [4% $Fe(NH_4)(SO_4)_2$]：取 $Fe(NH_4)(SO_4)_2$ 4g，溶解，用蒸馏水定容至100mL，过滤后备用。配制时注意去掉硫酸铁铵表面的白色、绿色粉末，最好取用淡紫色的硫酸铁铵结晶配制；溶液配好后应在18℃以下的阴凉处保存，不然瓶壁上会因形成氧化铁而产生黄色膜；此液使用前必须过滤，最好用前临时配制。

（2）苏木精染色液：将0.5g苏木精放入棕色瓶中，加1～5mL 95%乙醇，再加蒸馏水到100mL。取2～4层纱布包扎瓶口，通气防尘，放于窗前，4～5周后，溶液深棕红色时，则完全成熟，过滤后使用。用软木塞或玻璃塞封好瓶口，在冰箱内可保存半年。

也可用无水乙醇配成10%的基液，经30d左右的成熟期后就可应用。基液满装在棕色磨口瓶中，在低温下能长期保存，用时取5mL基液放入95mL蒸馏水中，混匀即可。

此染色液必须经熟化才可使用，熟化是苏木精氧化成苏木色素的过程，为加速熟化，可用以下方法处理：

①在新配制的苏木精溶液中，加入数滴 $H_2O_2$ 溶液。注意不可多加，一旦沉淀即失去效用。

②在 100mL 0.5% 染色液中加入 0.1g 碘酸钠，溶后即可使用。

③将蒸馏水煮沸，加入适量苏木精，待冷却约半小时后即可使用。

（3）醋酸洋红染色液：取45%醋酸100mL，加洋红1g，煮沸（沸腾时间不超过30s），冷却后过滤即成。也可以再加1%～2%铁明矾水溶液5～10滴，颜色更暗红。

（4）卡诺固定液、甘油等。

2. 实验器材

显微镜、培养皿、载玻片和盖玻片、棉纱缸、纱布、吸水纸、擦镜纸、盖片镊子、医用镊子、茶色滴瓶、小试管、吸管等。

## 四、实验材料

玉米（*Zea mays*）、大葱（*Allium fistulosum*）、小麦（*Triticum aestivum*）、大麦（*Hordeum vulgare*）、水稻（*Oryza sativa*）、蚕豆（*Vicia faba*）等作物的花药，任选一种。

## 五、实验方法与步骤

【概括步骤】

取材 —→ 固定 $\xrightarrow{2～24h}$ 染色 $\xrightarrow{10min}$ 压片 —→ 镜检 —→ 制作永久片。

【具体步骤】

1. 取材

选取适当大小的花蕾，是观察花粉母细胞减数分裂的关键性步骤。减数分裂时的植株形态和花蕾大小，依植物种类和品种不同而不同。须实践记录，以备参考。通常应从最小的花蕾来试行观察。在花冠现色和花药变黄或红、紫之前为好。凡是白天开花的，可在上午 7:00—10:00 固定，不需进行预处理，例如大葱、玉米、小麦等。

（1）大葱：雄花序外皮绽开前，取下整个花序（葱头），进行固定。

（2）玉米：植株在喇叭口期前7d左右，即达到减数分裂期。这时手握喇叭口下方有松软感，表明雄花序即将抽出，是进行固定材料的适当时期。从大量花朵中可以观察到不同时期的减数分裂相。取孕穗期的玉米幼穗雄花序，早熟种玉米孕穗期在具10~11片叶（晚熟品种为15~16片叶），顶叶尚未抽出时，用手抚其株高2/3处，即有孕穗所致柔软之感，剖腹取出部分雄穗，如果花药呈白色，花丝尚未伸长，即可供用。玉米雄穗上各朵小花成熟程度是不一致的，先后自上而下发育成熟。因此，可从不同部位花蕾中取花药，即可获得减数分裂各个时期的材料。

（3）小麦：从开始挑旗，到旗叶与下一叶片的叶耳间距为1~2cm时固定较为合适。有的品种在顶芒刚露出旗叶时为好。一般当花药长约2mm，呈黄绿色时，为减数分裂的时期。

（4）棉花：棉花现蕾不久即进入减数分裂期，由于其花序分节着生，连续生长，所以常按花蕾的长度取材。如陆地棉，一般当三角苞长到1cm上下，花萼与花瓣等长，整个花蕾长3~5mm时取样较好。

2. 固定

将采集的雄花置于固定液内固定2~24h后，换入70%乙醇中。若需保存较久，可放在70%乙醇：甘油1：1的溶液中。

3. 染色和压片

取固定好的花序，从上取几个花药。注意从不同部位选取。把花药置于载玻片上，用解剖刀将花药横切为2~3段，加一滴醋酸洋红染色液，用解剖刀轻压花药，使花粉母细胞从切口出来，静置染色10~15min，此时可从不同大小的花中连续取出几个花药，进行同样的染色处理。然后依次取载玻片在酒精灯上横过几次轻微加热，注意不可煮沸，同时用解剖针轻压拨动花药以促进着色，进一步去除残存的花药壁，加盖玻片，使染色液刚好布满，在盖玻片与载玻片之间成一薄层（切不可过多，以免花粉母细胞逸出盖玻片边缘），在盖玻片上覆以吸水纸，用拇指均匀用力压下，勿使盖玻片移动随之镜检。从不同压片中观察减数分裂不同时期典型的花粉母细胞，并注意其动态变化。

本实验中的染色液除可用醋酸洋红染色液外，也可用苏木精染色液，其方法及步骤如下：拨出花药置于载玻片上，滴一滴4%$Fe(NH_4)_2(SO_4)_2$溶液媒染40min，然后用水彻底洗10min，水洗后用苏木精染色液染色40min，然后用水洗，水洗后压片，压片时滴一滴45%醋酸，其作用为：

①对材料起分色作用，是一种褪色剂。

②对材料有软化作用。

4. 镜检

先在低倍镜下观察，找到染色的材料，再转到高倍镜下观察。

5. 制作永久片

前实验所得到的片子，只能作临时观察，要长期保存时，可做永久片，步骤如下：

培养皿内置一短玻棒，倒入约 2/3 的固定液。将选好的片子剔除封蜡，翻过来（有材料的面向下），一端搭在玻棒上，在固定液中浸泡。待盖玻片自然脱落后，与载玻片一起轻轻移入以下各缸：95% 乙醇 $\xrightarrow{1\text{min}}$ 无水乙醇 $\xrightarrow{1\text{min}}$ 无水乙醇 $\xrightarrow{1\text{min}}$ 加 Eipral 一滴，封片，贴上标签。

## 六、实验作业

（1）观察减数分裂各时期的特点，绘制各时期细胞图。
（2）简要描述各分裂时期的染色体行为和特征。

## 七、注意事项

（1）一定要充分地将花药内的花粉母细胞释出。
（2）花药的残余物一定要拣净。
（3）镜检时要注意区分体细胞和性母细胞：区分中期Ⅰ和中期Ⅱ、后期Ⅰ和后期Ⅱ的细胞。

## 八、思考题

（1）花粉母细胞与花药壁细胞有哪些不同？
（2）比较植物材料和动物材料在制备染色体标本过程中的区别。

# 实验3　染色体核型（组型）分析

## 一、实验目的

（1）掌握染色体核型分析的有关数据参数。
（2）掌握染色体核型分析的基本方法。
（3）了解某种生物染色体形态大小、数目、分类及核型分析的意义。
（4）有条件的情况下，可以学习染色体显微摄影及放大技术。

## 二、实验原理

各种生物的染色体数目是恒定的。大多数高等动植物是二倍体，即每一个体细胞含有两组同样的染色体，用 $2n$ 表示。其中与性别直接相关的染色体，即性染色体，可以不成对。每一个配子带有一组染色体，叫作单倍体，用 $n$ 表示。两性配子结合后，具有两组染色体，成为二倍体的体细胞。如蚕豆的体细胞 $2n=12$，它的配子 $n=6$；玉米的体细胞 $2n=20$，它的配子 $n=10$；水稻的体细胞 $2n=24$，它的配子 $n=12$。有些高等植物还是多倍体。

染色体在复制以后，纵向并列的两个染色单体，往往通过着丝粒连在一起。着丝粒在染色体上的位置是固定的。由于着丝粒位置的不同，可以把染色体分成相等或不等的两臂，形成中间着丝粒、亚中间着丝粒、亚端部着丝粒和端部着丝粒等形态不同的染色体。有的染色体还含有随体或次级缢痕等结构。

染色体核型（组型）通常指细胞分裂中期，染色体数目、大小、形态等特异性构成的总称。从染色体玻片标本和染色体照片的对比分析，进行染色体分组，根据每种生物染色体数目、大小和着丝粒位置、臂比、次级缢痕、随体等形态特征，对生物体内染色体进行配对、分组、归类、编号，进行分析描述的过程称为染色体核型分析，也称组型分析。染色体核型分析是细胞遗传学、现代分类学和进化理论的重要研究手段，也是一种简便的方法。对于研究生物的遗传变异、物种间的亲缘关系、生物的系统演化、远缘杂交、染色体工程、辐射的遗传效应和人类染色体疾病等，都具有非常重要的意义。

植物染色体组型分析方法分为两大类，一类是分析体细胞有丝分裂时期的染色体数目和形态，另一类是分析减数分裂时期的染色体数目和形态，均能得到染色体组型。

各染色体的长臂与短臂之比称为臂比。臂比为 1.0～1.7 的归为中间着丝粒染色体，用 $m$ 表示；1.71～3.0 的归为亚中间着丝粒染色体，用 $sm$ 表示；3.01～7.0 的归为亚端部着丝粒染色体，用 $st$ 表示；大于 7.0 的归为端部着丝粒染色体，用 $t$ 表示。

用 sat 代表具有随体的染色体，计算染色体长度时，可以包括随体，也可以不包括，但均要注明。

## 三、实验试剂与器材

1. 实验试剂

显影液、定影液等（若使用打印机直接打印照片或者复印照片，则不需要用此试剂）。

2. 实验器材

相机、放大机、相纸、胶卷、暗室、摄影显微镜以及有关摄影器材。计算器、剪刀、毫米尺、胶水、纸等用品。

## 四、实验材料

放大的某物种一个细胞染色体照片或玉米（*Zea mays*）、大蒜（*Allium sativum*）、芦荟（*Aloe*）等的根尖（或木本植物茎尖、幼嫩花蕾），经固定、染色、压片、显微摄影，制得染色体照片。

## 五、实验方法与步骤

【概括步骤】

染色体计数——→测量并记录——→计算参数——→列表——→剪贴——→配对——→排列——→绘图或翻拍。

【具体步骤】

1. 染色体计数

观察、记录某物种生物细胞分裂中期染色体数目（$2n$）。

2. 测量计算

根据放大照片，测量各指标数据，并计算染色体的臂比、着丝粒指数、染色体总长度、相对长度等参数。

$$臂比（臂指数）= \frac{长臂（q）}{短臂（p）}$$

$$着丝粒指数 = \frac{短臂长度}{该染色体长度} \times 100\%$$

$$相对长度 = \frac{某染色体长度}{染色体组内全部染色体总长度} \times 100\%$$

3. 列表

将计算结果整理后填入表 3-1 中。

表 3-1 染色体核型分析数据参数

| 编号 | 染色体总长度 | 相对长度 | 短臂（$p$） | 长臂（$q$） | 臂比 | 着丝粒指数 | 随体 | 类型 |
|---|---|---|---|---|---|---|---|---|
| 1 | | | | | | | | |
| 2 | | | | | | | | |
| 3 | | | | | | | | |
| …… | | | | | | | | |
| $n$ | | | | | | | | |

4. 配对

根据测量和计算的数据，比较染色体的形态、大小，相对长度、臂比、着丝粒指数、随体等特征，对照片上的染色体进行剪切，并把同源染色体配对。

5. 排列

染色体的排列通常从大到小，短臂在上，长臂在下，各染色体的着丝点排在一条直线上，有特殊标记的染色体（如含有随体的）以及性染色体等可单独排列。

写出实验材料与核型公式。核型公式就是以公式的形式将核型分析的结果和核型的主要特征予以表示，简明扼要，便于记忆和比较。

例如，芍药（*Paeonia eactiflora*）核型为：$K=2n=2x=10=6m+2sm+2st^{sat}$

6. 绘图

将配对、排列好的染色体核型，绘成染色体核型模式图（图3-1、图3-2）。

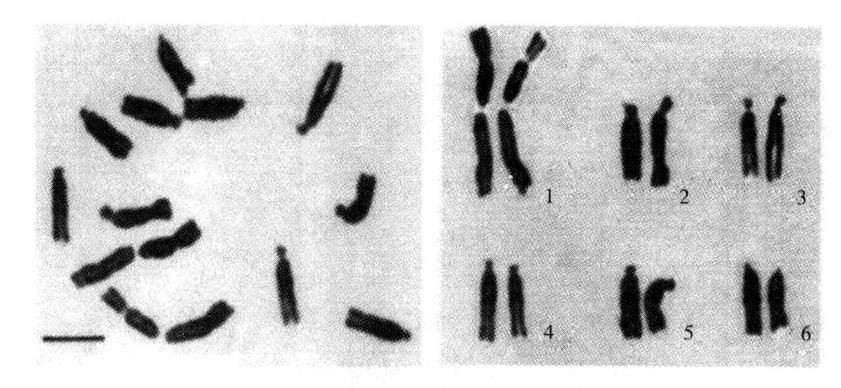

图3-1 蚕豆根尖有丝分裂中期染色体及核型

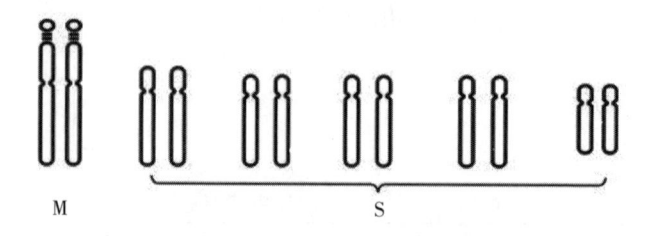

图3-2 蚕豆染色体核型示意图

## 六、实验作业

（1）通过测量、计算进行列表。

（2）完成核型分析，写出核型公式。

（3）绘制核型示意图。

## 七、注意事项

（1）测量长度时着丝粒一分为二，分别计入两个臂，随体的长度可以包括，也可以不包括，但是要注明。

（2）根据染色体相对长度，从大到小排列，如果染色体长度相等，以短臂长的在前。

（3）排列、剪贴时，短臂向上，长臂向下，各个染色体的着丝粒排列在一条直线上。

（4）一般情况下有特殊标记（随体）的染色体及性染色体排在最后。

## 八、思考题

（1）为什么要对染色体进行组型分析？

（2）作染色体组型分析时，为何要测相对长度？

# 实验4　植物染色体分带技术

## 一、实验目的

（1）掌握植物染色体分带技术，通过显微摄影，获得某植物染色体自然带型图，并能用植物染色体带型，进行该植物染色体带型分析。

（2）了解染色体图像分析系统，掌握图像处理、分析技术。

## 二、实验原理

染色体分带技术是20世纪70年代初兴起的一项细胞学新技术，它对有丝分裂中期染色体进行酶解，经酸、碱、盐等处理，再经染色后，染色体可清楚地显示出很多条深浅、宽窄不同的染色带。每条染色体上带纹的数目、部位、宽窄及浓淡，均有相对的稳定性，即这些带纹具有物种及不同染色体的特异性，在以往染色体形态特征的基础上，又增添了一类新的形态标志，可以更有效地鉴别染色体和研究染色体的结构和功能，这也为细胞遗传学和染色体工程提供了新的研究手段。

Vosa（1972年）最先将C-带技术引入植物染色体研究中来。C-带又称为结构异染色质带，主要是显示着丝粒、端粒、核仁组织区（NOR）或染色体臂上的结构异染色质。佐佐木（1973年）创造了植物染色体N-带显带技术，它使染色体核仁组织区特异着色，是核仁组织区独特的分带技术，故称N-带。Drewry（1982年）最先将人体胰酶法G-带技术引入红松染色体G-带研究中，尽管G-带的带纹不十分清楚，但植物染色体还是可以显示出G-带。陈瑞阳（1986年）首次提出植物染色体G-带的胰酶法和胰酶尿素法，并在川百合、大麦、黑麦、玉米、银杏等多种植物伸展的染色体上诱导出与动物染色体相似的G-带。对染色体分带机理的研究较多，染色体分带机理的学说也较多，如DNA决定论、蛋白质决定论、多因决定论等，但流行得比较广、被多数学者接受的理论是：Giemsa染料是由不同的噻嗪染料混合物（最重要的是天青B）和曙红组成，染色体上DNA与噻嗪分子结合形成噻嗪—曙红沉淀物使染色体着色；着色的大体过程是：两个噻嗪分子与DNA结合，然后与一个曙红分子结合，形成噻嗪—曙红沉淀物使染色体着色；染色体着色需要一个疏水的环境，以利于染料沉积积累；在染色体上高浓度的疏水蛋白区，更容易形成噻嗪—曙红沉淀物。G-带在Giemsa染色之前，要进行预处理，如将染色体标本放到37℃胰蛋白酶预处理，让染色体阴性G带区的疏水蛋白被除去或使他们的构型变为更疏水的状态，便于染色体着色。

## 三、实验试剂与器材

### 1. 实验试剂

冰醋酸、无水乙醇、甲醇、柠檬酸钠、氢氧化钡、磷酸二氢钠、磷酸二氢钾、磷酸氢二钠、甘油、Giemsa粉剂、果胶酶、纤维素酶、HCl、NaOH等。试剂的配制如下：

（1）Giemsa液：取0.5g Giemsa、33mL甘油、33mL甲醇，用少量甘油将Giemsa研磨至无颗粒，剩余甘油分次洗涤至棕色瓶内，56℃恒温2h，加入甲醇，过滤后保存于棕色瓶中。

（2）5% Ba(OH)$_2$溶液：将5g Ba(OH)$_2$加入100mL沸蒸馏水中溶解后过滤，冷却至18～28℃。

（3）2×SSC溶液：0.3mol/L氯化钠与0.3mol/L柠檬酸钠溶液。

（4）3×磷酸缓冲液：0.1mol/L磷酸二氢钾与0.1mol/L磷酸氢二钠溶液，用时稀释3倍。

（5）1%纤维素酶和果胶酶混合液。

（6）1/15mol/L磷酸二氢钾和1/15mol/L磷酸氢二钠缓冲液。

### 2. 实验器材

普通生物显微镜、数码摄影显微镜、数码相机、计算机图像处理系统、培养箱、恒温水浴锅、电子天平、液态氮装置、喷墨彩色打印机、磨口三角瓶、移液管、容量瓶、试剂瓶、凹型孔白瓷板、5cm×15cm玻璃板、烧杯、托盘天平、电炉、染色缸、扩大镜、剪刀、游标卡尺、滤纸片、玻片、标签纸等。

## 四、实验材料

植物染色体核型分析实验中的洋葱、蚕豆、大麦、小麦、黄麻等的根尖染色体玻片标本或某新资源植物染色体核型分析玻片。

## 五、实验方法与步骤

【概括步骤】

染色体标本的制备──→显带处理──C-带、N-带、G-带──→显微观察及摄影──→带型分析。

【具体步骤】

1. 熟悉植物染色体分带约定标准

由于国际上还没有一个植物染色体带型分析的共同标准，我国于1984年8月在辽宁兴城召开全国第一次全国植物染色体学术讨论会，李懋学、陈瑞阳联名作了"关于植物核型分析的标准化问题"报告，与会代表对植物染色体带型的种类及其描述方法充分讨论，根据大多数代表的意见形成大家约定的标准。

植物染色体分带可以分为两大类，即荧光分带和Giemsa分带。荧光分带已经很少应用，而Giemsa分带应用十分普遍，两种分带所显示的带纹也是基本上相同的。Giemsa分带中有C-带、N-带、G-带之分（图4-1、图4-2），C-带又称为结构异染色质带，主要是显示着丝粒、端粒、核仁组织区或染色体臂上的结构异染色质；N-带是核仁组织区（NOR）独特的分带技术，故称N-带；G-带在植物染色体上诱导出与动物染色体相似的Giemsa分带。陈瑞阳提出，在Giemsa分带中，用BSG法、HSG法、胰酶法等方法所显示的均为结构异染色质，统称为C-带。

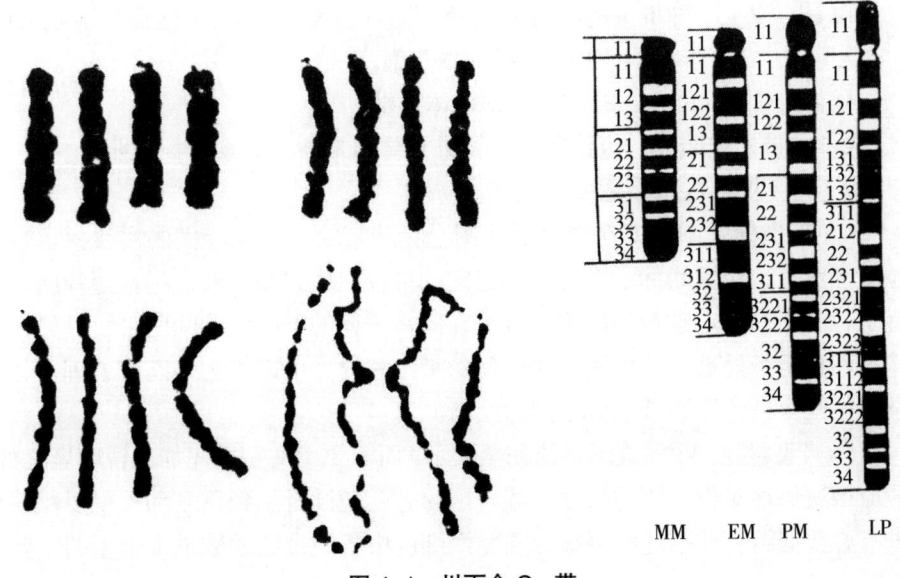

图 4-1　川百合 G-带

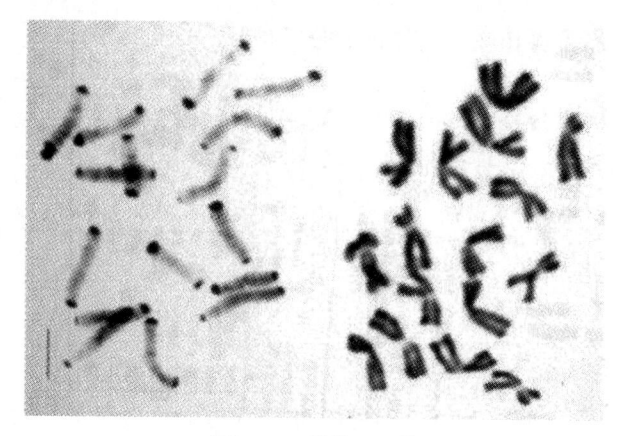

图 4-2 洋葱 C-带

（1）植物染色体显带类型：植物染色体显带主要有 5 种类型。

①着丝粒带（centromeric band，C），带纹分布在着丝粒及其附近，大多数植物的染色体可显示 C-带。蚕豆、黑麦、大麦等的染色体着丝粒带比较清楚，洋葱染色体的着丝粒带较浅。

②中间带（intercalary band，I），带纹分布在着丝粒与末端之间，表现比较复杂，不是所有染色体都具有中间带。

③末端带（telomere band，T），带纹分布在染色体末端。洋葱和黑麦染色体具有典型的末端带，而蚕豆、大麦的末端带不明显。

④核仁缢痕带（nucleolar constriction band，NOR），带纹分布在核仁组织者中心区。蚕豆的大 M 染色体和黑麦的第Ⅶ染色体具有这种带型。

同时具有以上 4 种带型的称为完全带，以"CITN"表示，其他称为不完全带，有"CIN"和"CTN"型、"TN"型和"N"型。

⑤随体带（satellite band，S），即随体显带。

（2）分带标准照片：应该附有一张染色体显带清晰完整的标准照片。

（3）带型图：与核型图要求相同。

（4）带型模式图：即在核型模式图上标示带纹，一般以横的实线标示带纹的位置和大小，用虚线标示多态或不稳定的带纹。模式图一般以标准照片所显带纹标示，不要求一定数量的细胞统计。在同一个体的不同细胞间的带纹差异，可以作为不稳定带处理；个体间或居群间的带纹差异，可以作为多态带处理。如果有杂合的同源染色体的带纹应该同时绘出。

（5）带型描述：除模式图不能完全表示，而需要用文字描述加以说明者之外，一般应该避免逐对染色体的烦琐描述，因为它会使读者感到重复和不得要领。最好进行必要的综合性描述。例如，在整个细胞中各类带纹的数量、带型的主要特点或变异、每一条染色体上带纹总长度和它占整个染色体总长度的百分比、所有染色体带纹总长度占所有染色体总长度的百分比等。既有带纹的数目和分布，又有异染色质带纹的定量分析，前者便于区分种间带型的差异，后者便于探讨或阐明异染色质含量的多少与物种的进化关系。

（6）带型公式：用一定的符号表示带纹的类型和分布，可以将带型用简明的带型公式来表示。如黑麦的 C- 带带型公式为：$2n=14=2CT+4CI+T+6CI^+T+2CI^+TN$。为了表示中间带和末端带在染色体的分布可以用"+"表示，如果显带只分布在短臂上，则在字母的右上角标上"+"号，如 $I^+$、$T^+$ 分别表示在中间带 I 和末端带 T 的短臂上有显带，如果只在长臂上有显带，则在字母的右下角标上"+"号，如 $I_+$、$T_+$ 分别表示在中间带 I 和末端带 T 的长臂上有显带，不标明"+"号，表示长、短臂上都有带，有多少种带就标明多少种带纹符号，如 $CI^+T$ 表示该染色体上有着丝粒带、中间带和末端带 3 种带。同类染色体数目用该带型符号前的数值来表示。

（7）凭证标本：除一般栽培作物外，其他植物则无论是报道染色体数目，还是进行核型分析、带型分析，均需要有凭证标本，并注明学名、采集地、采集者、标本鉴定人、凭证标本号和标本存放地点。

2. 练习植物染色体 Giemsa C- 带技术

C- 带又称为结构异染色质带，主要是显示着丝粒、端粒、核仁组织区或染色体臂上的结构异染色质。

（1）染色体标本的制备：按照去壁低渗法制备染色体标本，制好的标本需要干燥 3～7d。

①迅速空气干燥或过夜。

②氢氧化钡处理：在 47～48℃的饱和 $Ba(OH)_2$ 溶液中处理 5min，再用 0.056% $CaCl_2$ 溶液或蒸馏水清洗。注意冲洗的热蒸馏水用热水壶装，壶离染色缸一定高度，平稳、较慢地冲洗玻片，让热蒸馏水从染色缸内溢出，把氢氧化钡冲洗干净。要注意防止染色体玻片与空气接触，防止玻片上结碳酸钡膜。

③盐处理：在 47～48℃的 2×SSC 溶液中处理 5min，再用 0.056% $CaCl_2$ 溶液或蒸馏水清洗，用 45℃左右的热蒸馏水冲洗玻片至透明。

④干燥：空气中自然干燥。

⑤Giemsa 染色：在 20mL 磷酸缓冲液中加 Giemsa 原液 0.15～0.18mL，在室温下染色 12～15h（要镜检观察），直到适宜为止。

⑥镜检和封片：染色后的玻片标本，用蒸馏水洗去多余染料，染色过深时可用磷酸缓冲液脱色。室温下风干后即可镜检，挑选染色体带型清晰的片子，用树胶封片。

（2）显微镜观察及摄影：经过上述分带处理，多数植物都可以获得染色体

C-带图像。从显微镜下寻找染色体分散良好，显带清晰的早期、中期染色体，显微摄影。染色体带呈深红色或紫红色，非显带的常染色质呈淡红色，透明或半透明。所谓着丝粒带，就是在着丝粒及其附近呈现出染色体深红色或紫红色的带纹。染色体C-带技术也并非只能在染色体着丝粒及其附近呈现出染色体带纹，除着丝粒带之外，还会有中间带或末端带，见图4-3。物种不同，会有较大的差异。

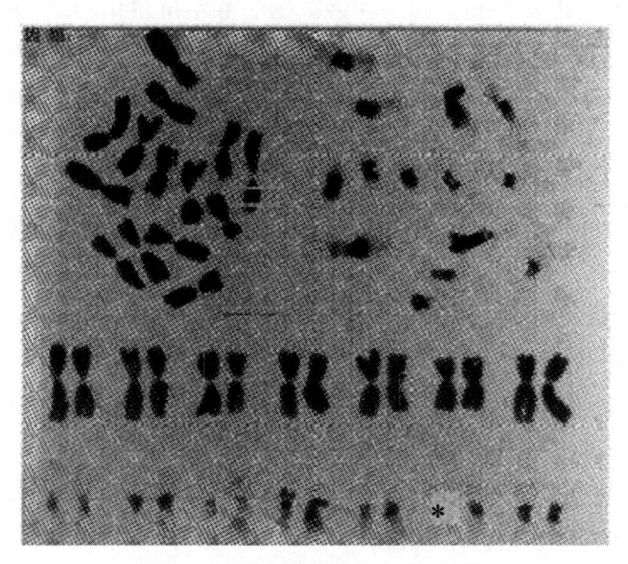

图4-3 野生四棱裸粒大麦C-带

（3）带型分析：按国内植物带型分析约定标准进行分析，绘制染色体带型图、带型模式图，描述带型特征，获得带型公式。

3. 练习植物染色体Giemsa N-带技术

染色体N-带显带技术是使染色体核仁组织区特异着色的技术，是核仁组织区（NOR）独特的分带技术。

（1）染色体标本的制备：按照去壁低渗法制备染色体标本，制好的标本需要干燥3～7d。

（2）显带处理：按以下步骤进行。

①碱处理：将干燥后的染色体玻片用0.1mol/L磷酸氢二钠溶液在（94±1）℃下处理8～15min。物种不同，制片的方法不同，处理的时间也不同，准确的处理时间需要自己去摸索。

②清洗：用50℃左右的蒸馏水冲洗3次。

③空气中自然干燥。

④Giemsa染色：材料面向下，将染色体玻片放在摆有牙签的玻璃板上，慢

慢滴加 20 ∶ 1，pH 6.8 的 Giemsa 染色液，染色 30～60min。染色时间因处理时间的不同而不同，若磷酸氢二钠溶液处理的时间长，染色的时间也需要延长。

⑤用自来水冲洗，使其迅速干燥。

（3）显微镜观察及摄影：经过上述分带处理，可以获得染色体 N- 带图像，从显微镜下寻找染色体分散良好、显带清晰的早期、中期染色体，显微摄影。染色体带呈深红色或紫红色，非显带的常染色质呈淡红色，透明或半透明，见图 4-4。

（4）带型分析：按国内植物带型分析约定标准进行分析，绘制染色体带型图、带型模式图，描述带型特征，获得带型公式。

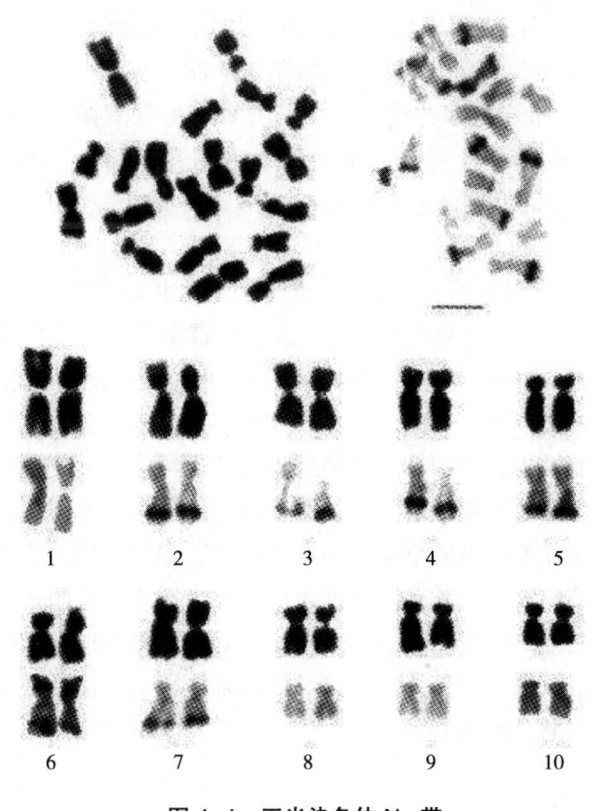

图 4-4　玉米染色体 N- 带

**4. 练习植物染色体 Giemsa G- 带技术**

G- 带是在植物染色体上诱导出与动物染色体相似的 Giemsa 分带。

（1）染色体标本的制备：按照去壁低渗法制备染色体标本，在预处理时，可以用饱和 α - 溴代萘水溶液或 0.02% 秋水仙素溶液处理 1.5～2h，标本用 70～80℃烘箱烘烤 2h 干燥。

（2）显带处理：目前有关植物染色体 G- 带显带的方法很多，下面主要介绍 3 种。

①胰酶法：将干燥后的染色体玻片用 0.85% 生理盐水浸泡 8～9s，再用 0.01% 胰蛋白酶（用 Dhank's 液配制 3% Tris- 盐酸，调 pH 到 7.4）处理 8～9s，用 0.85% 生理盐水冲洗 2 次，用 30：1 的 Giemsa 染色液染色 5～8min，用自来水冲洗，空气中自然干燥，显微镜下检查。

②尿素法：将干燥后的染色体玻片用 8mol/L 尿素溶液（2 份 8mol/L 尿素与 1 份 pH 6.8 的磷酸缓冲液混合）处理 40s～5min（视材料和染色体标本而定），用 30：1 的 Giemsa 染色液染色 5～8min，用自来水冲洗，空气中自然干燥，显微镜下检查。

③胰酶—尿素法：将干燥后的染色体玻片用 0.85% 生理盐水浸泡 8～9s，再用 0.01% 胰蛋白酶（用 Dhank's 液配制 3% Tris- 盐酸，调 pH 到 7.4）处理 5～40s，用 0.85% 生理盐水冲洗 2 次，再用 8mol/L 尿素溶液（2 份 8mol/L 尿素与 1 份 pH6.8 的磷酸缓冲液混合）处理 5～10s，用 0.85% 生理盐水冲洗 2 次，再用 30：1 Giemsa 染色液染色 5～8min，用自来水冲洗，空气中自然干燥，显微镜下检查。

（3）显微镜观察及摄影：经过上述分带处理，可以获得染色体 G- 带图像。但植物染色体 G- 带比动物染色体 G- 带显示要难得多，主要是植物染色体比动物染色体结构致密，植物染色体浓缩度高得多，使临近带间相互融合，连成一片，在光学显微镜下很难识别。一般来讲，带纹的多少随着染色体所处时期不同而不同，中期染色体带纹少，早中期、晚前期染色体带纹多，前期染色体呈颗粒状，早中期、中期染色体呈现明显的带状，与动物染色体带纹相似。从显微镜下寻找染色体分散良好、显带清晰的早期、中期染色体，显微摄影。染色体带呈深红色或紫红色，非显带的常染色质呈淡红色，透明或半透明，见图 4-5。

目前，植物染色体的 G- 带分带水平已进入早中期、前期，正力求进入间期，为了进一步提高带纹的分辨率，增加带纹的清晰度、对比度，必须尽量使染色体的长度保持在早中期、前期的水平。

## 六、实验作业

（1）上交 1 张某植物染色体带型分析的照片，并附有该植物的倍性、染色体基数、核型组成、公式、分类及染色体相对长度、臂比、臂指数、染色体长度比、不对称系数等内容，且均符合国内外通用的方法。

（2）对染色体制片失败，且经过第二次补做实验后仍然没有成功的同学，要求对该实验最佳的染色体或分裂细胞图像绘图，呈交本次实验的实验报告。

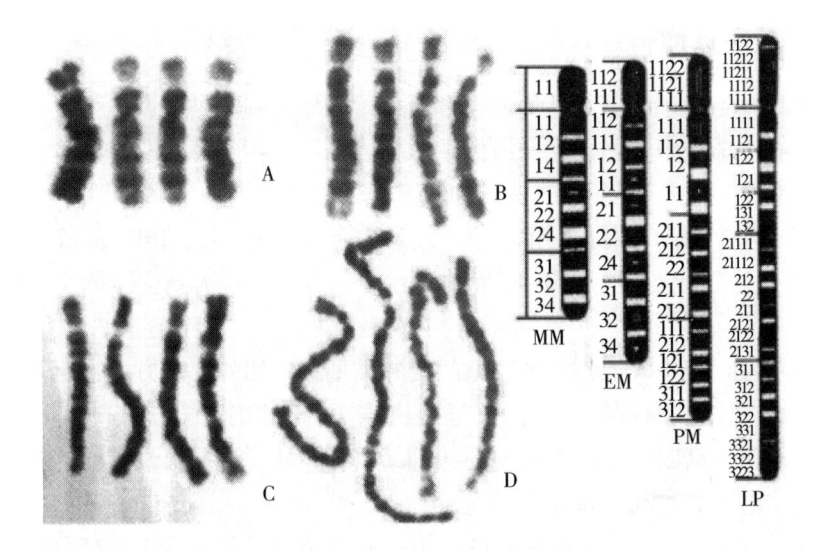

图 4-5　川百合染色体 G- 带

## 七、注意事项

分带处理适度的染色体应为深红略带蓝色，具黑色带纹。如染色体红色，无带，则变性处理不够，应增大 $Ba(OH)_2$ 浓度或延长变性时间；如染色体未染上色，或只着丝点附近染成黑色，则变性过度，应降低 $Ba(OH)_2$ 浓度或缩短变性时间；如细胞核和染色体均不见，说明变性极过度。

蚕豆和洋葱采用 HSG 法较好，而大麦和小麦采用 BSG 法效果较好。

## 八、思考题

（1）Giemsa C- 带、N- 带技术在遗传学、细胞遗传学方面有哪些重要意义？
（2）Giemsa G- 带技术在遗传学、细胞遗传学方面有哪些重要意义？

## 实验 5　植物的有性杂交

### 一、实验目的

（1）了解有性杂交的原理及花器构造、开花习性、授粉、受精等相关知识。
（2）掌握花粉活力的测定方法及有性杂交技术。
（3）通过实验掌握有性杂交技术，为农作物性状遗传规律的研究和育种工作提供实验手段。

## 二、实验原理

两个具有不同基因型的品种或类型，通过雌雄细胞的结合产生新类型，称为杂交。在有性杂交中，把接受花粉的植株称为母本，用符号"♀"表示，供给花粉的植株称为父本，用符号"♂"表示，父本、母本统称亲本，用 P 表示，杂交用符号"×"表示，自交用符号"⊗"表示，杂种一代用 $F_1$ 表示，杂种二代用 $F_2$ 表示，以此类推。如果 $F_1$ 代与隐性亲本杂交，称为测交，测交后代用 Ft 表示。

植物有性杂交是人工创造植物新的变异类型最常用的有效方法，也是现代植物育种上卓有成效的育种方法之一。通过将雌性、雄性细胞结合的有性杂交方式，重新组合基因，借以产生亲本各种性状的新组合，从中选择出最需要的基因型，进而创造出对人类有利的新种。

根据进行杂交亲本间亲缘关系的远近，有性杂交又分为近缘杂交及远缘杂交两大类，前者是指同一植物种内的不同品种之间杂交，后者是指在不同植物种或属、科间进行的杂交，也包括栽培种与野生种之间的杂交。籼稻与粳稻属于不同亚种，籼粳稻杂交，属于远缘杂交，品种间杂交为近缘杂交。由于品种间亲缘关系较近，具有基本相同的遗传物质基础，因此品种间杂交易获成功。

通过正确选择亲本，能在较短期间选育出具有双亲优良性状的新品种，但在品种间杂交时，因有利经济性状的遗传潜力具有一定限度，往往存在品种之间在某些性状上不能相互弥补的缺点。而采用远缘杂交的方式，可以扩大栽培植物的种质库，能把许多有益基因或基因片段组合到新种中，以使其产生新的有益性状，从而丰富了各类植物的基因型。通过远缘杂交又可获得雄性不育系，扩大杂种优势的利用。但远缘杂交的最大缺点，表现在远缘杂交交配往往不易成功，杂种夭亡，而且结实率很低，甚至完全不育，杂种后代出现了强烈的分离，中间类型表现不稳定，因而增加了远缘杂交的复杂性和困难，限制了远缘杂交在育种实践上的应用。

## 三、实验试剂与器材

1. 实验试剂

95% 乙醇、石蜡、蔗糖、硼酸、醋酸洋红等。

2. 实验器材

喷雾器、授粉器、电炉、眼科镊子、眼科手术剪刀、干燥器、培养皿、花粉筛、放大镜、指形管（或小玻璃瓶）、大搪瓷杯（带盖，熔石蜡用）、放大镜、玻璃透明纸袋、回形针、大头针、小纸牌（白色，3cm×4cm）、棉球、细线绳、纸袋、纸牌、铅笔等。

## 四、实验材料

可根据实验要求准备，如小麦、玉米、水稻、番茄、大白菜、甘蓝、大葱、菠菜、棉花、果树等。

## 五、实验方法与步骤

【概括步骤】

1. 花粉活力鉴定

（1）花粉萌发实验：采集花粉——→恒温箱培养——→观察——→计算萌发率。

（2）醋酸洋红染色法：采集花粉——→醋酸洋红染色——→观察——→计算活力。

2. 植物有性杂交技术

采花粉备用——→选择花序——→整穗——→去雄——→套袋隔离——→授粉、挂牌——→管理、记录观察。

【具体步骤】

1. 花粉活力鉴定

采集植物新鲜成熟的花粉，去其杂质，备用。

（1）花粉萌发实验：采用培养基萌发实验法，取干净的载玻片，滴一滴已知浓度的蔗糖溶液和硼酸溶液（不同植物花粉需要的最适浓度不同，需查阅资料或通过实验确定），然后滴一滴琼脂溶液，待凝固后，用发丝取少量的花粉均匀地撒播在琼脂蔗糖培养基上，注意防止花粉埋入培养基中，影响花粉萌发。将载玻片放入培养皿中（培养皿内底部放一层滤纸），然后盖上盖，置于温度适宜、湿度为85%的培养箱中培养。

培养24h后每隔1h在光学显微镜（10倍镜或40倍镜）下观察花粉萌发情况，以花粉管长度大于花粉直径为发芽标准。随机选取3个视野统计花粉总数和萌发数，然后计算萌发率。

（2）醋酸洋红染色法：用发丝取少量的花粉均匀地撒播在干净的载玻片上，加入适量的1%醋酸洋红溶液，盖上盖玻片，迅速在光学显微镜下观察，被染色成深红色的是有活力的花粉，淡红色或无色的是没有活力的花粉。随机选取3个视野统计观察到的花粉总数和被染色的花粉数，然后计算花粉活力（图5-1）。

2. 植物有性杂交技术

（1）小麦的有性杂交技术：了解小麦的花器的结构及开花习性是杂交成功的基础。

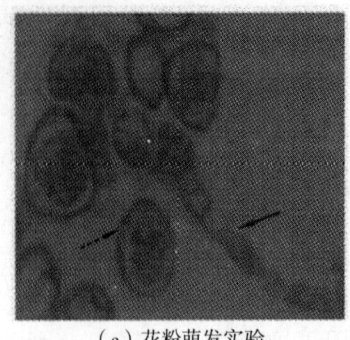

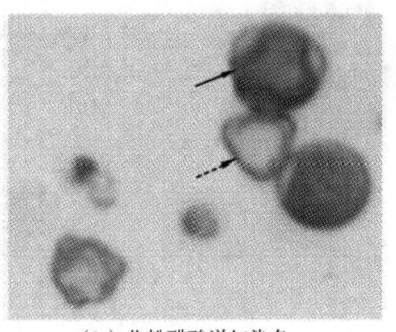

　　　　（a）花粉萌发实验　　　　　　　（b）花粉醋酸洋红染色

**图 5-1　花粉萌发及染色情况**

注：图（a）中，实线箭头指萌发的花粉粒及萌发管，虚线箭头指未萌发的花粉；图（b）中，实线箭头指有活性的花粉，虚线箭头指无活性的花粉。

　　①花部构造：小麦的花序为复穗状花序，穗轴由多个节片组成，每个节上着生一个多花小穗，穗轴两端生的小穗较小，且易不孕，中部小穗较大，而易结实。小麦的小穗无柄，茎部着生两个护颖。每个小穗一般生有 3～9 朵花。第一、第二朵花发育较大，结实；上部小花较小，常因缺乏养分而不结实。小麦的每朵小花有一外颖和内颖（外颖包着内颖），俗称内外壳。外颖厚而绿，内颖薄而白。外颖顶端有芒或无芒。外颖和内颖间，有 3 个雄蕊和 1 个雌蕊。雄蕊分为花丝和花药两部分。胚囊花丝很细，开花前很短，开花后伸长；花药由两个花粉囊组成，内部充满花粉，未成熟时为绿色，成熟后一般为黄色。雌蕊分柱头、花柱和子房三部分。柱头成熟时羽状分叉，子房为侧卵圆形。受精后，发育成颖果（一粒种子）。子房下部靠外颖侧有两片很小的鳞片，开花时吸水膨大，使内外颖张开。

　　②开花习性：正常情况下，小麦从抽穗到开花一般需要 3～5d。但后期抽穗者，由于高温影响，刚抽穗就开花了。

　　小麦的开花顺序，就全株来说，主茎上的花最先开放，然后按分蘖的先后顺序开花。就整个穗子来说，中部的小穗开花最早。就一个小穗来说，基部的小花先开，一个穗子的花期为 5～7d，但以开花后 3～4d 最盛。

　　小麦开花日夜都在进行，但以白天较多。在一天中，一般在上午和下午都有一个高峰。北方地区的开花高峰，上午是 9:00—11:00，下午是 15:00—18:00。

　　小麦是自花授粉作物。受粉后，外颖、内颖就闭合起来；如果没有受粉，内外颖不关闭，处于开张状态。柱头在正常情况下保持授粉的能力很长，可达 8d 之久，但以开花 1～2d 时的受粉能力最强。花粉粒生活时间很短，一般只有几小时。

　　③杂交方法：包括选穗、整穗、去雄、花粉的采集、授粉、受精情况检查及收获。

　　a.选穗：选择发育良好、健壮、具有本品种特征的主茎穗或大分蘖穗作母本。

一般在麦穗抽出，茎部离叶鞘 1～1.5cm 时去雄较为合适。气温较高时或后期抽穗的，可适当提早。选中这样的穗后，再用镊子打开穗子中部两侧的小花，检查其花药，若花药是绿色（还未发黄），这样的穗子去雄后，第 2～3d 授粉最易成功。花药过嫩时去雄，易损伤花器；过老时去雄，花粉囊易裂散粉，发生自交，不过，去雄的穗子宁可嫩一点，不可过老。

b. 整穗：母本穗子选定后，先用镊子去掉穗子上部、下部发育不好的小穗，仅留中部 5～6 对大的小穗，再将所留小穗上部的几朵小花除去，每小穗只保留基部两朵发育最好的小花，剪去芒。

c. 去雄：去雄一般有两种方法，即分颖去雄法和剪颖去雄法。

分颖去雄法：将整过的麦穗夹在左手中指和食指中间，用拇指轻压颖尖，使内外颖张开，用镊子轻轻把三枚花药取出，注意不要把花药夹破，也不要碰伤柱头。去雄工作应由上而下，去完一侧，再去另一侧，按顺序进行，以免遗漏。去雄时如果发现花药已变成黄色或破裂，应把此花除去，并把镊子插入 70% 乙醇中以杀死上面附着的花粉。

剪颖去雄法：在整穗时要把去雄花朵的护颖和内外颖剪去 2/5，然后从剪口中把花药用镊子取出。此法去雄较快，但要注意勿损伤柱头。去雄后，套上透明纸袋，纸袋下部开口沿穗轴折合，用大头针别住，防止天然杂交，注意不要别住剑叶。然后挂上标牌，用铅笔写上母本名称、去雄日期及操作者姓名。

d. 花粉的采集：采集花粉要在开花高峰时进行。用光滑的纸片折成船形盛器，将花粉抖落在盛器里。为促使父本开花，可选穗中部已有 2～3 个开花的小穗子，用手轻抹穗子 2～3 次，稍等片刻，就可看到颖壳逐渐张开，露出花药。这时将穗颈稍稍弯曲，放于用光滑纸片叠成的船形盛器中，用镊子轻轻敲打麦穗的花粉，即可落于船形盛器内。采集的花粉，要避免日晒。

e. 授粉：当去雄花朵的柱头呈羽毛状分叉，并带有光泽时，表示柱头已经成熟，应即进行授粉。授粉工作一般在去雄后的第二天上午 8 时以后、下午 4 时以前进行，较为适当。如去雄后遇到阴雨，温度低，可在去雄后 3～4d 内授粉。

授粉的方法很多，常用的有涂抹授粉法和捻转授粉法两种。

涂抹授粉法：除去母本穗上的纸袋，用镊子蘸少许花粉，涂抹在成熟的柱头上。授粉工作要按从上到下，授完一边再授另一边的顺序进行。小麦花粉在田间的活力维持时间较短，取下的花粉在 10～30min 内使用较为可靠，如发现花粉成团，则不能再用，全穗授粉完毕后，重新套上纸袋，并在标牌上写明父、母本品种名称和授粉日期，并剪去纸牌一角以便区别。

捻转授粉法：用于剪颖法去雄后的授粉。选将要开花小穗的父本穗子为供粉穗，将供粉穗取下并剪颖，使其花药露出来，促其散粉。把剪颖去雄的隔离纸袋的顶端，剪成敞口，然后把散粉的供粉穗从敞口处插入纸袋内，凌空捻转数下，使花粉散落于柱头上，然后将供粉穗取出（也可不取出），纸袋口用大头针别合，纸牌上写明父本名称和授粉日期。

　　f.受精情况检查及收获：小麦授粉后1～2h，花粉粒就在柱头上开始萌发，约经40h就可以受精。在授粉后的第3～4d可以打开套袋，检查子房的膨大情况，如果子房已膨大，内外颖合拢，说明已正常受精，如果内外颖仍然开张，子房不见膨大，说明未能受精。受精后，一般不需要继续隔离，可以除去套袋，但为了防止意外损失和收获时易于辨认；也可以不去套袋，到收获时，连同母本穗一起取回。

　　经去雄及控制授粉后，去雄亲本穗上结出的种子就是杂交种子。成熟后按组合收获，把同一组合的杂交穗子剪下后，装在一起，脱粒后装在一个纸袋里，写明组合名称、种子粒数，保存好准备播种之用。

　　（2）水稻的有性杂交技术：首先要了解水稻的花器结构及开花习性，其次要掌握杂交的方法。

　　①花器构造：水稻的花序为圆锥花序，稻穗由主轴、枝梗、小梗、小穗等组成。从穗颈到顶部的主梗称为主轴。主轴上生有枝梗，枝梗上再着生小枝梗，通常小枝梗的顶端单生一个小穗，小穗就是稻花。

　　水稻的小穗通常有一朵花，有花柄。小穗有护颖及副护颖各2个，护颖较硬且有毛。内颖、外颖长度相等，外颖有芒或无芒。颖内有雌蕊和雄蕊。雄蕊6个，每3个排成一排。花丝细长，花药呈丁字形，分为4室。花粉呈球形，表面光滑。雌蕊分为柱头、花柱和子房三部分。柱头羽状分叉，子房卵形。子房和外颖之间有两个鳞片。

　　②开花习性：稻穗从叶鞘抽出的当天或1～2d后就可以开花。开花适宜的温度是20～30℃，温度过低时花药不能开裂，过高（40℃以上）时花药干枯，都会造成不结实。开花期间的湿度以相对湿度70%～80%为宜。水稻开花的次序是：主轴上的花先开，其次是上部的枝梗开花，从上向下，依次开花；同一枝梗，顶端第一小穗先开，其次是第三、第四小穗开花，第二小穗往往后开花。

　　穗开花所需要的天数因品种、气候及穗子大小而有所不同，一般自开始到全穗开完，早稻需5d左右，中稻需6～7d，晚稻需8d左右。早、中稻在穗顶露出叶鞘后的当天就有部分小穗开花，第二或第三天开花旺盛，以后逐渐减少。晚稻在露鞘后的第二天才开花，到第四、第五天才稍旺盛，开花比较分散。每天开花的时间，因气候、品种不同，时间不一，早稻、中稻开花比较早，晚稻比较迟，在正常情况下，一般上午9时开始开花，中午开花最盛，下午4时以后开花较少（个别品种开花较多）。一朵花从开颖到闭颖所需要的时间为1.5～2h。花粉落到柱头上经过2～3min就发芽，30min后花粉管可进入胚囊。受精过程在开花后1.5～4h内完成。

花粉在自然条件下放置 5min 后,几乎会全部丧失发芽能力。放置 3min 后只有半数花粉粒能发芽。柱头的生活力较长,去雄后可维持 6d。去雄后 1～2d 授粉,结实率最高。

③杂交方法:包括去雄、采粉和授粉、套袋和收获等步骤。

a. 去雄:水稻是自花授粉作物,天然杂交率很低,母本必须在花粉散出前去雄。去雄是杂交工作中最重要的技术之一。

去雄前选株整穗:要选择生长健壮,没有病虫害的植株作母本,然后进行整穗,用小剪刀剪去上、下部枝梗上的小穗,留中部枝梗上的小穗(即颖花),再把开花的或当天不能开花的花颖剪掉,留下花丝伸长、花药将顶内颖的小花 20～30 个。

去雄方法包括:温汤杀雄法、剪颖去雄法、套袋去雄法、热气杀雄法等。

温汤杀雄法:其原理是根据水稻雌蕊耐高温能力比雄蕊强的特点,利用适当水温杀死雄蕊中的花粉,而不影响雌蕊的生活力。一般用 44～45℃温水放入热水瓶内,在盛花前 1d 进行为宜。其方法是将穗放入热水瓶中浸泡,但水瓶要斜放,浸 6～8min。在放入和取出穗时注意不要把茎、穗折断,取出后 20min 左右(水干)即可开颖,不开的全部去掉。

剪颖去雄法:因水稻是自花授粉作物,去雄时间一定要掌握好,以防自交。一般在杂交前一天下午或杂交当天开花以前进行。其整穗方法同上。用剪刀斜剪去颖部 1/3～1/4。因内颖靠近雌蕊,所以要从外颖面剪,以免剪伤柱头。然后用镊子伸入颖内轻轻夹出 6 个花药,不要把花药夹破,去雄后的穗子用纸袋套好,并注明母本名称和去雄日期。

套袋去雄法:在开花前 1d,将黑色或者褐色的纸袋套在将要开花的穗子上,利用这种黑暗处理的方法,可促使小穗徒长提前开花。套袋时间为 10～15min。这时因套袋而提早开花的花药尚未开裂(若花药已开裂则需剪掉),要很快地用镊子自上而下地把花药除去,并剪掉穗上未开花的小穗。

这种去雄方法最为方便,且不伤花器。但套袋的时间不容易掌握。若套袋时间过短,则开花不多;过长则花药在袋内已经破裂。并且 1 次所开的花朵较多,往往去雄工作跟不上。

热气杀雄法:用铁皮制成双层杀雄器,在夹层中装满 47℃的温水,内部中空,将整好的稻穗放到里面用热气去雄。

b. 采粉和授粉:去雄后的穗子即可进行人工授粉。一种方法是取父本的花粉,可在父本颖花开放时摇父本的穗子使花粉散出,用 1 张白纸接着,然后拿回母本处,用镊子夹一点花粉(或将要开裂的两个花药)轻轻地放在母本柱头上。每穗全部授粉时间不能超过 3min。另一种方法是把父本的整个穗子取来,随用随取,选用即将开花的小穗,从外表对照太阳看 6 个花药已顶内颖顶端,说明花粉已成熟即将开花。可利用这种颖花的花药，把内外颖拨开，用镊子把花药取出，在太阳光下照一会使其干燥，让花药裂开，轻轻地把花粉放入母本柱头上。采取花粉须选正在开花的花药，从鲜黄色的颖花中采花粉。开过花的花丝伸出颖壳，花药呈淡白色，花粉已经飞散，用以授粉，结实率低。一个品种采集完花粉后，更换其他品种时，手和用具都要用乙醇擦一下，以防花粉混杂。

c. 套袋和收获：一个穗子授粉完后，用玻璃纸袋或防水纸袋套好。套袋时轻放，以防把穗摇断，影响授粉。下面用回形针别好，挂上纸牌，填写父本名称、授粉日期。经过几天后检查杂交是否成功，即看子房是否膨大，膨大者表示已受精，可以长成稻粒，此时可以把袋摘下。如果有鸟类危害，暂时不摘掉纸袋也行。一般杂交后 20d 左右即可收获种子，成熟时把稻穗取回保存好。

（3）棉花的有性杂交技术：棉花的花器结构及开花习性如下。

①花器构造：棉花的花由苞叶、花萼、花冠、雄蕊和雌蕊五部分组成。

a. 苞叶：在花的最外轮，有保护花蕾的作用。苞叶有 3 片，呈三角形或卵圆形，顶端有裂齿，也有近于全圆的，茎部有蜜腺，苞叶为绿色，少数为紫色。

b. 花萼：花萼有 5 片，联合成环状，围绕在花冠基部，通常和苞叶同色。花萼基部和两片苞叶之间各有一个蜜腺，开花时分泌蜜汁。

c. 花冠：花瓣有 5 片，呈倒三角形，颜色有黄、白两种，开花的当天或第二天花瓣变成红色。

d. 雄蕊：花丝基部联合成管状，称为雄蕊管，与花冠基部相连，套在雌蕊外面。雄蕊 5 排纵列，有花药 60～90 个。花药呈肾形，花粉呈球形，为黄色或白色，球形表面有刺。

e. 雌蕊：分为柱头、花柱、子房三部分。柱头多为乳白色，有刺状突起，并在开花时分泌黏液，便于黏着花粉，花柱较细，有油腺。子房卵圆有尖，3～5 室，每室有胚珠 2 排，6～10 粒。

②开花习性：棉花花蕾一般在早晨开放，下午 3—4 时逐渐萎蔫，第二天开始变为红色，以后凋谢。开花的次序是由下而上、由内向外成螺旋形进行。相邻的果枝，同位置的节上，开花相隔 2～4d。同一果枝相邻节位的花蕾，开花相隔 6～8d。

棉花一般在开花的同时花药开裂，散出花粉，花粉粒在自然条件下只能维持几个小时，柱头的生活力可维持到开花后 1d。开花后第二天的柱头就丧失了接受花粉的能力。花粉粒落到柱头上不久就长出花粉管，8h 后到达子房。整个受精过程需 20～24h，多的约为 36h。棉花主要是自花授粉，但因花器构造便于昆虫传粉，常发生异花授粉，因而称为常异花授粉作物。为避免混杂，对人工杂交花，应适当隔离。

③杂交方法：包括选花去雄、套袋、选花授粉、收获等过程。

a. 选花去雄：选取具有本品种特征的植株作母本，选用母本第 3～6 果枝，靠近主干第一、第二节位的花朵去雄；去雄时间以开花前一天的下午 3 时后较为适宜，因为这时所要进行去雄的花蕾，其花冠已长大稍露出苞叶，估计第二天早晨即可开放。常用的去雄方法有三种：手剥去雄法、麦管去雄法和剪雄法。

手剥去雄法：用右手的大拇指甲，从花萼管外面切入（不要碰到子房），然后把花萼管、花冠和整个雄蕊管一起剥去，只保留雌蕊和苞叶。去雄后，用麦管套住柱头，一直套到子房上端，进行隔离。但麦管的顶端（有节或闭塞或弯折的一头）须离柱头 1cm 左右。如碰破花药，应立即用乙醇擦手杀死粘在指甲上的花粉，以免影响杂交质量。

麦管去雄法：用剪刀或手剥去花冠上部，露出柱头和部分花药，再以长 4cm 一端折封比柱头粗的麦管，从柱头套下，并轻轻转动向下压，使花丝折断，花药脱落。去雄干净后，麦管仍然套在柱头上，进行隔离。

剪雄法：用剪刀在花萼基部和花冠两侧剪开一条缝，然后把缝拨开，使雄、雌蕊露出（也可以剪去一部分花冠），再用剪刀或镊子除去花药，如有残留花粉，可以用清水冲洗，去雄后将花冠恢复原状，并且用麦管套住柱头，进行隔离。这种方法比较麻烦费工，但花器受伤程度小，结铃率较高。

b. 套袋：去雄工作完成后，把纸牌套在去雄花朵的节上，并写明母本名称和去雄日期及操作者姓名。

c. 选花授粉：选取与去雄母本要同时开放的父本花朵为供粉花，在开花前一天，用 9cm 长的双条棉线扎住供粉花冠的顶端。扎结高低、松紧都要合适。不要扎破花冠或扎住柱头。扎花冠的目的是防止昆虫或风力把其他花粉带到供粉花朵里，引起花粉混杂。扎好的供粉花朵，作为第二天授粉之用。

授粉最好在上午 9—10 时进行，这时的柱头和花粉粒生活力较强，结实率高。授粉时，把扎结的供粉花摘下来，剪去花冠，并将母本的隔离麦管取下，用供粉花的雄蕊在母本柱头上轻轻涂抹，或把花粉抖落在母本柱头上。授粉后仍旧套上麦管进行隔离。并在纸牌上写明父本名称、授粉日期。

棉花的脱铃率很高，应该多做一些杂交花朵。为了提高结铃率，可把母本植株的边心摘去，或在杂交花的果枝节间进行环剥，以减少脱铃。

c. 收获：杂交棉铃吐絮后，进行单铃收获，脱粒后，把种子收放在种子袋中，注明杂交组合，同时把父、母本的对照棉铃花絮也要单收，脱粒后，同样分别收放于种子袋中，注明父、母本名称。

（4）玉米的有性杂交技术：玉米是雌雄同株异花授粉作物，靠风力授粉，天然杂交率在 95% 以上。

①花部的构造：玉米的雄花序（雄穗或天花）是由主茎顶端的生长锥分化而成的圆锥花序，由主轴和若干个分支组成，分支多少因品种不同而有差异，一般

有 1～25 个。主轴和分支上着生有成对的排列的雄小穗，一般着生 4～11 行小穗；分支较细，仅着生 2 行小穗。每对小穗之中，一个是有柄小穗，位于上部，另一个是无柄小穗，位于下部。每一雄小穗有护颖 2 片，中间有 2 朵雄小花，每朵花有内外颖张开，花丝伸长，花药露出颖片后开裂散出花粉。每个花药产生 2500 粒左右的花粉粒，每个雄穗有 1 万～1.5 万个花药，能产生 2500 万～3700 万个花粉粒。

玉米的雌花序（雌穗）为肉穗花序，由植株中上部的叶腋中的腋芽发育而成，着生于穗柄顶端。茎秆除最上部几节（4～6 节）外，每节的叶腋中都着生腋芽，但通常仅有 1～2 个腋芽发育成雌穗（一般位于植株中上部从上而下的第 6、第 7 或第 8 节处），其余下部的腋芽不发育或形成分蘖，位置稍高的腋芽则停留在分化的早期阶段。雌穗外部是几层苞叶，中央为穗轴。穗轴上着生成对的无柄雌小穗数百个，每对小穗有 2 朵小花，其中 1 朵不育，另一朵为正常结实花，由内颖、外颖、子房、花柱和柱头组成，基部浆片 2 个。花柱呈须状，故称花丝，周围有 3 个退化了的雄蕊，花丝从子房壁发育伸长，伸出苞叶，可长达 45cm 或更长，花丝上有茸毛，能分泌黏液，有黏着花粉的作用。花丝各部分都有接受花粉而受精的能力。

由于雌小穗的成对性，故结成的籽粒行数均为偶数。

②玉米的开花习性：玉米雄穗抽出后一般 3～5d 即开花散粉，开花后 3～4d 达盛花期，开花期能维持 7～10d。开花顺序是从主轴中上部开始，然后向上、向下同时进行。分支小花的开花顺序与主轴相同，按分支顺序，上中部的分支先开放，然后向上和向下部的分支开放。每天上午 7—11 时开花最盛，中午以后开花很少，夜间更少。雄穗开花的最适温度为 25～28℃，最适宜的相对湿度为 70%～90%。玉米花粉的寿命不长，在田间条件下（温度为 28～30℃，相对湿度 65%～80%）只能维持 5～6h，8h 后生活力显著下降，24h 后完全丧失活力。如果将花粉放于温度为 5～10℃、相对湿度为 50%～80% 的有利条件下，其生活力可维持 24h 以上。

一般雄穗散粉后 2～4d，雌穗的花丝才开始外露。一个雌穗从开始吐丝到花丝全部吐出需 5～7d。吐丝顺序一般是位于雌穗中下部的花丝先抽去，然后向上、向下同时进行，顶端花丝最后抽出，前后相差 2～5d。花丝抽出后就有受精能力，以抽出后 2～3d 受精能力最强。花丝受精能力可维持 10d 左右，但依品种、气候条件不同而异。

花粉借风力外散，一般落在周围 180～210cm 处。花粉落于花丝上 10min 后开始发芽，30min 后大量发芽，长出花粉管，授粉 20～25h 即可受精，受精后花丝停止生长，逐渐萎蔫干枯，变成棕褐色。未受精的花丝可继续伸长，保持新鲜色泽。

③杂交方法：包括选穗、隔离、整穗、授粉、检查受精情况、收获等步骤。

a. 选穗：根据育种目标和实验设计，选健壮优良、无病、苞叶露出而没有吐丝的植株。

b. 隔离：用透光防水的硫酸纸袋套住母本的雌穗，同时也套住选做父本的雄穗，以防外来花粉的侵入，保证实验的准确性。套袋时将袋口插在茎秆和雌穗之间，以防吹落。另外，种植时也应考虑父、母本间在种植时间和空间的隔离。

c. 整穗：当雌穗花丝伸长苞叶 3～4cm 时，表明雌花发育成熟。由于各朵花吐丝时间不同，苞叶外的花丝可能长短不齐，取下透明纸袋把花丝修剪成 3～4cm，然后继续套上透明纸袋。

d. 授粉：整穗后应马上进行授粉。上午 9—10 时将已开始开花散粉的父本雄穗轻轻弯曲抖动，使花粉落在透明纸袋内，然后取下纸袋，折叠袋口。授粉者应头戴草帽，迅速到授粉植株处，用草帽沿遮住雌穗上方，轻取下雌穗套袋，将装有花粉的透明纸袋口向下倾斜，使花粉均匀倒在母本花丝上，然后立即套上原雌穗套袋，用大头针连同苞叶一块别好，用小绳将纸袋轻拴在茎上，并在玉米茎上系上纸牌，注明杂交组合、授粉日期及操作者姓名。

每做完一个杂交组合，即用乙醇擦手，杀死花粉，以免造成人为授粉混杂。另外，授粉时动作要敏捷，取袋、套袋要迅速，尽量缩短花丝暴露的时间，不要用手触摸花丝，并用草帽和身体挡住外来花粉，以免落在母本花丝上，造成混杂。

e. 检查受精情况：授粉 4～5d 后，打开纸袋检查，若大部分花丝已萎缩，没有光泽，说明受精情况正常。

f. 收获：将成熟的玉米杂交果穗连同植株上的纸牌一起收交实验室。

## 六、实验作业

（1）根据实验内容和结果，完成表 5-1。

表 5-1 杂交实验结果统计

| 去雄的方法 | 杂交组合♀×♂ | 去雄花数 | 授粉数 | 结实数 | 结实率 |
| --- | --- | --- | --- | --- | --- |
|  |  |  |  |  |  |
|  |  |  |  |  |  |
|  |  |  |  |  |  |
|  |  |  |  |  |  |

（2）总结本次实验成功与失败的原因。

## 七、注意事项

（1）去雄要彻底干净，特别是闭花授粉植物，应在花粉成熟前完成去雄。
（2）去雄时动作要轻，勿损伤柱头。
（3）不同植物授粉时间和条件不同，要准确掌握具体植物的要求，避免空粒。
（4）套袋要及时，充分避免杂交组合失真，杂交失败。

## 八、思考题

（1）植物有性杂交主要有哪些步骤？
（2）杂交操作过程中应注意什么？
（3）影响杂交种质量的因素有哪些？

# 实验 6　玉米籽粒一对相对性状的观察

## 一、实验目的

（1）了解玉米籽粒一对相对性状的遗传特点。
（2）学习玉米籽粒一对相对性状的数据统计处理及分析方法。
（3）通过一对相对性状杂交实验，验证基因分离规律。

## 二、实验原理

生物体在形成配子过程中，位于某对同源染色体的一对等位基因，在杂合状态下互不干扰，保持其独立性，在形成配子时，随着同源染色体的分开而彼此分离，并进入不同的配子中，独立地随配子传递到后代。一般情况下，配子分离比是 1 : 1，$F_2$ 基因型分离比是 1 : 2 : 1，$F_2$ 表型分离比是 3 : 1。

玉米籽粒胚乳性状有非甜粒和甜粒，非甜外形饱满，甜籽粒外形皱缩。该对性状（籽粒饱满、籽粒皱缩）是受位于第 6 染色体上的一对基因所控制。因此，将具有该对相对性状的亲本杂交，$F_2$ 表现型归纳为两种，即籽粒饱满、籽粒皱缩，理论比例是 3 : 1。

## 三、实验试剂与器材

计算器，计数器。

## 四、实验材料

玉米（*Zea mays*）果穗：非甜粒和甜粒杂交后的 $F_1$ 植株的自交果穗。购买或收集，有条件的实验室可以自己做杂交获得玉米穗。

## 五、实验方法与步骤

【概括步骤】

玉米果穗的获得——→观察果穗上籽粒性状的分离现象——→统计实验结果，并进行 $\chi^2$ 检验。

【具体步骤】

（1）玉米果穗的获得。第一年将非甜粒和甜粒自交系玉米杂交，具体过程如下：

①选株。父、母本均应选择生长健壮、无病虫害和具有本品种典型性状的植株，作为杂交对象。

②套袋隔离。对用于杂交的玉米自交系的雌穗和雄穗分别用硫酸纸袋套好，同时要用细绳或回形针扎紧，以免脱落。

③采集花粉。将父本雄穗稍稍下弯，轻轻抖动，用人工辅助授粉器或原有的套袋盛接花粉、采粉时，要防止其他品种的花粉混入。

④授粉。授粉时，先取下雌穗上的纸袋，轻轻抖落事先收集好的父本花粉，使花粉落在柱头上。授粉后，仍用原来的纸袋将雌穗套好，并挂好纸牌（或塑料牌），写明杂交组合、授粉日期和操作者姓名等项内容。

⑤收获。母本果穗成熟后，应连同纸牌（或塑料牌）一起收获，次年种植 $F_1$。

令 $F_1$ 自交，成熟时收获 $F_1$ 植株的自交果穗即为所需实验材料，保存备用。

（2）观察果穗上籽粒性状的分离现象。用计数器分别计数每一果穗表现饱满和表现皱缩的籽粒个数。

（3）每位（或两位）同学统计一果穗，各组统计实验结果，最后全班汇总，进行 $\chi^2$ 检验。

## 六、实验作业

根据实验记录，完成下列表格，并用 $\chi^2$ 检验验证实际分离比例是否与理论预期相符。

表 6-1 玉米籽粒饱满与籽粒皱缩分离的 $\chi^2$ 检验

| 籽粒形状 | 观察值（$O$） | 理论值（$E$） | 偏差（$O-E$） | $(O-E)^2/E$ |
|---|---|---|---|---|
| 饱满 | | | | |
| 皱缩 | | | | |
| 合计 | | | | $\chi^2=$ |

$$\chi^2 = \Sigma\left[(O-E)^2/E\right] \quad 自由度\ n=2-1$$

查 $\chi^2$ 表可知：$n=1$ 时，$P_{0.05}=3.841$，即：如所得的 $\chi^2 < P_{0.05}$，则表示符合，即实际所得的结果符合 1：1 比例；如所得的 $\chi^2 > P_{0.05}$，则表示不符合，即实际所得的结果不符合 1：1 比例。

## 七、注意事项

（1）统计数据和计算过程一定要准确，防止人为误差影响实验结果。
（2）统计的群体要尽量大一些。

## 八、思考题

总结并思考玉米籽粒一对性状的遗传基础及遗传表现。

# 实验 7　玉米籽粒两对相对性状的观察

## 一、实验目的

（1）通过玉米籽粒两对相对性状的杂交实验，分析杂种后代的性状表现。
（2）理解并验证独立分配规律。

## 二、实验原理

控制两对相对性状的两对等位基因，分别位于不同的同源染色体上；在减数分裂形成配子时，同源染色体上的等位基因彼此分离，而非同源染色体上的基因之间可以自由组合。因此，两对基因的杂合体在完全显性的条件下，其 $F_2$ 的表现型分离比例为 9：3：3：1，测交子代的表现型分离比例为 1：1：1：1。

已知控制玉米籽粒各种性状的基因，具有下列的遗传表现：胚乳性状有非甜粒和甜粒，非甜粒外形饱满，甜籽粒外形皱缩。果皮颜色性状分为黄色和白色。这两对相对性状，分别由第 6 和第 9 染色体的两对基因所控制。当纯合的黄色饱满性状同白色皱缩性状杂交时，$F_1$ 代表现为黄色饱满性状，令其 $F_1$ 自交后，子代籽粒产生 4 种表现型，分别为黄色饱满、白色饱满、黄色皱缩、白色皱缩，分离比例为 9：3：3：1。

在本实验中，将具有不同相对性状胚乳的玉米自交系杂交，$F_1$ 代自交，则 $F_2$ 代出现各种籽粒的表现，对这些籽粒加以统计并分析，以验证遗传规律。

## 三、实验试剂与器材

计算器，计数器。

## 四、实验材料

玉米（*Zea mays*）果穗：黄色饱满性状和白色皱缩性状杂交后的 $F_1$ 植株的自交果穗。购买或收集，有条件的实验室可以自己做杂交获得玉米穗。

## 五、实验方法与步骤

【概括步骤】

玉米果穗的获得——→观察果穗上籽粒两对相对性状的表现——→统计实验结果，并进行 $\chi^2$ 检验。

【具体步骤】

（1）玉米果穗的获得。第一年将黄色非甜粒和白色甜粒自交系玉米杂交，次年种植 $F_1$。令 $F_1$ 自交，成熟时收获 $F_1$ 植株的自交果穗保存备用。

（2）仔细观察果穗上籽粒的不同性状。用计数器分别计数每一果穗表现黄色饱满、白色饱满、黄色皱缩、白色皱缩的籽粒个数。

（3）每位（或两位）同学统计一果穗，各组统计实验结果，最后全班汇总，进行 $\chi^2$ 检验。

## 六、实验作业

（1）观察杂交实验的性状分离和重组的表现型并分别计数。

（2）对实验结果进行 $\chi^2$ 检验，从而对性状的遗传表现作出解释。

表 7-1 两对性状的遗传分析

| 表现型 | 黄色饱满 | 白色饱满 | 黄色皱缩 | 白色皱缩 | 合计 |
| --- | --- | --- | --- | --- | --- |
| 实验观察数（$O$） | | | | | |
| 理论数（$E$） | | | | | |
| 偏差（$O-E$） | | | | | |
| $(O-E)^2/E$ | | | | | |

$$\chi^2 = \sum \left[ (O-E)^2 / E \right] \quad 自由度 \ n = 4-1 = 3, \ P_{0.05} = 7.815$$

若 $P > 0.05$，说明实验符合二对因子自由组合的假说。

若 $P < 0.05$，说明这个实验数据不能用二对因子的自由组合来解释，也就是否定了原来的假设，即不能认为是自由组合。

## 七、注意事项

必须仔细鉴别籽粒糊粉层的颜色，准确归纳，防止计数错误，影响实验结果。

## 八、思考题

如果 $\chi^2$ 检验结果不符合自由组合规律，如何解释该现象？

# 实验 8　玉米的三点测交

## 一、实验目的

（1）了解玉米某些籽粒性状的遗传特点。
（2）掌握三点测交的原理及方法。
（3）学习玉米三点测交的数据统计处理及分析方法。
（4）了解绘制遗传学图的原理和方法。

## 二、实验原理

在减数分裂过程中，位于同一条染色体上的基因是连锁的，并且倾向于作为一个整体进入同一配子中。基因的连锁现象包括完全连锁和不完全连锁两种情况，前者形成的配子均为亲型配子，后者既产生亲型配子，也产生重组型配子。即同源染色体上的基因之间会发生一定频率的交换，使子代中出现一定数量的重组类型。

重组型出现的多少反映出基因间发生交换的频率的高低。而根据基因在染色体上直线排列的原理，基因交换频率的高低与基因间的距离有一定的对应关系。基因图距就是通过基因间交换率的测定而得到的。基因之间的距离是用交换率去掉 "%"，加上厘摩（cM）或图距单位来表示，常用三点测交实验来测定重组率（交换率），从而确定基因之间的距离。

如果基因座位相距很近，重组率与交换率的值相等，直接将重组率作为基因图距；如果基因间相距较远，两个基因间往往发生两次以上的交换，即多重交换，这时如果简单地把重组率看做交换率，那么交换率就要低估了，图距自然也随之缩小了，必须进行校正，来求出基因图距。

三点测交是通过 1 次杂交，获得三因子杂种（$F_1$），再使 $F_1$ 与三隐性基因纯合体进行 1 次测交，通过对测交后代（Ft）表型及其数目的分析，分别计算 3 个连锁基因之间的交换值，从而确定这 3 个基因在同一染色体上的顺序和距离。通过 1 次三点实验可以同时确定 3 个连锁基因的位置和距离，即相当于进行 3 次两点测交实验，而且能在实验中检测到所发生的双交换，比两点测交实验省时、省力、准确。

本实验以玉米为材料，通过三点测交实验确定决定玉米子粒性状的3个连锁基因之间的顺序和图距，进行基因定位。

例如，玉米的籽粒颜色基因（Cc）、籽粒饱满度基因（Shsh）和糯性与非糯性基因（Wxwx），其中有色基因（C）、饱满基因（Sh）、非糯性基因（Wx）为显性基因，这3对基因均位于第9号染色体上。用凹陷、非糯性、有色玉米（shshWxWxCC）与饱满、糯性、无色玉米（ShShwxwxcc）杂交1次，测交1次，根据测交后代的表型和数目，即可将这3个基因之间的距离和顺序确定，绘制出遗传图。

根据图 8-1 中玉米三点测交实验数据，确定基因的连锁关系、亲本类型与双交换类型，再确定基因排列顺序并计算交换值。

因测交后代不同表型之比不相等，8 种表现型比例为 4 组，不符合自由组合规律，也不符合 2 对基因连锁、另 1 对基因独立的情况（应有 2 组的比例相等），说明 3 对基因位于同一条染色体上。

通过比较测交后代的表型（即配子的表型或基因型），确定 3 个基因的排列顺序，数目最多的类型是亲本型（亲型配子）、数目最少的类型是双交换类型（双交换型配子）。判断方法是：分别假设 3 个基因中的 1 个位于中间，若基因排列顺序正确，则亲本型中间基因互换（双交换），即产生双交换的类型。根据图 8-1 可知，亲本型的基因分别是 Shwxc 和 shWxC，双交换类型的基因分别是 ShWxC 和 shwxc，假设 Sh 位于中间，2 种亲本型中间基因 Sh 与 sh 互换即可形成双交换类型，所以 3 个基因排列顺序是 wxshc 或 cshwx。

P 凹陷、非糯性、有色（shshWxWxCC）× 饱满、糯性、无色（ShShwxwxcc）

↓

$F_1$ 饱满、非糯性、有色（ShshWxwxCc）× 凹陷、糯性、无色（shshwxwxcc）

↓ 测交

↓ Ft

| $F_t$ 后代表型 | $F_1$ 配子基因型 | 玉米籽粒数目 | 交换类型 |
| --- | --- | --- | --- |
| 饱满、糯性、无色 | Shwxc | 2708 | 亲本型 |
| 凹陷、非糯性、有色 | shWxC | 2538 | |
| 饱满、非糯性、无色 | ShWxc | 626 | 单交换 |
| 凹陷、糯性、有色 | shwxC | 601 | |
| 凹陷、非糯性、无色 | shWxc | 113 | |
| 饱满、糯性、有色 | ShwxC | 116 | |
| 饱满、非糯性、有色 | ShWxC | 4 | 双交换 |
| 凹陷、糯性、无色 | shwxc | 2 | |
| 总数 | | 6708 | |

图 8-1 玉米三点测交过程及其后代表型与数目

根据交换值的计算公式，先计算双交换值，然后分别计算中间基因与两侧基因之间的交换值，再把这2个交换值相加，即是最远的2个基因之间的交换值。最后根据基因排列顺序、交换值绘制遗传图（图8-2）。

$$\text{wx 与 sh 之间交换值} = \frac{601+626+4+2}{6708} \times 100\% = 18.38\%$$

$$\text{sh 与 c 之间交换值} = \frac{116+113+4+2}{6708} \times 100\% = 3.5\%$$

$$\text{wx 与 c 之间交换值} = 18.38\% + 3.5\% = 21.88\%$$

```
WX                                          sh         C
|──────────────18.38──────────────|────3.5────|
|─────────────────────21.88──────────────────|
```

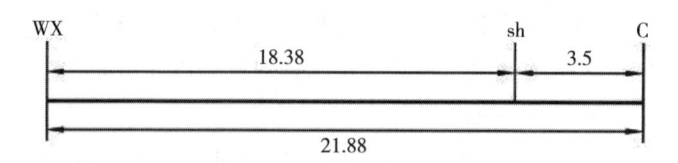

图8-2　wx-sh-c 连锁基因的遗传图

### 三、实验试剂与器材

1. 实验试剂

1% $I_2$-KI 溶液。

2. 实验器材

计算器、计数器等。

### 四、实验材料

玉米：非糯性饱满有色玉米（WxWxShShCC）× 糯性凹陷无色玉米（wxwxshshcc）杂交的 $F_1$ 与糯性凹陷无色玉米（wxwxshshcc）测交的玉米穗。购买或收集，有条件的实验室可以自己做杂交获得玉米穗。

### 五、实验方法与步骤

【概括步骤】

获得测交的玉米穗──→观察玉米籽粒表型──→分类、统计数目──→记录──→计算交换率──→确定基因顺序──→绘制遗传图。

【具体步骤】

（1）取3对相对性状差异的测交玉米穗，每人按8种籽粒表型分别计数后，按4人/小组观察的数据汇总，填入表8-1。

（2）按各类表型的个体数，对测交后代进行分组，确定2种亲本类型和2种双交换类型，填入表8-1。

（3）确定3对基因在染色体上的排列顺序：比较亲型配子（数目最多的类型）和双交换配子（数目最少的类型）的基因型，分别假设3个基因中的1个位于中间，若基因排列顺序正确，则亲型配子中间基因互换（双交换），即产生双交换的类型。

（4）计算基因之间的交换值：根据实验结果计算基因之间交换值，并绘制遗传图。

表8-1 玉米三点测交实验结果统计表

| 测交后代表型 | 基因型 | 观察数（粒） | 交换类型 | 交换率（%） |
| --- | --- | --- | --- | --- |
| 非糯饱满有色 | WxwxShshCc | | | |
| 糯性凹陷无色 | wxwxshshcc | | | |
| 糯性凹陷有色 | wxwxshshCc | | | |
| 非糯饱满无色 | WxwxShshcc | | | |
| 糯性饱满有色 | wxwxShshCc | | | |
| 非糯凹陷无色 | Wxwxshshcc | | | |
| 非糯凹陷有色 | WxwxshshCc | | | |
| 糯性饱满无色 | wxwxShshcc | | | |
| 合计 | | | | |

## 六、实验作业

（1）完成玉米三点测交实验结果统计表（表8-1），并确定基因顺序和距离。

（2）根据实验小组的实验结果，绘制遗传图。

## 七、注意事项

（1）统计的数目要足够，以保证实验结果的准确性。

（2）判断亲本型与双交换型、判断基因顺序时应准确无误。

## 八、思考题

（1）重组值与交换值有何区别？

（2）将小组数据与全班数据比较，计算结果有何差异？分析原因。

# 实验 9　染色体畸变的观察

## 一、实验目的

（1）掌握染色体结构变异的特点、常见类型及细胞学特征。
（2）学习以植物细胞为对象，观察染色体畸变的实验方法。
（3）了解染色体结构变异的意义。

## 二、实验原理

在一般情况下，任何一个物种的染色体形态、结构和数目是恒定的。但某些环境因素的异常变化，可导致生物的染色体数目、形态及结构的异常，即染色体畸变，包括染色体数目变异和染色体结构变异两类。染色体畸变可自发产生，也可利用物理因素（如电离辐射、非电离辐射等）、化学因素（如硫酸二乙酯、甲基磺酸乙酯等烷化剂）或生物因素（如病原体感染）等诱变因素，人为处理研究对象，作用于生物体或体外细胞，均可引起细胞染色体的损伤，诱发畸变的产生，变异的频率得以提高，且在一定范围内与剂量（浓度）呈良好的线性关系。

染色体结构的变异主要有缺失、重复、倒位、易位 4 种，其中易位是自然界中存在的最广泛的一种结构畸变。不同的染色体结构的变异具有不同的表型和细胞学特征，畸变的细胞在有丝分裂过程中，常常可见染色体的黏连、断片、染色体桥、落后染色体、环状染色体等异常现象。染色体结构的变异是生物进化、新物种形成的重要因素之一，可利用各种诱变因素处理动物、植物，有效地选择优良的变异类型和个体。也可根据引起细胞变异频率的多少，对环境污染、药物或者化学试剂等因素的诱变作用进行检测。

## 三、实验试剂与器材

1. 实验试剂

（1）醋酸—甲醇固定液：取冰醋酸 1 份与甲醇 3 份（体积比），混合而成。
（2）无水乙醇、冰醋酸、硫酸铁铵、苏木精等药品。

2. 实验器材

显微镜、显微摄影系统、酒精灯、解剖针、镊子、小烧杯、载玻片、盖玻片、吸水纸等。

## 四、实验材料

紫萼玉簪（Hosta ventricosa）：染色体数目多，个体差异大。自然条件下染色体有严重的结构变异，育性极低，几乎不产生或只产生少数败育的种子，是不需要人工处理就可以观察到染色体结构变异的好材料。

## 五、实验方法与步骤

【概括步骤】

取材──→固定──→剥离花药──→媒染水洗──→染色──→制片──→镜检。

【具体步骤】

（1）取材：在夏季紫萼玉簪花期，于上午8—9点或下午2 3点，摘取尚未开花的花蕾作为实验材料。

（2）固定：将花蕾放入醋酸—甲醇固定液（无水乙醇与冰醋酸体积比为3∶1）中固定，中间换固定液2～3次，7d后将材料转入70%乙醇中，4℃冰箱内保存备用。

（3）剥离花药：花蕾由许多小花组成，要选取花药是白色的花蕾，用解剖针分开小花的颖片，小心剥取里面白色的花药。

（4）媒染水洗：将剥取的花药装入尼龙网袋，放进4%硫酸铁铵水溶液中，浸泡4～24h，然后流水冲洗5min。

（5）染色：将冲洗后的花药放入苏木精染色液中，染色4～24h，然后用清水洗去表面的染料，存放于清水中备用。

（6）制片：取1枚花药放在干净的载玻片上，加1滴45%醋酸，用酒精灯加热3～5s，盖上盖玻片，压片。

（7）镜检：先在低倍镜观察，再转入高倍镜观察。注意区别花药壁细胞和花粉母细胞，选择体积大的圆形细胞观察。

## 六、实验作业

（1）计算染色体总畸变率及畸变率。

总畸变率 = 各种畸变类型数 / 分析总细胞数 ×100%

畸变率 = 染色体畸变数 / 染色体总数 ×100%

（2）分析畸变类型，如断片（F）、环（R）、双着丝粒（D）、互换（E）等。

## 七、注意事项

剥取花药时，不要弄破花药，要保持花药的完整性，防止花粉母细胞流失。

## 八、思考题

（1）选取花蕾时，为什么不选取花药已呈黄色的花蕾？

（2）研究染色体畸变，你还知道哪些方法？

# 实验 10　诱变剂的微核测试

## 一、实验目的

（1）了解细胞微核形成的机理及其形态特点。
（2）学习植物细胞的微核检测技术。

## 二、实验原理

微核简称 MCN，是真核类生物细胞中的一种异常结构，往往是细胞经辐射或化学药物的作用而产生的。在细胞间期，微核呈圆形或椭圆形，游离于主核之外，大小应在主核的 1/3 以下。微核的折光率及细胞化学反应性质和主核一样，也具合成 DNA 的能力。

微核形成是由于有丝分裂后期丧失着丝粒的染色体断片不能向两极移动，游离于细胞质中，在间期细胞核形成时，在核产生一到几个很小的圆形结构——微核，直径是细胞直径的 1/20～1/5。常用微核千分率（MCN‰）表示微核率的大小，它与用药的剂量或辐射累积效应成正相关，用污染指标(PI)表示水质的污染程度。

微核实验（MNT）是由 Matter 和 Schmid 建立的一种在细胞水平上分析 DNA 损伤的技术。该技术以其经济、简便、快速、敏感、特异、准确等特点，成为检测致突变剂和环境污染物等经典的短期实验方法。许多国家和国际组织已将其规定为新药、食品添加剂、农药、化妆品等毒理学安全性评价的必做实验。微核测试已广泛用于环境污染测试、辐射损伤、辐射防护、化学诱变剂、新药实验、染色体遗传疾病及癌症前期诊断等各方面，也是许多高等学校遗传学实验课的必修内容，不仅可使学生掌握微核产生的原理与技术，直接观测到不同的诱变剂对真核细胞产生的致畸作用，同时提高环境保护的意识，提高参与环境污染检测、新药实验、染色体遗传疾病诊断等实验能力。

$$微核千分率（MCN‰）= \frac{含微核的细胞数}{观察的细胞总数} \times 1000‰$$

$$污染指标（PI）= \frac{样品实测微核千分率平均值}{对照组微核千分率平均值} \times 100\%$$

采用如下标准进行分析，以确定样品的污染程度：PI 为 0.50～1.50，表示基本没有污染；PI 为 1.51～2.00，则表示有轻度污染；PI 为 2.01～3.50，则表示有中度污染；PI ≥ 3.51，则表示有重度污染。

### 三、实验试剂与器材

1. 实验试剂

盐酸、甲醇、石炭酸品红、Giemsa 原液、灭活的小牛血清、氯化钠、氟化钠、磷酸氢二钠、磷酸二氢钠、秋水仙素、硫酸铜、重铬酸钾、环磷酰胺等诱变剂。

2. 实验器材

显微镜、恒温培养箱、恒温水浴锅、水族箱、超净工作台、灭菌锅、注射器、离心管、镊子、载玻片及盖玻片等。

### 四、实验材料

植物（大蒜或蚕豆）根尖细胞或具有幼嫩花序的鸭跖草等。

### 五、实验方法与步骤

【概括步骤】

幼根培养 ⟶ 根尖处理 ⟶ 恢复培养 ⟶ 取材（1.5～2.0cm 根尖）⟶ 固定 $\xrightarrow{2～24h}$ 70% 乙醇中（若直接做实验，此步可省）⟶ 酸解 $\xrightarrow{1mol/L 盐酸, 60℃, 8～10min}$ 水洗（3 次）⟶ 染色 $\xrightarrow{10min}$ 压片 ⟶ 观察。

【具体步骤】

（1）幼根的培养：常用大蒜和蚕豆的根尖。

大蒜：提前 3～5d 进行培养，将大蒜瓣剥去外边膜质枯皮，下端可见许多微微凸起的根原体，将蒜瓣架在烧杯（大小与蒜瓣适宜）口上，杯中盛满清水，使蒜瓣的下部浸入水中，置于培养箱中，注意每天换水，经 3～5d 后，即可长出 1～2cm 长的嫩根。

蚕豆：浸种 24h，期间换水 2 次，25℃催芽，36～48h 可生根 1～2cm。

（2）处理根尖：阳性检测采用 0.1% 秋水仙素溶液或 0.1g/L 硫酸铜溶液（大蒜）、0.5g/L 重铬酸钾溶液（蚕豆），对照用自来水处理，处理时间为 24h，处理液应浸没根尖。

（3）恢复培养：处理后的根尖用自来水浸洗 3 次，每次 2～3min，洗净后在水中恢复培养 24h。

（4）固定：切取 1cm 左右的根尖，用甲醇—冰醋酸（3∶1）固定液固定 24h 后弃去固定液，移入 70% 乙醇中，4℃ 冰箱保存。

（5）酸解：弃去固定液，用蒸馏水漂洗 2～3 次，吸净水，加入 6mol/L 盐酸浸没根尖，于室温解离 10min（或者 1mol/L 盐酸 60℃ 8～10min），弃去盐酸，漂洗根尖 2～3 次，彻底洗净盐酸。

（6）染色：截下 1～2mm 长的根尖，滴加适量的石炭酸品红染色液，染色 10min。

（7）观察计数：加盖玻片，压片观察，记录有微核的细胞数目（图 10-1）。

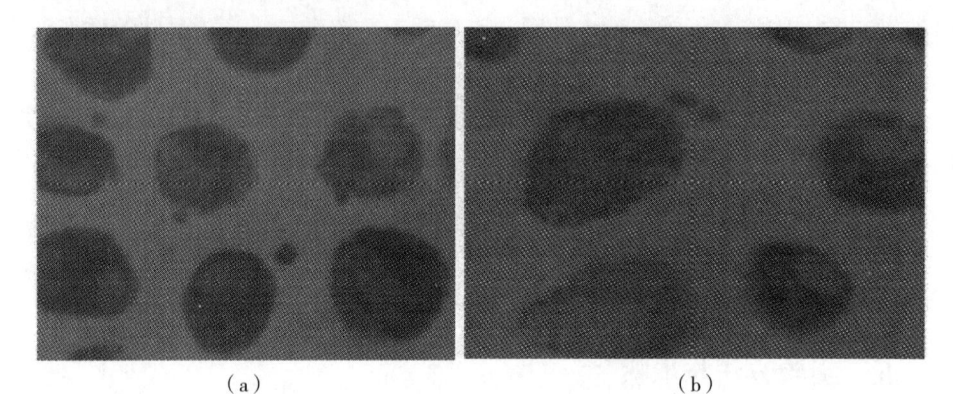

（a） （b）

图 10-1　秋水仙素处理大蒜根尖产生的微核

## 六、实验作业

（1）记录观察结果，填入表 10-1 中。

表 10-1　微核检测记录表

| 项目 | 第一载玻片 | 第二载玻片 | 第三载玻片 | 合计 |
| --- | --- | --- | --- | --- |
| 细胞数 | | | | |
| 微核数 | | | | |
| 平均微核千分率 | | | | |

（2）根据计算结果，对你所检测的试剂作出评价。

## 七、注意事项

（1）诱变剂对人体具有一定的毒性，操作时应注意安全。

（2）对于毒性强的诱变剂或污染严重的水体进行检测时，会导致根尖死亡，应稀释后使用。

## 八、思考题

（1）植物根尖处理后，为什么要进行 24h 恢复培养？

（2）产生微核的根尖细胞在产生前的分裂中期，可能出现什么样的中期分裂图像？

# 实验 11　人工诱发多倍体植物

## 一、实验目的

（1）掌握人工诱导植物多倍体的原理、方法及步骤。
（2）初步掌握用秋水仙素诱导多倍体的方法。
（3）熟悉鉴别诱发的多倍体染色体数目及外部形态的变异技术。
（4）了解多倍体植物及其在植物遗传育种与进化中的重要作用。

## 二、实验原理

在自然界中，每一种生物的染色体数目是相当恒定的，这是物种的重要特征。例如，大蒜体细胞中染色体 $2n=16$，配成 8 对，属于二倍体生物，配子中染色体有 8 个，用 $n$ 表示（$n=8$）。遗传学上把二倍体生物的配子中的形态各异、功能上相互协调的一套染色体称为染色体组，用 $n$ 表示。染色体组内的染色体数目称为染色体基数（$x$），如大蒜染色体组内包含 8 个染色体，它的基数 $x=8$。一个染色体组内每个染色体的形态和功能各不相同，但又互相协调，共同控制着生物的生长、发育、遗传和变异。

自然界中各种生物的来源不同，细胞内含有的染色体组可能不同。凡是细胞核中含有一套完整染色体组的生物体就称为单倍体（$1x$），具有两套染色体组的生物体称为二倍体（$2x$）。细胞内多于两套染色体组的生物体则称为多倍体，如三倍体（$3x$）、四倍体（$4x$）、五倍体（$5x$）等。像这一类染色体数的变化是以染色体组为单位的，所以称为整倍体变异。在整倍体中，又根据染色体组的来源是否相同，分为同源多倍体和异源多倍体。染色体组的改变可使某些作物经济性状得以改变，成为育种的一种途径。

在植物界，多倍体的存在较普遍，目前已知道被子植物中有 1/2 或更多的物种是多倍体，如小麦属的染色体基数为 7，属于二倍体的有一粒小麦（$2n=2x=14$），四倍体的有二粒小麦（$2n=4x=28$），六倍体的有普通小麦（$2n=6x=42$）。除了自然界存在的多倍体物种之外，还可以采用高温、低温、X 射线照射、嫁接、切断等物理方法人工诱发多倍体植物，或采用化学方法诱发多倍体植物，如秋水仙素、8-羟基喹啉、萘嵌戊烷、异生长素、富民农等，都可诱发多倍体，其中以秋水仙素效果最好，作用最广泛。

实验室中常用秋水仙素来处理植物的生长旺盛的组织（如根尖、萌发的种子、幼苗的生长锥等）来达到诱发多倍体的目的。秋水仙素常用的浓度为 0.001%～0.5%，处理的时间依秋水仙素的浓度而定，浓度低则处理的时间延长，反之则缩短。不同植物或同一植物不同部位需要的浓度及时间也有所不同。总之，以不致发生严重的危害，经过一定时间之后细胞又能继续分裂为宜。

秋水仙素是由百合科植物秋水仙（*Colchicum autumnale*）的种子及器官中提炼出来的一种生物碱。化学分子式为 $C_2H_{25}NO_6$，具有麻醉作用，并对植物种子、幼芽、花蕾、花粉、嫩枝等均可产生诱变作用。它的作用原理是抑制细胞分裂时纺锤体的形成，使染色体不移向两极而被阻止在分裂中期，这样细胞不能继续分裂，就形成多倍性组织，由多倍性组织分化产生的性细胞所产生的配子是多倍性的，因而也可通过有性繁殖方法把多倍体繁殖下去。如果用秋水仙素浸泡种子，也可以诱导产生多倍体植物。

多倍体已成功地应用于植物育种，用人工方法诱导的多倍体，可以得到一般二倍体所没有的优良经济性状，如粒大、穗长、抗病性强等。三倍体西瓜、三倍体甜菜、八倍体小黑麦已在生产上应用。

### 三、实验试剂与器材

1. 实验试剂

秋水仙素、冰醋酸、甲醇、石炭酸品红、盐酸等。

2. 实验器材

显微镜、恒温培养箱、恒温水浴锅、镊子、刀片、培养皿、瓷盘、载玻片、盖玻片和纱布等。

### 四、实验材料

植物（大蒜、大葱、蚕豆、大麦等）根尖，植物（玉米、水稻等）种子，植物的顶芽、侧芽等生长锥（烟草、马兰等）。

### 五、实验方法与步骤

**【概括步骤】**

1. 植物根尖的多倍体诱发与观察鉴定

幼根培养 $\xrightarrow{\text{秋水仙素处理}}$ 水洗 $\xrightarrow{3\text{次}}$ 固定 $\xrightarrow{2\sim24\text{h}}$ 解离 $\xrightarrow{1\text{mol/L 盐酸，}60℃\ 10\text{min}}$ 水洗（3次）$\longrightarrow$ 染色 $\xrightarrow{5\sim8\text{min}}$ 压片 $\longrightarrow$ 观察鉴定。

2. 植物顶芽、侧芽的多倍体诱发与观察鉴定

植物幼株或成株芽 $\xrightarrow{\text{秋水仙素处理}24\sim48\text{h}}$ 洗净药液 $\longrightarrow$ 观察鉴定。

3. 植物种子的多倍体诱发与观察鉴定

秋水仙素浸种 $\xrightarrow{24\text{h}}$ 水洗 $\xrightarrow{2\sim3\text{次}}$ 催芽 $\xrightarrow{\text{秋水仙素溶液，}20℃，48\text{h}}$ 水洗幼苗 $\longrightarrow$ 移入盆钵或大田 $\longrightarrow$ 观察鉴定。

**【具体步骤】**

1. 大蒜根尖的多倍体诱发与观察鉴定

（1）大蒜幼根的培养：提前 2～3d 进行培养，将大蒜瓣剥去外边膜质枯皮，下端可见许多微微凸起的根原体，将蒜瓣放在白瓷盘中，底部铺上纱布，使蒜瓣的下部浸入水中，置于恒温箱中，注意每天换水，经 3～5d 后，即可长出嫩根。也可采用沙培法生根，待根长出 0.5～1cm 时取出，用水冲洗去掉泥沙备用。

（2）根尖的处理：根长 2～3cm 时，用水洗净。吸干水，浸入盛有 0.1%～0.2% 的秋水仙素的培养皿中，同时将另一部分大蒜根尖放入盛有清水的培养皿内作为对照。25℃暗培养 24h、48h。

（3）根尖的固定：经加倍的根尖都较正常对照的肥大，取经处理而肥大如鼓槌的根尖，以及对照的根尖，剪下根尖约 1cm，用甲醇—冰醋酸（3∶1）固定液固定 2～24h 后弃去固定液，若不立即进行实验观察，可移入 70% 乙醇中，4℃冰箱保存备用。

（4）漂洗与解离：取根尖，用清水漂洗 2～3 次，加入 60℃预热的 1mol/L 盐酸，于 60℃水浴锅中解离 10min，弃去盐酸，漂洗根尖 2～3 次，彻底洗净盐酸。

（5）染色、压片：切取 2～3mm 根尖分生组织，置于载玻片上，用解剖针压散根尖组织，用石炭酸品红染色 5～10min 后，盖上盖玻片，用橡皮擦在盖玻片上轻轻压一下，使细胞均匀散开成一单细胞薄层，用吸水纸吸去溢出的染色液，即可放在显微镜下观察。

（6）观察与鉴定：先低倍镜、后高倍镜镜检，观察对照与加倍的根尖细胞染色体数目的变化（图 11-1）。

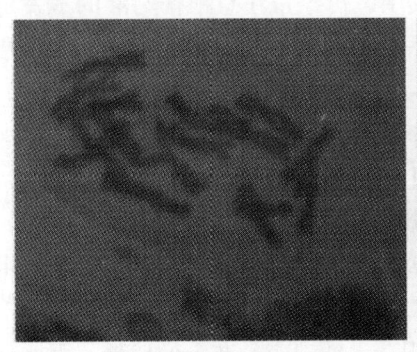

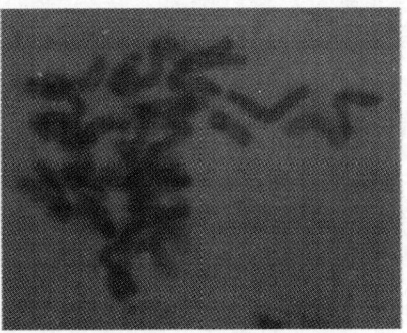

（a）二倍体（$2n=2x=16$） （b）四倍体（$2n=4x=32$）

图 11-1 大蒜根尖二倍体与四倍体细胞分类中期染色体

2. 植物顶芽、侧芽的多倍体诱发与观察鉴定

（1）幼苗或成株处理：由于秋水仙素只对正在分裂的细胞发生作用，因此处理部位大多在茎尖、秆顶端的生长点或新发育的侧芽。若烟草幼苗较小，可将

种植幼苗的盆倒置架起来，只使茎端的生长点浸入装有 0.2% 秋水仙素的器皿中。如果是水稻或大麦幼苗，则可将幼苗穿过纱网上，倒置于盛有药液的培养皿中进行处理，并用湿滤纸或纱布将根盖好，避免失水干燥。根系一般易受药害，尤其是双子叶植物，故不采取处理根的办法。

对于成株烟草，则采用将蘸有 0.2% 秋水仙素的棉球，置于烟草顶芽、腋芽的生长点处，并且经常滴加清水保持药液浓度。

（2）处理幼苗或成株的生长点所需时间在 24～48h，处理后将植株上残存药液充分洗净，进行栽种或沙培，待进一步生长后，进行观察和鉴定。不同的作物可以采取不同的处理措施，各实验室可视具体情况灵活应用，以提高效率和改善效果。

（3）观察与鉴定：处理后的植株和未处理植株在外部形态上和结构上是有区别的。常采用的方法是观察和比较两者气孔的大小。将叶面表皮撕下在显微镜下观察，经加倍的多倍体叶面气孔比二倍体的大得多，花粉粒也相对较大。在外部形态上，加倍后生长的植株比二倍体的高大，叶片肥厚，果实和种子都比较大，糖类和蛋白质等营养物质的含量丰富。

3. 植物种子的多倍体诱发与观察鉴定

该方法适用于发芽快或能在数天内发芽的种子，如水稻、大麦或玉米等。

（1）种子催芽与处理：将水稻或大麦种子洗净，用水浸 1d，干燥种子 0.1%～0.2% 升汞溶液消毒 8～10min，再用清水洗净，然后散放在铺有滤纸的培养皿中，徐徐注入 0.2% 秋水仙素溶液；另取一装有种子的培养皿，内注清水作为对照。为了避免蒸发可加盖，置于培养箱中保持 25℃ 左右使种子发芽。种子萌发后，应继续处理 24h。在处理过程中，仍经常注意根据药液的蒸发量随时添加清水，保持原处理药液浓度。处理后，用清水冲洗净种子上的残液再播种或沙培。

若是玉米种子，则将其在 0.1% 秋水仙素溶液中浸 24h 左右，用自来水冲洗 2～3 次，将种子移入铺有滤纸的器皿上，再注入 0.025% 秋水仙素溶液，加盖避免蒸发，暗处、20℃ 培养箱催芽，干燥的玉米种子处理时间延长 1d。一般发芽的种子处理数小时至 10d，对于种皮厚、发芽慢的种子，应先催芽，再用秋水仙素处理。

（2）移栽：处理 48h 后取出幼苗，用清水冲洗净幼苗上的残液，再播种或沙培，同时用未处理的玉米种子作为对照。

（3）观察鉴定：处理适度的种子比对照的发芽稍慢，种芽胀大。从形态上可初步区分出加倍是否成功。可根据外部形态特征判断，如加倍的植物叶色、叶形、气孔、花粉粒均与对照不同。最可靠的鉴别方法即通过制片进行染色体数目检测。

## 六、实验作业

（1）绘出多倍体中期染色体显微图，注明是几倍体。
（2）多倍体植物染色体数目的变化如何？多倍体植物外部形态有何变异？

## 七、注意事项

（1）染色体加倍后必须进行鉴别。同源多倍体主要是根据形态特性来判断，如叶色、叶形及气孔和花粉粒的大小。最为可靠的方法是，待收获大粒种子后，再将这些大粒种子萌发，制作根尖压片，然后检查细胞内的染色体数目，只有染色体数目加倍了，才能证明植株已加倍。

（2）本实验的秋水仙素浓度不适合所有的植物，涉及其他植物时，要根据具体情况而定。

（3）秋水仙素有毒，使用时应注意安全。

## 八、思考题

（1）秋水仙素诱发植物染色体加倍的原理是什么？
（2）使用秋水仙素诱发多倍时应注意哪些问题？
（3）诱发的多倍体与对照植物相比有哪些区别？

# 实验 12　植物单倍体的人工诱导

## 一、实验目的

（1）理解植物组织培养的原理和方法。
（2）掌握单倍体培养的方法和技术。
（3）了解单倍体在育种实践中的意义。

## 二、实验原理

植物细胞具有全能性，它在合适的营养条件下，具有发育成完整植株的潜能。如果把花药作为外植体，利用组织培养技术，可以在离体条件下，使花粉粒分裂增殖，不经受精而发育成单倍体植株。单倍体植株的染色体数目是体细胞（$2n$）的一半（$n$）。与正常的二倍体比较，单倍体（一倍体）植株矮小、不育，但是在育种实践中有重要的意义。单倍体经人工加倍或自然加倍，即可获得纯合的二倍体，可缩短育种周期，加快育种进程，有效利用杂种优势，是快速育种的重要辅助手段。

花药培养形成单倍体有 2 条途径：

①胚状体途径，即花粉粒分裂形成细胞团，经过类似胚胎发育过程形成胚状体，再长出根和芽，形成完整植株，如曼陀罗、烟草等。

②愈伤组织途径，即诱导花药形成愈伤组织，再经分化培养基诱导分化出芽和根。

不同植物的外植体需要的培养基不同，水稻花药的培养以 $N_6$ 或 Miller 培养基比较合适。

### 三、实验试剂与器材

1. 实验试剂

培养基的成分：主要包括 NAA、IAA、2,4-D、KT 等植物生长素，硼、锰、铜、锌、钴等微量元素，烟酸、叶酸、生物素等维生素，硝酸钙、硫酸钠、硫酸铁等大量元素，NaOH、HCl、升汞、乙醇、蔗糖、琼脂等试剂。

2. 实验器材

超净工作台、高压灭菌锅、培养箱或培养室、冰箱、分析天平、电炉、培养瓶、烧杯、剪刀、镊子、手术刀、试剂瓶、酒精灯、pH 计或精密 pH 试纸等。

### 四、实验材料

水稻（*Oryxa sativa*）孕穗后期的果穗。

### 五、实验方法与步骤

【概括步骤】

母液配制──→培养基配制与灭菌──→外植体预处理──→接种、诱导愈伤组织──→诱芽、诱根──→炼苗、移栽。

【具体步骤】

1. 培养基母液配制

为了配制培养基时使用方便，先将各种成分按类别分为大量元素、微量元素、维生素、铁盐和激素 5 类（蔗糖除外），分别配制成高于使用浓度 10～100 倍的母液，置于 4℃ 的冰箱中备用，配制培养基时再稀释到需要的浓度。

（1）大量元素母液（母液 I）：按培养基 10 倍用量称取各种大量元素，用蒸馏水分别溶解，逐个加入，再定容至 1L。

（2）微量元素母液（母液 II）：硼、锰、铜、锌、钴等微量元素，用量少，按培养基配方的 100 倍浓缩配制成母液。

（3）铁盐母液（母液 III）：乙二胺四乙酸二钠（$Na_2$-EDTA）、$FeSO_4 \cdot 7H_2O$ 等铁盐，按培养基配方的 100 倍浓缩配制成母液。

（4）维生素母液（母液 IV）：甘氨酸、盐酸硫胺素（维生素 $B_1$）、盐酸吡哆醇（维生素 $B_8$）、烟酸、肌醇等有机物，按培养基配方的 100 倍浓缩配制成母液。

（5）激素母液：一般将植物激素配制成 0.1～0.5mg/mL 的溶液。多数植物激素难溶，可按下面方法配制：

① IAA、IBA：先将 IAA 或 IBA 溶于少量的 95% 乙醇中，再加入蒸馏水稀释至所需浓度。

② NAA：可溶于热水或者先用少量的 95% 乙醇（或少量 1mol/L NaOH 溶液）溶解后，再加入蒸馏水稀释至所需浓度。

③ 2,4-D：不溶于水，可用 1mol/L NaOH 溶液溶解后，再加入蒸馏水稀释至一定浓度。

④ KT、BA：先溶于少量的 1mol/L 盐酸中，再加入蒸馏水稀释至一定浓度。

上述母液需储存在 2～4℃ 冰箱中，定期检查有无沉淀或微生物污染，如出现沉淀或母液混浊、生长霉菌等，则不能继续使用。

2. 培养基的配制与灭菌

按实验用的培养基配方要求，吸取所需各种母液的用量，混合后加入一定浓度的蔗糖以及预先熔化的琼脂，然后用蒸馏水定容至 1L。用 NaOH 调节 pH 至实验要求的值（pH=5.8），最后分装入瓶。培养基的灭菌一般采用湿热灭菌法，将分装的培养瓶放入高压蒸汽灭菌锅中，加热灭菌。在压力 0.11～0.12MPa，温度 121℃ 的条件下，维持 15～20min。

本实验采用 $N_6$ 培养基为愈伤组织诱导培养基，MS 为分化培养基，在基本培养基中分别加入不同浓度的激素、蔗糖、琼脂，具体配方为：

（1）愈伤组织诱导培养基：$N_6$、2,4-D 2mg/L、NAA 1mg/L、蔗糖 5%、琼脂 0.7%。

（2）分化培养基：MS、KT 2mg/L、IAA 0.5mg/L、蔗糖 3%、琼脂 0.7%。

（3）壮苗培养基：1/2 MS、IAA 0.2mg/L、蔗糖 3%、琼脂 0.7%。

3. 外植体预处理

选取剑叶已伸出叶鞘且与其下面一叶的叶枕距为 3～10cm 的黄绿色的稻穗，此时的花粉处于单核中晚期。用镊子夹取花药置于载玻片上，加 1 滴 5% 铬酸、15% 盐酸和 10% 硝酸混合液（体积比 2∶1∶1），压片镜检，若花粉已形成液泡、细胞核被挤到花粉粒边缘且被染成橙黄色，即是处于单核中晚期花粉，此稻穗可用。剪去较嫩和较老的小穗，把准备接种的稻穗用纱布包好，放在塑料袋内，置于 7～10℃ 冰箱中处理 10～15d。

4. 接种与愈伤组织的诱导

经低温处理的材料用 70% 乙醇擦拭后，置于 10% 饱和漂白粉上清液中消毒 10min，用无菌水冲洗 2～3 次，洗净的稻穗置于无菌培养皿或滤纸上，剪去颖壳、取出花药，将花药接种在培养瓶中的培养基上，密度要适中，不宜过大。接种后的培养瓶放在 27～28℃下，进行暗培养。接种后 20d 左右，花药裂口处形成淡黄色的愈伤组织。

5. 诱芽与诱根

待愈伤组织长到 2～4mm，10d 左右，将其转移到分化培养基中，开始的 3～5d 内避光培养，然后转入光照与黑暗交替培养，每天 14h 光照，强度为 1000～2000 lx，温度为 27～28℃。

6. 炼苗与移栽

将分化培养基中陆续分化的绿苗，分批转接到壮苗培养基中，当试管苗长出 3 片以上的叶片，并且有发达的根系时，进行炼苗、移栽。

## 六、实验作业

（1）接种后，观察、记录培养物的污染情况，计算污染率。

（2）接种后，观察、记录培养物的生长情况，计算愈伤组织的诱导率和分化成苗率。

（3）根据实验结果，写出实验成败的分析报告。

## 七、注意事项

（1）灭菌时间不宜过长，以防止引起培养基成分发生变化，或者不凝固。

（2）灭菌后的培养基可在室温（10℃）下保存，一般应在 2 周内使用完毕。

## 八、思考题

（1）制备母液时应注意哪些问题？为什么？

（2）单倍体苗有何特点？在生产实践中有何应用价值？

# 实验 13　植物同工酶技术

## 一、实验目的

（1）了解聚丙烯酰胺凝胶电泳分离同工酶的原理与技术。

（2）掌握植物同工酶的提取、电泳、染色、分析等方法，了解植物同工酶分析在遗传学研究中的意义。

## 二、实验原理

同工酶（isozymes）是指作用底物相似或完全相同的酶的不同分子形式，即催化同一种反应而分子结构不同的一族酶。它们是受遗传体系决定的酶的不同分子形式。根据酶蛋白分子结构的不同，利用凝胶电泳技术可以将它们分开，用专一的作用底物和特殊染料，把需要分析的酶染色，可在胶柱上呈现同工酶谱。

电泳种类很多，因支持物的不同而异。用纸作支持物的称为纸电泳，用凝胶作支持物的称为凝胶电泳。常用的凝胶有淀粉凝胶、琼脂凝胶、聚丙烯酰胺凝胶等。

聚丙烯酰胺凝胶是由丙烯酰胺单体(简称Acr)和交联剂亚甲基双丙烯酰胺(简称Bis)在催化剂[核黄素或过硫酸铵和四甲基乙二胺（TEMED）]的催化下，聚合交联而成的具有三维网状结构的大分子物质（图13-1）。通过改变凝胶的浓度，可以控制凝胶孔径的大小。

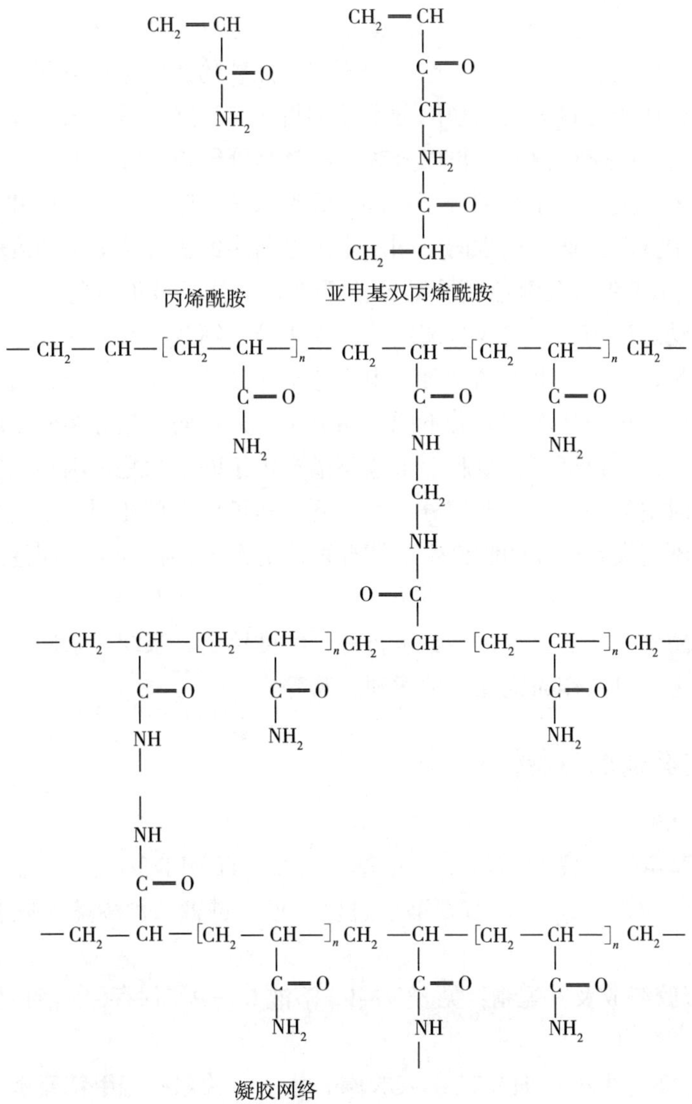

图 13-1　聚丙烯酰胺凝胶分子结构

不连续垂直板聚丙烯酰胺凝胶电泳是指电泳板内的凝胶分为两层，上层为浓缩胶（隔层胶或间隔胶），下层为分离胶。浓缩胶的浓度（3%～5%）、pH（6.7）均小于分离胶（浓度为7%～7.5%，pH为8.9），但浓缩胶的孔径比分离胶的大。采用此凝胶体系电泳效果好、分辨率高，因为电泳过程中存在以下三种效应。

（1）浓缩效应：由于凝胶体系的不连续性，样品（酶分子）在浓缩胶中（孔径大）运动阻力小，速度快，当样品运动到浓缩胶与分离胶界面时，由于凝胶孔变小，此时，样品就会在大孔与小孔凝胶的界面处聚集成一狭窄的区带，达到浓缩的目的。

（2）分子筛效应：相对分子质量或结构不同的蛋白质分子（酶分子），通过一定孔径的分离胶时，受到的摩擦力不同，泳动的速度也就不同。相对分子质量小的或结构适于通过凝胶孔径的分子泳动得快，反之则慢，从而使不同相对分子质量（结构）的酶蛋白分子得以分离，这就是分子筛效应。

（3）电荷效应：同工酶的分子在同一缓冲系统中带电荷的性质和量有差异，在同一电场中泳动的速度和方向不同。带净电荷多的酶分子泳动速度快，反之则慢。一般在pH 8.9的聚丙烯酰胺凝胶体系中，酶分子带负电荷，在电场中从负极向正极移动。当酶分子进入分离胶后，由于分子筛效应及电荷效应，具有不同相对分子质量、结构和电荷的酶分子由于泳动速度的不同，会处在凝胶的不同位置上（从负极到正极依次排列着不同的酶分子），从而达到分离同工酶的目的。电泳后的凝胶经染色即可在凝胶上形成酶谱。由于同工酶是基因表达的产物，基因的表达有时空的差异性，即酶分子的不同形式可以出现在同一生物的不同发育时期，所以不同发育时期的酶谱带的情况可能有差异，在分析时应注意区别差异的原因。

通过对酶谱分析、比较，能够进行种子纯度鉴定、亲缘关系探讨、杂种优势测定、基因定位以及作为抗性品种病理诊断等。

## 三、实验试剂与器材

1. 实验试剂

三羟甲基氨基甲烷（Tris）、四甲基乙二胺（TEMED）、丙烯酰胺（Acr）、亚甲基双丙烯酰胺（Bis）、甘氨酸、过硫酸铵、蔗糖、溴酚蓝、联苯胺、过氧化氢。

（1）凝胶组成及其配制：见表13-1，溶液0～4℃保存，F液可储存2周，其余可储存2个月。

（2）电极缓冲液（pH 8.3 Tris-Gly缓冲液）：称取三羟甲基氨基甲烷（Tris）2.75g、甘氨酸（Gly）15g，蒸馏水定容至500mL，用水稀释10倍。

表 13-1 凝胶液配制及分离胶、浓缩胶的配比

| 贮液 | | 100mL 溶液中的含量 | pH | 贮液 | 100mL 溶液中的含量 | pH |
|---|---|---|---|---|---|---|
| A | | 1mol/L 盐酸 48mL<br>Tris 36.6g<br>TEMED 0.23mL | | B | 1mol/L 盐酸 48mL<br>Tris 5.98g<br>TEMED 0.46mL | |
| C | | Acr 30g<br>Bis 0.735g | | D | Acr1 0.0g<br>Bis 2.5g | |
| | | | | F | 核黄素 4.0mg | |
| E | | 过硫酸铵 0.56g（用前配制） | | | | |
| 分离度 | 浓度 7.5% | A、C、H$_2$O、E 的体积比为<br>1∶2∶4∶1 | 8.9 | 浓缩度 | 浓度 3.5%，B、D、H$_2$O、F 的体积比为：2∶4∶1 | 6.7 |
| | 浓度 10% | A、C、H$_2$O、E 的体积比为<br>3∶8∶10∶3 | | | | |

（3）样品提取液（pH 7.2 蔗糖—0.01mol/L KCl—0.05mol/L 磷酸缓冲液）：称取 NaH$_2$PO$_4$·2H$_2$O 2.345g、Na$_2$HPO$_4$·12H$_2$O 12.89g、KCl 0.746g、蔗糖 102.69g，用蒸馏水定容至 1000mL。

（4）1mol/L 盐酸：取 83mL 浓盐酸，定容至 1000mL。

（5）酯酶染色液：

① A 液：取 2g α-乙酸萘酯、2g β-乙酸萘酯，溶于 100mL 无水乙醇中。

② B 液：取 120mg 坚牢蓝 RR，加入 4mL A 液。用 0.1mol/L pH 6.2 的 NaH$_2$PO$_4$-Na$_2$HPO$_4$ 缓冲液定容至 150mL，即为酯酶染色液。

（6）0.1mol/L pH 6.2 的 NaH$_2$PO$_4$-Na$_2$HPO$_4$ 缓冲液：

① 0.1mol/L NaH$_2$PO$_4$ 溶液：称取 NaH$_2$PO$_4$·2H$_2$O 15.603g，用蒸馏水定容至 1000mL。

② 0.1mol/L Na$_2$HPO$_4$ 溶液：称取 Na$_2$HPO$_4$·12H$_2$O 35.822g，用蒸馏水定容至 1000mL。

③ 量取 81.5mL 0.1mol/L 的 NaH$_2$PO$_4$ 溶液与 18.5mL 0.1mol/L 的 Na$_2$HPO$_4$ 溶液，混合，即为 0.1mol/L pH 6.2 的 NaH$_2$PO$_4$-Na$_2$HPO$_4$ 缓冲液。

（7）过氧化物酶染色液：

① 联苯胺溶液：将 2g 联苯胺溶于 18mL 冰醋酸后，加 72mL 水。

② 3% H$_2$O$_2$ 溶液：取 30% H$_2$O$_2$ 30mL，加 270mL 水。

③ 5mL 联苯胺溶液加 2mL 3% H$_2$O$_2$ 溶液及 93mL 蒸馏水，混匀，即为过氧化物酶染色液。

（8）10% 甘油：10mL 甘油加 90mL 蒸馏水。

2. 实验器材

冰箱、电泳仪、电泳槽（垂直板）及配套玻璃板等，以及注射筒及针头、微

量注射器（50μL 或 100μL）、装凝胶用玻璃管（内径为 5mm，长度为 90mm）、分析天平、低温离心机、白瓷盘（中）、棕色试剂瓶（250mL、1000mL、500mL、2000mL）、烧杯（50mL、200mL、1000mL）、量筒（5mL、10mL）、青霉素瓶（带盖）、吸管、纱布、滤纸、橡胶手套、剪刀、容量瓶（50mL、100mL、200mL、500mL、1000mL）、电热套、玻璃纸、绘图纸、2B 铅笔、气门芯、20cm×20cm 玻璃、托盘天平。

## 四、实验材料

以下内容任选一组或两组即可。

（1）两种不同品种蚕豆。

（2）蚕豆的新种子和储藏 2～3 年的陈种子。

（3）蚕豆与豌豆。

（4）甘蓝和甘蓝型油菜的幼苗嫩叶。

（5）不同品种的柑橘嫩叶。

（6）不同品种的小白菜。

（7）单粒糜子和双粒糜子。

（8）黄果龙葵、紫果龙葵（二倍体）。

（9）菠菜的不同器官等。

同工酶的不同分子形式可以出现在同一生物的不同发育时期，所以取不同期的材料，酶带的情况就不一样。这是同工酶技术适用于发育研究的方便之处。另外，利用同工酶技术进行遗传学分析与群体遗传学研究时，特别要求取材的一致性。否则，它们之间的差异可能不是遗传而是由发育造成的。例如，要比较两个品种蚕豆的遗传差别，可用它们的发芽种子进行比较。但这时至少应该检查是否是同年的种子、是否在发芽前都晒过种、是否是同时浸种、是否是恒温发芽，以及是否是取同样部位和同样分量等。

## 五、实验方法与步骤

【概括步骤】

样品提取──→分离胶的灌制──→浓缩胶的灌制──→加样──→电泳──→染色──→漂洗──→记录──→拍照──→干板制作（图 13-2）。

【具体步骤】

1. 样品提取

制备酶粗提液。不同品种或种间的植物，取发育时期相同、组织相同的新鲜样品，洗净，用滤纸吸干，称取 1g 至研钵中，加 2mL 提取液，冰浴下研磨至匀浆，也可用匀浆器冰浴中匀浆，用 4 层纱布过滤，3800r/min 离心 15min。取上清液，放入青霉素小瓶中，置于20℃冰箱中保存备用，也可直接用于电泳。

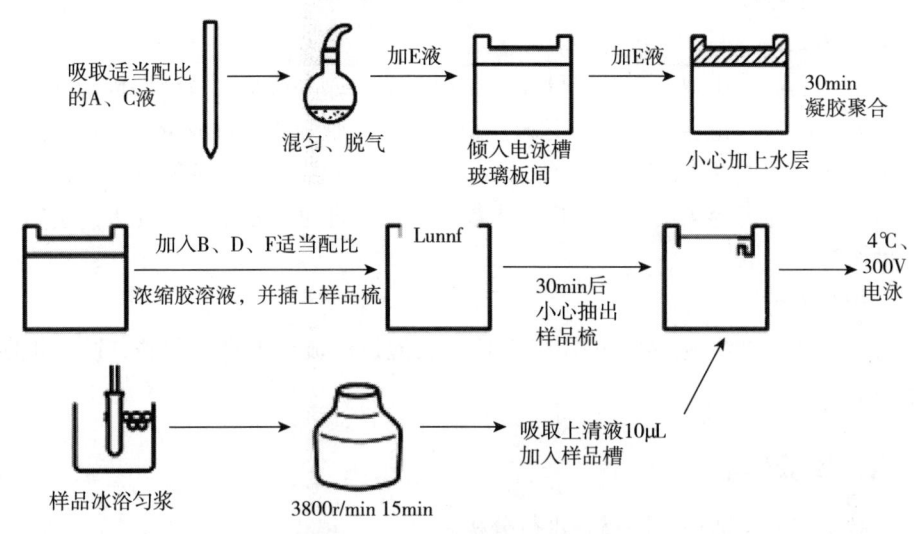

**图13-2　同工酶的电泳分析步骤示意图**

2.5h电泳完毕取下凝胶，投入染色液，室温20min后观察酶带表型。

2. 分离胶的灌制

将A、C、E溶液从冰箱中取出，按A、C、$H_2O$以1∶2∶4比例配制14mL，混匀，抽气3~4min后，再加入2mL E溶液，摇匀，用吸管沿玻璃板上边缘注入胶室中，大约是玻璃板的4/5，要求缓慢注入，以免产生气泡，随即用注射器在其上注入一层1~2cm高的蒸馏水，使聚合后的凝胶面平整。

3. 浓缩胶的灌制

待分离胶聚合完毕后（凝胶与水层间出现折光不同的界面），弃去水层，用滤纸吸尽余水。按B、D、$H_2O$、F以1∶2∶4∶1的比例配制8mL混匀，用吸管注入分离胶上部，然后插上样品梳。放入光下，30min后小心取出样品梳。用滤纸条吸取加样槽中的液体。

4. 加样

以微量注射器吸取样品（酶液10~70μL）轻轻加入加样槽中，其上加入电泳液。不同的酶加样量不同，一般过氧化物酶加样量少于酯酶，但也有相反的情况，视酶活性而定。注意不同样品加样量力求一致，不要用针尖碰破凝胶。如果样品是新提取的，可直接加样，如果提前制备并置于冰箱中冷冻，则要提前取出解冻后方可加样。

5. 电泳

在上、下槽加入电泳液（可在冰箱中预冷），在4℃冰箱内，上槽接负极，下槽接正极，切勿接错电极。以300V恒压电泳2～3h，待色素带至底部近1.5cm处，即可结束电泳。

6. 染色

取出玻璃板，用剪刀撬开玻璃板，在白瓷盘中放入清水，将玻璃板中间的凝胶轻轻取出放入白瓷盘中，弃去清水，倒入事先配制好的染色液染色。可染酯酶同工酶，也可染过氧化物酶同工酶。酯酶需37℃保温，才能显色清晰。待酶带显色清楚后，即可弃去染色液，用清水漂洗几次，即可在水中保存几天，进行记录、拍照等。

7. 干板制作

若凝胶板需永久保存，可用10%甘油浸泡过的玻璃纸进行包裹，晾干即制成干板。

## 六、实验作业

绘制本实验电泳模式图谱并进行分析。

## 七、注意事项

（1）在不同品种或同种生物之间进行同工酶比较时，应注意控制条件，使其生长条件、处理过程以及取材尽量一致，减少人为的误差。

（2）凡含丙烯酰胺、亚甲基双丙烯酰胺（甲叉双丙烯酰胺）的溶液均是神经毒剂，小心勿黏于皮肤及黏膜上。

## 八、思考题

（1）电泳的基本原理是什么？
（2）电泳要求的基本条件有哪些？
（3）同工酶分离过程中的关键步骤有哪些？
（4）聚丙烯酰胺凝胶电泳的制胶过程中，哪些因素影响胶的凝聚？
（5）电泳系统的不连续性表现在哪几个方面？存在哪几种物理效应？
（6）简述酶活性染色的过程。

# 实验14　植物总DNA的提取

## 一、实验目的

（1）学习并掌握用CTAB法提取植物总DNA的原理和方法。
（2）学习并掌握核酸组分的分离技术——琼脂糖凝胶电泳方法。

## 二、实验原理

核酸在植物体内多与蛋白质结合，以核蛋白的形式存在，因此提取核酸时，必须使核酸与蛋白质解离，并除去蛋白质和多糖等杂质。

本实验先将植物材料速冻、研磨，破碎细胞壁，加入去污剂（如CTAB），可使核蛋白体解析，然后使蛋白质和多糖杂质沉淀，DNA进入水相，再用酚、氯仿抽提纯化。本实验采用CTAB法，其主要作用是破膜。CTAB是一种非离子去污剂，能溶解膜蛋白与脂肪，也可解聚核蛋白。植物材料在CTAB的处理下，结合65℃水浴使细胞裂解、蛋白质变性、DNA被释放出来。CTAB与核酸形成复合物，此复合物在高盐浓度（高于0.7mmol/L NaCl）下可溶，并稳定存在，但在低盐浓度（0.1～0.5mmol/L NaCl）下，CTAB-核酸复合物就因溶解度降低而沉淀，而大部分的蛋白质及多糖等仍溶解于溶液中。经过氯仿—异戊醇（24：1）抽提，去除蛋白质、多糖、色素等来纯化DNA，最后经异丙醇或乙醇等沉淀剂将DNA沉淀分离出来，而CTAB溶于异丙醇。

琼脂糖凝胶电泳是用琼脂糖或优质琼脂粉作支持介质的一种电泳分离方法。它主要用于大于或等于1Kb核酸的分离。有电荷效应和分子筛效应。其迁移率的大小，主要与DNA分子大小和空间构象有关。凝胶浓度、电泳电压、pH也影响迁移率。核酸区带观察，利用核酸与EB结合，在紫外光下可发出橙黄色荧光的性质，借助于紫外观测仪来进行。

## 三、实验试剂与器材

1. 实验试剂

2×CTAB抽提液（2% CTAB，1.4mmol/L NaCl，20mmol/L EDTA，100mol/L Tris-盐酸，pH 8.0）、TE缓冲液（pH 8.0）、酚—氯仿—异戊醇（25：24：1）、异丙醇、70%乙醇、双蒸水等。

2. 实验器材

冰箱、恒温水浴锅、高速离心机、陶瓷研钵和杵子、离心管、微量移液器等。

## 四、实验材料

植物叶片（小麦、玉米等）。

## 五、实验方法与步骤

【概括步骤】

细胞破碎——→抽提去蛋白质——→沉淀核酸——→电泳检测。

【具体步骤】

1. DNA抽提

（1）分别称取2g新鲜的植物叶片，用蒸馏水冲洗叶面，用滤纸吸干水分。

（2）将叶片剪成1cm长，置于预冷的研钵中，倒入液氮，尽快研磨成粉末。

（3）加入700μL的CTAB抽提液，混匀（CTAB在65℃水浴预热），保温30min，每5min轻轻振荡几次。

（4）冷却2min后，加入等体积酚—氯仿—异戊醇（25∶24∶1），使两者混合均匀。

（5）10000r/min离心10min，用微量移液器轻轻地吸取上清液至另一新的灭菌离心管中；[也可根据情况重复步骤（4）一次或两次]加入2/3倍体积的异丙醇，将离心管慢慢上下摇动30s，使异丙醇与水层充分混合，室温放置15min至能见到DNA絮状物。

（6）10000r/min离心1min后，立即倒掉液体，注意勿将白色DNA沉淀倒出。

（7）加入800μL 75%～80%的乙醇（均可以），洗涤DNA。

（8）10000r/min离心30s后，立即倒掉液体，干燥DNA（自然风干或用风筒吹干）。

（9）加入50μL双蒸水（或1×TE），使DNA溶解。

（10）提取的DNA样品进行电泳（也可以用RNase去除RNA，再电泳检测）。

2. 凝胶检测

（1）凝胶制备：制备1%琼脂糖凝胶。称取1.5g琼脂糖，加入150mL 1×TAE，加热至琼脂糖全部熔化，冷却至50～60℃时，加入EB或Gold View™ 10μL。缓慢倒入胶板，待胶凝固后拔出梳子。

（2）加样：取5μL DNA样液与2μL上样缓冲液混匀，用微量移液器小心加入样品槽。

（3）电泳：接通电源，切记靠近加样孔的一端为负，电压为1～5V/cm（长度以两个电极之间的距离计算），待溴酚蓝移动到一定位置，停止电泳（图14-1）。

（4）观察拍照（图14-2）。

## 六、实验作业

（1）为了获得高质量的植物总DNA，在分离提取过程中应注意哪些？

（2）将提取的植物总DNA电泳图谱粘贴在实验报告上并进行分析。

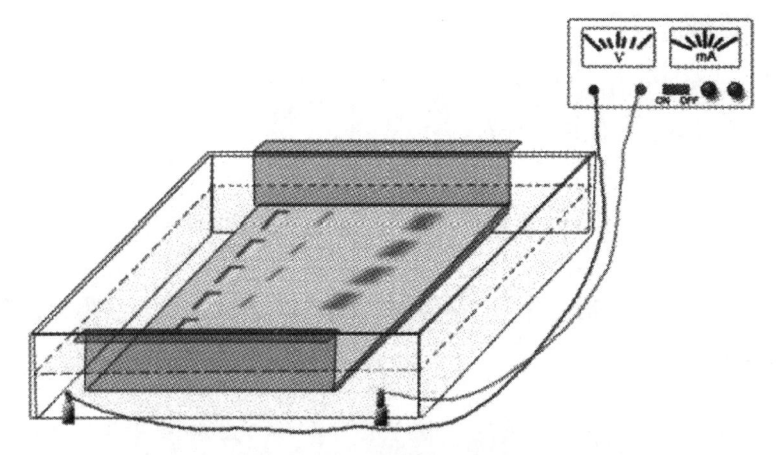

图 14-1　电泳检测示意图

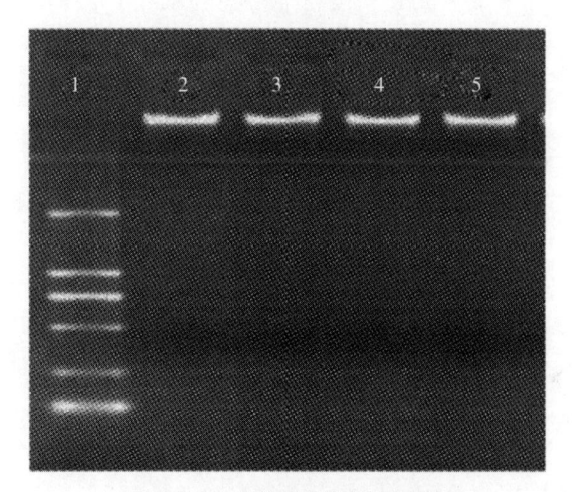

图 14-2　电泳检测结果示例图
1 为 marker，2～5 为植物（小麦）总 DNA

## 七、注意事项

（1）选取新鲜材料，研磨应迅速、彻底，小心操作，以免冻伤。研磨好的材料应与 CTAB 抽提液充分混匀。

（2）若提取产物有颜色，可能是材料中含有较多的多酚类物质，添加巯基乙醇（2%～5%），尽可能取幼嫩的材料。

（3）收集 CTAB 与核酸形成的复合物时不要离心过度，否则沉淀再溶解困难。

（4）为了获得具有生物活性的天然核酸，在分离制备过程中必须采用温和的条件，避免过酸过碱、剧烈地搅拌，防止热变性，同时还要避免核酸降解酶类的降解。

## 八、思考题

（1）CTAB 的作用是什么？

（2）液氮研磨的原理是什么？

（3）提取核酸时应注意些什么？

（4）EB 在对核酸进行染色时有什么优点？其原理如何？

（5）用中文命名 CTAB、EB。

（6）Gold View™ 是一种可代替溴化乙锭（EB）的新型核酸染料，它的染色特征是什么？

# 模块二　动物遗传学实验

## 实验 15　动物细胞的减数分裂

### 一、实验目的

（1）了解动物生殖细胞的形成过程，观察减数分裂过程中染色体的动态变化。
（2）掌握动物细胞染色体制作的基本技能。

### 二、实验原理

在高等生物雌、雄性细胞形成的过程中，进行着一种特殊的细胞分裂，称为减数分裂。减数分裂是一种特殊的有丝分裂，这一过程的特点是：连续进行 2 次核分裂，而染色体只复制 1 次，结果形成 4 个核，每个核只含单倍数的染色体，即染色体数减少一半，所以称为减数分裂。生物体以染色体的减半作用来调节受精作用，保证了物种染色体的稳定性。又因为减数分裂行为发生在生物性成熟这一时期，所以又把减数分裂称为成熟分裂。减数分裂的另一个特点是前期特别长，而且变化复杂，包括同源染色体的配对、交换与分离等，因此在减数分裂过程中，染色体的行为对遗传物质的分配和重组产生了重大影响。

减数分裂又可分为第一次减数分裂、第二次减数分裂，具体过程简述如下。

1. 前期 I

第一次减数分裂的前期较长，一般又可以细分为 5 个子时期。

（1）细线期：第一次分裂开始，染色质浓缩为几条细而长的细线。每一个染色体已复制为 2 个染色单体，但在显微镜下仍看不出染色体的双重性，核膜内丝状染色体绕作一团，头尾不明，未能计数。

（2）偶线期：染色体形态与细线期没有多大差别，同源染色体开始配对，出现联会复合体。

（3）粗线期：配对后的染色体缩短变粗，有些生物此期可清楚地看到特殊形状的 $n$ 对染色体。每个染色体含 2 个染色单体，由 1 个着丝粒相连，每对配对的同源染色体其非姐妹染色单体之间进行了局部交换。

（4）双线期：染色体更为缩短，原来联会配对的染色体开始互相排斥分开。由于配对后同源染色体间发生过局部交换，因此在一定距离间出现交叉结。

（5）终变期：又称浓缩期，染色体继续缩短变粗，可以清楚地看到 $n$ 个双价染色体的结构。核仁核膜消失,出现交叉端化现象。

2. 中期Ⅰ

各双价体排列在赤道板上,成对双价染色体上的着丝粒向着两极,纺锤体形成。

3. 后期Ⅰ

由于纺锤丝的牵动,成对染色体分向两极,但双价染色体的着丝粒尚未分裂,姐妹染色单体仍在一起,因此染色体数减半。

4. 末期Ⅰ

时间极短,分至两极的染色体松弛伸长,核膜形成,细胞质分裂,成为2个子细胞。

5. 间期

在第二次减数分裂开始以前,2个子细胞进入间期。但有的植物(如延龄草)和大多数动物不经过末期和间期,直接进入第二次减数分裂的前期。

6. 前期Ⅱ

染色体缩短变粗,染色体开始清晰起来。每个染色体含有1个着丝粒和纵向排列的2个染色单体。

7. 中期Ⅱ

染色体又浓缩变粗,排列在赤道板上,两个姐妹染色体相互排斥,着丝粒尚未分开。

8. 后期Ⅱ

着丝粒分裂,每一染色体的姐妹染色单体因而分为两个子染色体,分别趋向两极,两极各有 $n$ 个染色体。

9. 末期Ⅱ

和一般有丝分裂末期相同,染色体逐渐解螺旋,变为细丝状,核膜重建,核仁重新形成。细胞质分裂,各成为两个子细胞。

### 三、实验试剂与器材

1. 实验试剂

卡诺固定液(无水乙醇3份、冰醋酸1份,混合,现用现配)、1mol/L 盐酸、70% 乙醇、改良石炭酸品红染色液。

2. 实验器材

显微镜、培养皿、载玻片盖和玻片、棉纱缸、纱布、吸水纸、擦镜纸、盖片镊、医用镊子、茶色滴瓶、白色滴瓶、小试管、吸管。

### 四、实验材料

短角斑腿蝗、蝗虫、蟋蟀等精巢。

## 五、实验方法与步骤

**【概括步骤】**

取材⟶固定 $\xrightarrow{2\sim 24h}$ 染色 $\xrightarrow{15\sim 20min}$ 压片⟶镜检。

**【具体步骤】**

1. 采集蝗虫

因蝗虫物种的不同,采集时间有变化,采集时可用手抓或用网捕捉。蝗虫可在夏、秋两季采集。短角斑腿蝗喜温暖,可在十月前后,在晴天阳光下的草地用网捕捉。

2. 取材固定

用镊子夹住雄虫尾部,向外拉,可见到一团黄色组织块,这就是蝗虫的精巢,它是由多数小管栉比排列构成的。剔除精巢上的其他组织,将其放到卡诺固定液中固定 1.5～2h,再放入 70% 乙醇中。

3. 剥离精细管

切取较粗端,占全长的 1/3～1/2(粗端远离输精管,细胞分裂旺盛;细端近输精管,多已经生成精子),弃细端,用蒸馏水冲洗,吸干水分。

4. 解离

用 1mol/L 盐酸解离 2～5min,用蒸馏水多次冲洗(因为盐酸影响染色)。

5. 染色、压片及镜检

将材料放在载玻片上切成约 1mm 长的几段,分置于不同载玻片,滴一滴改良石炭酸品红染色液,染色 15～20min。在材料上加盖玻片,吸去多余染色液,上覆吸水纸,用拇指压盖玻片,显微镜下观察。

## 六、实验作业

(1)观察动物减数分裂各时期的特点。

(2)绘制各时期细胞图,尤其是前期Ⅰ各个子时期染色体的变化图。

## 七、注意事项

(1)取材时,取细精管的量不宜太多,应选取较粗、分裂旺盛的组织。

(2)敲片时注意掌握力度,力度太大会导致盖玻片破碎,不仅要使细胞相互分散开,还要防止细胞破裂。

(3)在实验过程中,于显微镜下观察不同时期蝗虫细胞时,会发现处于分裂前期的细胞数目最多。

### 八、思考题

（1）减数分裂的遗传学意义是什么？

（2）根据实验思考：有丝分裂与减数分裂有哪些异同？

## 实验 16　动物骨髓细胞染色体制片技术

### 一、实验目的

（1）通过小鼠（或青蛙、蟾蜍等）骨髓细胞染色体标本的制作过程，了解动物细胞染色体制片的原理。

（2）初步掌握动物细胞染色体标本的制作方法和制片技术。

（3）观察动物细胞染色体的数目和形态。

### 二、实验原理

动物骨髓细胞中，有一种造血干细胞，它是生成各种血细胞的原始细胞，具有高度的分裂能力。在骨髓细胞中，有丝分裂较旺盛，可直接得到中期细胞的分裂象。因此，可以用动物骨髓细胞为材料制成有丝分裂的细胞装片，制备染色体标本，用来观察动物细胞有丝分裂和进行染色体组型分析。用动物骨髓细胞制片与植物染色体制片方法有一些差异：实验前，腹腔注射合适浓度的秋水仙素溶液，以提高有丝分裂指数。取骨髓后，经过低渗处理、固定、直接滴片，空气干燥后，染色即可得到染色体分散良好的分裂象。

### 三、实验试剂与器材

1. 实验试剂

（1）0.1% 秋水仙素溶液：称取 100mg 秋水仙素，溶解于 100mL 0.85% NaCl 溶液中，即得。

（2）生理盐水（小白鼠 0.85%，青蛙 0.65%）：称取 8.5g NaCl，溶于 1000mL 双蒸水中。

（3）0.075mol/L KCl 溶液：称取 5.591g KCl，溶于 1000mL 双蒸水中。

（4）甲醇—冰醋酸固定液（3∶1）。

（5）卡宝品红染色液（配制方法见实验1）或 Giemsa 染色液：称取 0.5g Giemsa 粉末，加 33mL 甘油（先用几滴）；在研钵中慢慢充分研碎，于 56℃中保温 90min，后加 33mL 纯甲醇，过滤，于棕色瓶中保存。使用时，用 pH 6.8 的磷酸缓冲液按 10∶1 比例稀释，即成 Giemsa 染色液。

（6）pH 6.8 的磷酸缓冲液：称取 6.97g $Na_2HPO_4$ 和 6.73g $NaH_2PO_4$，溶解于

1000mL 的双蒸水。

（7）10% 酵母液：称取干酵母 2.5g，加入 25mL 40℃的温水中，加葡萄糖 5.6g，充分混匀，保温 1.5～2h；待液体表面有少数气泡即可使用。

（8）双蒸水。

2. 实验器材

显微镜、离心机、恒温水浴锅、天平、载玻片（预冻保存）、5mL 注射器及针头、滴管、白色滴瓶、茶色滴瓶、大烧杯、棉纱缸、刻度离心管、温度计、量筒、试管架、解剖刀等。

## 四、实验材料

小白鼠（*Mus musculus*，2n=40）或大白鼠（*Rattus norvegicus*，2n=42）、青蛙（*Rana nigromaculata*，2n=26）、蟾蜍（*Bufobufo*，2n=22）等骨髓。

## 五、实验方法与步骤

【概括步骤】

前处理 $\xrightarrow{2h}$ 取骨髓细胞 $\longrightarrow$ 离心 $\xrightarrow{1000r/min, 6～7min}$ 低渗处理 $\xrightarrow{0.075mol/L\ KCl,\ 37℃,\ 20min}$ 离心 $\xrightarrow{1000r/min, 6～7min}$ 固定 $\xrightarrow{37℃,\ 20min}$ 离心 $\xrightarrow{1000r/min, 6～7min}$ 固定 $\xrightarrow{37℃,\ 20min}$ 离心 $\xrightarrow{1000r/min, 6～7min}$ 制悬液 $\longrightarrow$ 制片 $\longrightarrow$ 染色 $\xrightarrow{10min}$ 镜检。

【具体步骤】

1. 前处理

按小鼠体重计量，每 25g 体重皮下注射 0.3mL 10% 酵母液。24h 后，注射秋水仙素（每 25g 体重注射 0.1mL 0.1% 秋水仙素溶液），此步骤也可省略。直接在解剖前 2～3h，将小鼠称重，按每 10g 体重从腹腔注射 0.04mL 0.1% 秋水仙素。

小白鼠的给药方法：提起小鼠腹部皮肤，将秋水仙素溶液注射入腹腔中。

2. 取骨髓细胞

将处理过的小白鼠用断颈椎法处死。用手术剪立即剥取后肢长骨（股骨和胫骨），注意与躯体相连的股骨一定要取完整。剔去骨上肌肉，此过程中始终要保持股骨和胫骨的完整。剔除干净后剪去骨两端的骨头，用注射器吸取生理盐水（0.85%）插入骨腔将骨髓细胞冲入离心管中。

3. 离心

1000r/min 离心 6～7min，注意每组将自己的离心管做好标记。

4. 低渗处理

弃去上清液，加入原量低渗液（0.075mol/L KCl 溶液），用吸管吸成细胞悬液，置于 37℃恒温水浴锅中低渗处理 20～30min 或 22℃左右低渗处理 70～90min。

5. 离心

1000r/min 离心 6～7min。

6. 固定

轻轻弃去上清液，加甲醇—冰醋酸固定液（3∶1）5mL，用吸管吹散细胞沉淀块，37℃恒温水浴锅中固定 20min，或 10℃固定 15h 左右后再离心，1000r/min 离心 6～7min。重复此过程一次。

7. 制悬液

弃去上清液，加入 0.5mL 新鲜固定液，打散细胞制成细胞悬浮液。

8. 制片

取细胞悬液 2～3 滴，滴于冰水浸泡过（或放入冰箱预冷）的干净载玻片上，迅速用口吹散细胞，放在空气中自然干燥。

9. 染色

待片子完全干燥后，在染色缸中用卡宝品红染色液染色 10min 或将染色液滴于载玻片上，染色后水洗。或按 Giemsa 原液与 pH 6.8 的磷酸缓冲液 1∶10 的比例配制 Giemsa 染色液。滴片经染色 40～60min 后水洗。方法为：将片子倾斜一定角度，用自来水缓缓冲洗片子背面，让水缓缓从片子两侧流到片子正面，以冲去染色液，水洗后晾干。水洗过程中要特别注意载片的正反面，不要冲丢材料。

10. 镜检

将染色后的玻片放在显微镜下观察，先在低倍镜中找到中期分裂象，后转入高倍镜观察其染色体的形态并计数（图 16-1、图 16-2）。如果发现分裂相较多、细胞分散良好、染色体清晰可见的涂片，可直接用中性树胶封片（在封片前经二甲苯透明数分钟则更好）。

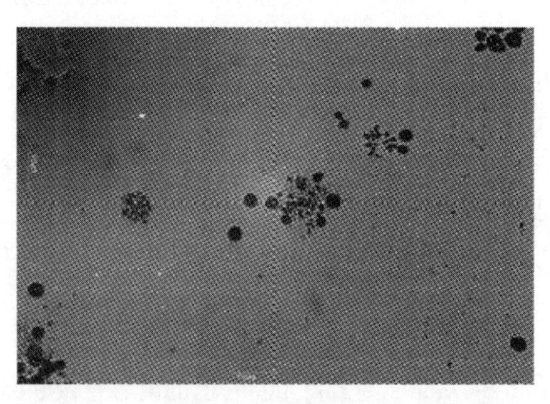

图 16-1 低倍镜下小鼠骨髓细胞中期分裂象

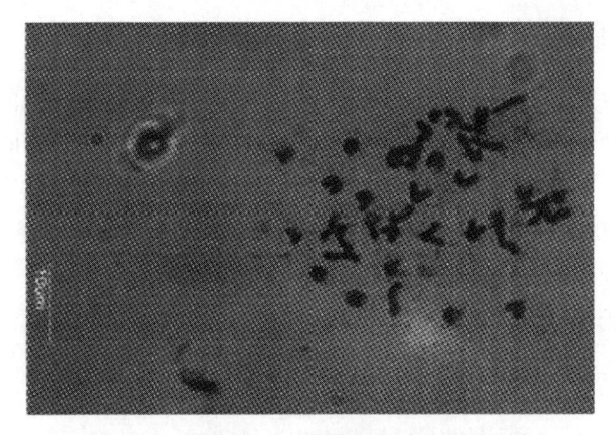

图 16-2　高倍镜下小鼠骨髓细胞中期分裂象

### 六、实验作业

绘出你所观察到的染色体图，并标注染色体数目。

### 七、注意事项

（1）小白鼠给药时注意：控制好给予的药量；安排好给药的时间；腹腔注射时注射器针头不要碰到肠等器官；给药过程中戴好手套以防受伤。

（2）在取骨髓细胞的过程中有几点要注意：冲洗骨髓细胞时，注入速度要慢。因骨髓腔较细，速度快则生理盐水从注入端溢出，骨髓细胞仍留在骨中没被冲出。不要让组织块掉入离心管，如果掉入，则要用吸管吸出。冲到骨发白为止。

### 八、思考题

（1）动物染色体制片与植物染色体制片有何异同？
（2）动物染色体制片中注意事项有哪些？
（3）0.075mol/L KCl 低渗液的作用是什么？
（4）为什么小鼠骨髓细胞中能看到分裂象染色体？有什么意义？

## 实验 17　唾腺染色体的制片技术与观察

### 一、实验目的

（1）练习剥离果蝇（摇蚊）幼虫唾腺的技术，学习制作唾腺染色体标本的方法。
（2）观察、了解唾腺染色体的形态学及遗传学特征。

## 二、实验原理

双翅目昆虫（摇蚊、果蝇等）幼虫期的唾腺细胞很大，其中的染色体称为唾腺染色体。这种染色体比普通染色体大得多，宽约 5μm，长约 400μm，相当于普通染色体的 100～150 倍，因而又称为巨大染色体。唾腺染色体经过多次复制而并不分开，有 1000～4000 根染色体丝的拷贝，所以又称多线染色体。一般说来，多线染色体是处于永久性早前期的一种体细胞染色体配对形式。多线染色体经染色后，出现深浅不同、疏密各别的横纹，这些横纹的数目和位置往往是恒定的，代表着果蝇等昆虫的种的特征。如染色体有缺失、重复、倒位、易位等，很容易在唾腺染色体上识别出来。因此，唾腺染色体在研究染色体畸变方面有着独特的应用。

黑腹果蝇的唾腺染色体是 $2n=2\times4=8$，共 4 对染色体。第 1 对为性染色体，雌性为 XX，雄性为 XY。X 为顶端着丝粒染色体，呈杆状，Y 染色体为 J 形。第 2 对、第 3 对及第 4 对染色体为常染色体，其中第 4 对短小，也为顶端着丝粒染色体，呈点状。第 2 对、第 3 对染色体为中间着丝粒染色体，呈 V 形。因体细胞配对（体联会），并且所有染色体的着丝粒又结合在一起形成染色中心，短小的第 4 对染色体和 X 染色体各自形成 1 条点状和线状染色体臂，而第 2 对和第 3 对染色体各自从染色中心以 V 形向外伸出 2 条染色体臂（2L、2R、3L、3R），因此共有 6 条染色体臂，即 5 条长臂、1 条短臂（图 17-1、图 17-2）。但在显微镜下，短小的第 4 对染色体臂有时不易观察到，所以最容易识别的是 5 条染色体臂，这 5 条染色体臂好似从一共同的中心发射，这个中心即是染色中心。5 条染色体臂分别标为 X、2L、2R（第 2 染色体的左右臂）、3L 及 3R（第 3 染色体的左右臂），还有一小段用 4 表示（第 4 染色体），每一条臂都含有 2 个紧密结合的染色体：1 个是母本的，来自卵核；1 个是父本的，来自精子。雄果蝇的 Y 染色体几乎包含在染色中心里，因为是异染色质，看起来染色可能淡些。有经验的人可以发现雄果蝇的 X 染色体比雌果蝇的 X 染色体要细些，因为雄性只有一条 X 染色体。在雄体唾腺细胞中，Y 染色体极度萎缩，X 染色体则不配对而呈细长的一个。

当染色体结构相同时，没有办法区分这两个紧密配对的双股染色体；但是，如它们之间有所不同，就可从唾腺染色体来区别它们的差异。例如：假定野生型果蝇染色体中染色带的次序是 abcdefghij，而另一果蝇中此染色体发生了倒位，次序为 abhgfedcij，当将这两种果蝇进行交配，就会形成一个环状的图形。同样，如果染色体之间发生易位，如 A 染色体的次序是 klmnop，B 染色体次序是 uvwxyz，A 染色体与 B 染色体之间交换一部分而分成两个新的染色体，即 klmvwxyz 及 unop。这两个易位染色体和正常染色体配对，在后代幼虫的唾腺染色体中就会形成交叉形状或 O 形。因此，通过观察唾腺染色体的结构，可鉴定染色体的结构变异。唾腺细胞染色体处于永久早期，化蛹时随即解体。

本实验所观察的果蝇为 *D.virilis*，2*n*=2×6=12，其唾腺染色体如图17-3所示。

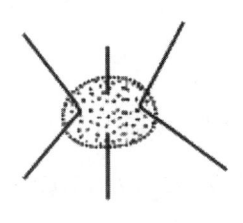

图17-1　黑腹果蝇唾腺染色体核型　　　图17-2　黑腹果蝇唾腺染色体模式核型

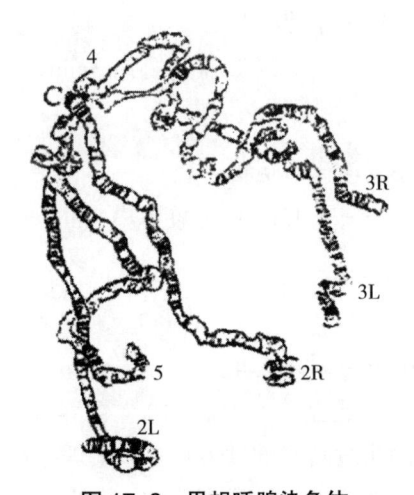

图17-3　果蝇唾腺染色体

唾腺染色体上的横纹宽窄、浓淡是有一定规律的，但在果蝇的特定发育时期，它们会出现不连续的膨胀，称为疏松区，目前人们认为这是这部分基因被激活的标志。

## 三、实验试剂与器材

1. 实验试剂

（1）酵母粉。

（2）卡宝品红染色液（配方见实验1）。

（3）1mol/L 盐酸（配方见实验1）。

（4）0.75% 生理盐水：称取 NaCl 7.0g、KCl 0.35g、$CaCl_2$ 0.21g，溶解于1000mL 蒸馏水中（注意：要等先加入的药品充分溶解后再加下一种药品。尤其

是 $CaCl_2$，如在其他药品没有充分溶解时加入，易产生沉淀），果蝇幼虫用。

（5）0.65%生理盐水：摇蚊幼虫用。

2. 实验器材

显微镜、双目解剖镜、恒温培养箱、培养瓶、棉纱缸、载玻片和盖玻片、培养皿、镊子、解剖针、吸水纸、茶色滴瓶、白色滴瓶、酒精灯、火柴。

## 四、实验材料

果蝇（*Drosophila.virilis*）的三龄幼虫、摇蚊（*Chironomidae sp*）的三龄幼虫。

## 五、实验方法与步骤

【概括步骤】

1. 果蝇三龄幼虫唾腺染色体的观察

取果蝇三龄幼虫唾腺 ⟶ 1mol/L 盐酸解离 3min ⟶ 水洗 3 次 ⟶ 染色 10min ⟶ 压片、观察。

2. 摇蚊三龄幼虫唾腺染色体的观察

取摇蚊三龄幼虫唾腺 ⟶ 1mol/L 盐酸解离 3min ⟶ 水洗 3 次 ⟶ 染色 15～20min ⟶ 压片、观察。

【具体步骤】

1. 果蝇三龄幼虫唾腺染色体的观察

（1）唾腺的剥取：选取低温（16～18℃）下饲养、充分发育的果蝇三龄幼虫（图 17-4），放在有一滴生理盐水的载玻片上，生理盐水不宜多，以减少幼虫活动；两手各持一解剖针，将一支针压在虫体的 1/2 处，使不移动，另一支针按在头部黑点处（口器）稍后，轻缓地向前拉动，便可将头部扯开，唾腺也随之拉出。如果唾腺被拉断或未被拉出，可用解剖针在虫体前部 1/3 处轻轻向前挤压出来。这时可以看到一对透明而微白的长形小囊，即唾腺。在腺体的前端各延伸出一条细管，并向前汇合为一，形成一个三叉形的唾腺管伸入口腔。果蝇的唾腺是由单层细胞构成的。在解剖镜下，有时隐约可见其细胞界限。唾腺的侧面常带有少量沫状脂肪体，可用针剥离后进行染色。

（2）解离：将唾腺（图 17-5）放在载玻片上，吸去生理盐水（注意勿使唾腺丢失），滴 1mol/L 盐酸解离 2～3min，然后用清水滴洗，滴洗方法是：滴入清水，用吸水纸从材料旁边吸水(绝对不能碰到实验材料，否则材料就被纸吸附而丢失)。如此反复 3～4 次，用纸吸干周围的水分，以利于染色。

（3）染色压片：水洗后在载玻片唾腺上滴一滴卡宝品红染色液，染色 10min，然后盖上干净的盖玻片，其上覆二三层吸水纸，先用拇指轻轻压一下，吸去多余的染色液，然后放在桌面上。用拇指用力压住并横向揉几次（注意：不要使盖玻片移动，用力和揉动是一个方向，不能来回揉），用力和揉动方向可因人而异，多做几次，可得到较好的片子。

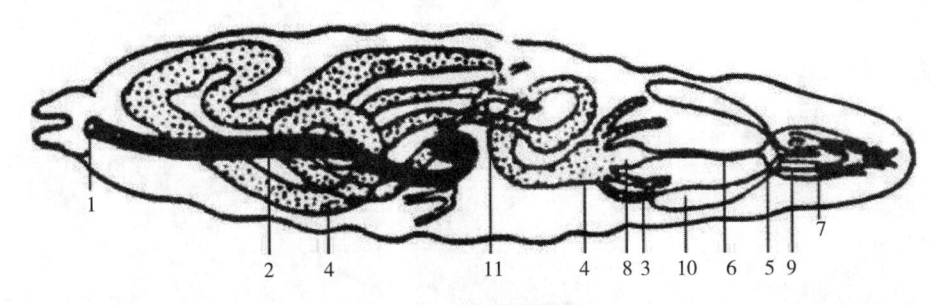

图 17-4　果蝇三龄幼虫

1. 肛门；2. 后肠；3. 盲囊；4. 中肠；5. 唾腺原基；6. 食道；7. 咽头；8. 前胃；9. 唾腺分泌管；10. 唾腺；11. 马氏管

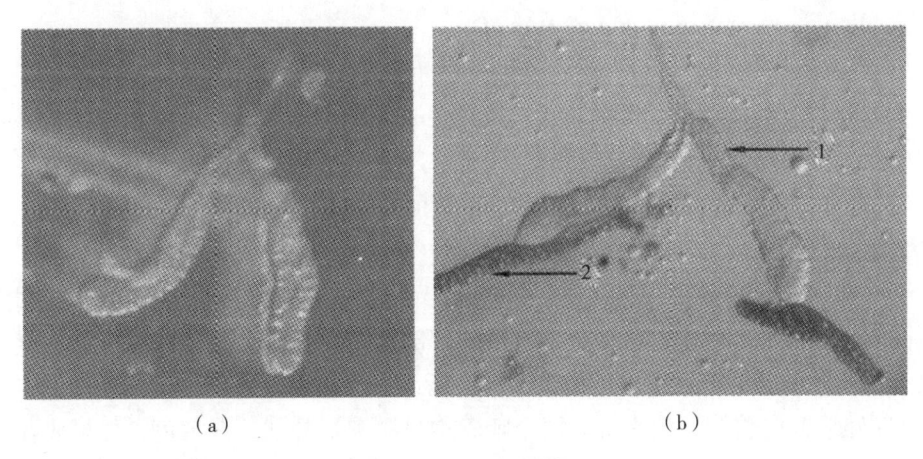

（a）　　（b）

图 17-5　果蝇唾腺

1. 唾腺；2. 脂肪体

（4）镜检：显微镜下观察唾腺染色体的形态（图 17-6、图 17-7）。

（5）制作永久片：如得到的片子完整良好，而且没有气泡，可在冰箱中保持数日。也可以制成永久片，步骤如下：先剔除封蜡，放入冰醋酸—无水乙醇固定液（1∶3）中，待盖玻片脱落后，再把有材料的载玻片和盖玻片通过下列顺序：95%乙醇1min，无水乙醇1min，再经无水乙醇1min，取出载玻片加一小滴优巴拉尔（Euparal），再取出盖玻片盖上，即可。也可以在无水乙醇脱水后，再经过几次不同比例（3∶1、2∶1、1∶1等）的乙醇和二甲苯混合液，最后到纯二甲苯，取出后用加拿大树胶封片。但这种方法步骤较多，材料容易丢失。

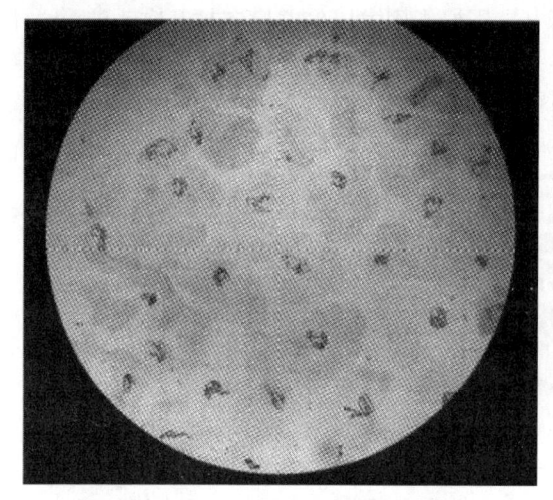

图 17-6　低倍镜下的唾腺染色体 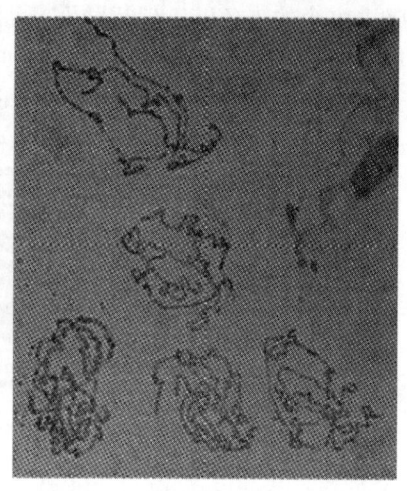　　　　图 17-7　高倍镜下的唾腺染色体

2. 摇蚊三龄幼虫唾腺染色体的观察

（1）摇蚊幼虫的采集：南方各地区每年 3～5 月和 9～11 月（北方稍迟）都可在池塘、池沼地、住宅区的小沟积水中，水浮莲和西洋菜根上采集到幼虫。幼虫呈红色，俗称"血虫"，体长 6～12mm，体节为 11～13 节。

（2）选取一条较大的三龄幼虫放在载玻片中央的生理盐水（0.65% NaCl 溶液）中。

（3）唾腺的剥离：两手各持一枚解剖针，左手的解剖针平按在虫体前端大约在体长 1/3 处（不让它移动），右手的解剖针按在头部，轻轻向前拉动，就可把头拉开，唾腺也随之拉出（如果唾腺拉断或未能拉出，可以用解剖针在虫体前部 1/3 处轻轻向前挤压出来）。两个唾腺均呈椭圆形环状，浅黄色，如果放在低倍镜（5×10 或 5×5）下检查，每个唾腺细胞的细胞核也可清晰见到。每个唾腺都有一条唾腺管连着。

（4）解离水洗：同果蝇。

（5）染色：把带有唾腺的载玻片从低倍镜取下，在放大镜下操作，用吸水纸小心去掉载玻片上的杂物和过多的水分，但千万不要接触到腺体，以免丢失。加 1～2 滴改良碱性品红染色液染色 15～20min。操作的全过程中都以上述的生理盐水保持唾腺湿润，特别是染色时更要注意。染色后由于受染色液的影响，每个腺体细胞分离，核染成较深色。

（6）压片：染色后加上盖玻片，用吸水纸吸去旁边溢出的染色液，在盖玻片上盖上 2 层比盖玻片略大的吸水纸，用拇指在吸水纸的中央垂直轻压。

（7）观察：先在低倍镜下观察，可以看到在淡紫色细胞质中有一些紫红色的花状带形染色体，并可看到粗细明暗相间的横纹。找到一个染色体清晰的细胞，移到视野的中央，换高倍镜观察。

## 六、实验作业

（1）绘制所看到的唾腺染色体图像。
（2）分析你的唾腺染色体制片的效果。

## 七、注意事项

（1）对用来观察唾腺的果蝇幼虫，要给予较好的培养条件，培养瓶内幼虫不应过多，最好每隔两天将羽化的新蝇移出一次，以免在瓶内产生过多的卵。此外，应放在较低的温度下培养（15～18℃较好），这样长成的幼虫较大。果蝇幼虫长到二龄时，每天滴数滴酵母液，三龄时实验前放入5～10℃冰箱育肥24h。唾腺应取自充分发育的三龄幼虫，在其化蛹之前常爬到培养基外或附在瓶壁上，可及时选用。

（2）压片时，千万不要移动盖玻片，以免把染色体推散，影响观察效果，要求把唾腺细胞核压破，染色体伸展不破碎为好。

## 八、思考题

（1）观察研究果蝇唾腺染色体对遗传学分析有什么意义？
（2）唾腺染色体的形态结构是怎样的？是如何形成的？

# 实验18　果蝇的生活史及形态观察

## 一、实验目的

（1）了解果蝇各个阶段的特征和生活史。
（2）正确区别雌、雄蝇以及常见突变型的主要性状。
（3）掌握实验果蝇的管理与饲养以及实验时的处理方法和技术。

## 二、实验原理

普通果蝇（*Drosophila melanogaster*）属于双翅目昆虫，我国约有800种，具完全变态。通常以黑腹果蝇作为遗传学实验的材料。其优点是：生长繁殖快，每12d左右即可完成一个世代；繁殖能力较强，每只受精的雌蝇可产卵400～500个，因此在短时间内即可获得多数子代，有利于遗传学的分析；染色体数目少，只有4对，且具有较大的唾腺染色体；容易饲养，饲料（如玉米粉等）简便易得，常温下容易生长、繁育；突变性状多，达 400 个以上，且多为形态突变，便于观察。因此，果蝇在遗传学研究中得到普遍应用，积累了许多典型材料。

### 三、实验试剂与器材

1. 实验试剂

乙醚、乙醇。

2. 实验器材

生化培养箱、托盘天平、电炉、高压灭菌锅、双筒解剖镜、麻醉瓶及塞、茶色滴瓶（装乙醚）、刻度吸管、洗耳球、毛笔、吸水纸及配套培养皿、白色广口瓶（装乙醇灭蝇）、白色塑料板或白纸。

### 四、实验材料

黑腹果蝇（*Drosophila melanogaster*）品系、饲养的野生型和几种常见的突变型果蝇。

### 五、实验方法与步骤

【概括步骤】

果蝇生活史──→成蝇外部形态和常见的突变型──→性状观察方法──→果蝇的培养基及其制备──→原种培养──→实验交配。

【具体步骤】

1. 果蝇的生活史

果蝇具有完全变态。果蝇的生活史要经过卵、幼虫、蛹、成虫 4 个阶段（图 18-1、图 18-2）。

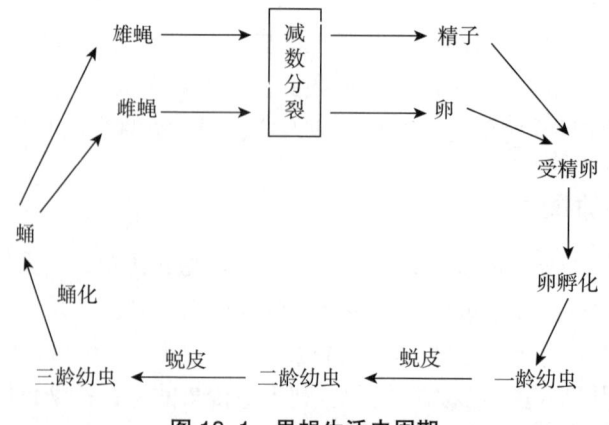

图 18-1 果蝇生活史周期

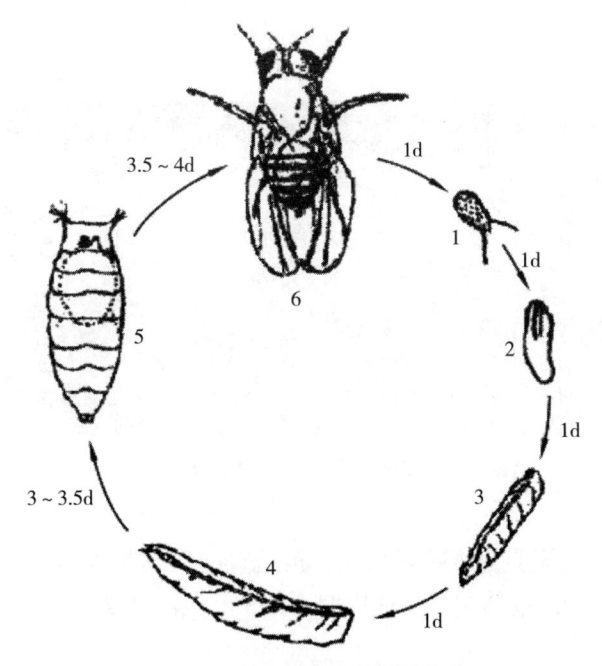

图 18-2 果蝇生活史周期示意图

用放大镜从培养瓶外观察果蝇生活史中的 4 个时期。

（1）卵：羽化后的雌蝇一般在 12h 后开始交配。两天以后才能产卵，卵长约 0.5mm，为椭圆形，腹面稍偏平，在背面的前端伸出一对触丝，它能使卵附着在食物（或瓶壁）上，不致深陷到食物中。

（2）幼虫：幼虫从卵中孵化出来后，经过两次蜕皮到第三龄期，此时体长可达 4～5mm，肉眼下观察可见一端稍尖为头部，并且有一黑点，即口器，稍后有一对半透明的唾腺，每条唾腺前有一个唾腺管向前延伸，然后汇合成一条导管通向消化道。

神经节位于消化道前端的上方。通过体壁，可以看到一对生殖腺位于身体后半部的上方两侧，精巢较大，外观为一个明显的黑色斑点，卵巢则较小，熟悉观察后可借以鉴别雌雄。幼虫的活动力强而贪食，在培养基上爬过时便留下一道沟，沟多而宽时，表明幼虫生长良好（图 18-3）。

（3）蛹：幼虫生活 7～8d 后即化蛹，化蛹前从培养基上爬出附在瓶壁上，渐次形成一个梭形的蛹，起初颜色淡黄、柔软，以后逐渐硬化变为深褐色，这就显示将要羽化了。

（4）成虫：刚从蛹壳里羽化而出的果蝇，虫体较长，翅还没有展开，体表也未完全几丁质化，所以呈半透明的乳白色，通过腹部体壁还可以看到消化道和性腺。不久，蝇体变为粗短椭圆形，双翅伸展、体色加深，如野生型果蝇初灰色，然后成为灰褐色。

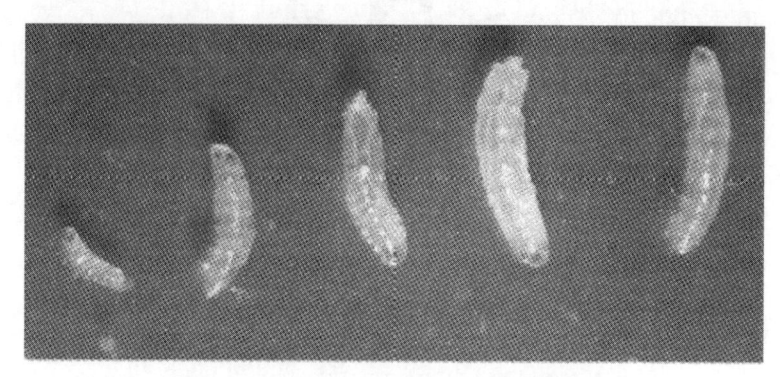

**图 18-3 果蝇的幼虫（示不同发育阶段的幼虫）**

果蝇生活史长短与温度密切相关，最适宜的温度为 20～25℃，30℃以上果蝇不育或死亡，低温能使它的生活周期延长，其生活周期与温度关系见表 18-1。

表 18-1 果蝇的生活周期与温度关系

|  | 10℃ | 15℃ | 20℃ | 25℃ |
| --- | --- | --- | --- | --- |
| 卵→幼虫 | — | — | 8d | 5d |
| 幼虫→蛹 | 57d | 18d | 6d | 4d |

2. 成蝇外部形态和常见的突变型

（1）成蝇性别的辨识：果蝇有雌、雄之分，幼虫期差异较难，成蝇区别很明显，可用放大镜或直接观察鉴别，其特点如下（图18-4）。

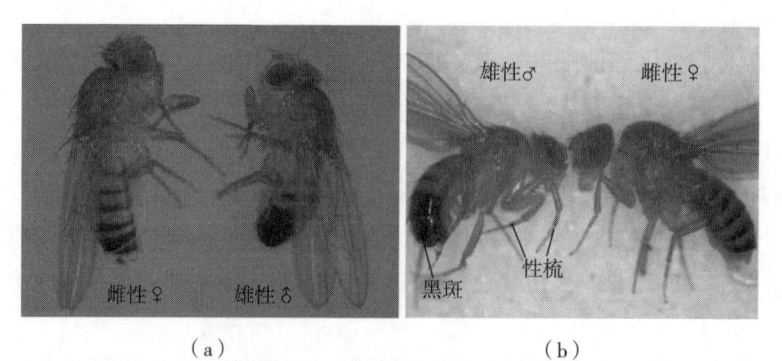

（a） （b）

**图 18-4 雌雄黑腹果蝇外形图**

①雌果蝇：体形较大；腹部呈椭圆形，末端稍尖；腹部背面有 5 条黑色条纹；

无性梳；外生殖器的外观比较简单。

②雄果蝇：体形较小；腹部呈圆桶形，末端钝圆；腹部背面有3条黑条纹，前两条细，后一条宽延伸至腹面呈一明显黑斑；第一对足的跗节基部有黑色鬃毛状性梳（图18-5），性梳的有无是鉴别雌雄成蝇的明显标志之一。雄果蝇外生殖器的外观较复杂，用低倍镜观察羽化的蝇，可见到明显的生殖弧、肛上板及阴茎等。

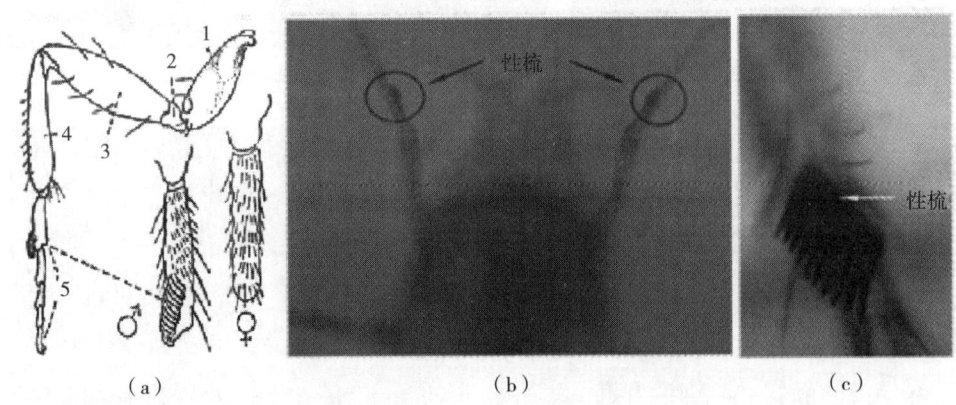

（a）
（b）
（c）

左：雄性果蝇左前足
中：雄性果蝇左前足跗节基部的性梳
右：雌性果蝇左前足跗节基部无性梳
1.基节；2.转节；3.腿节；4.胫节；5.跗节

**图 18-5  雄性果蝇的性梳**

（2）几种常见的突变型：实验中常见突变型的突变性状可用肉眼鉴别，有一些则可借助解剖镜辨认（图18-6～图18-13），突变性状一般都明显而稳定，如表18-2的突变性状。

**图 18-6  果蝇残翅突变型**

**图 18-7  果蝇小翅突变型**

图 18-8　果蝇白眼突变型

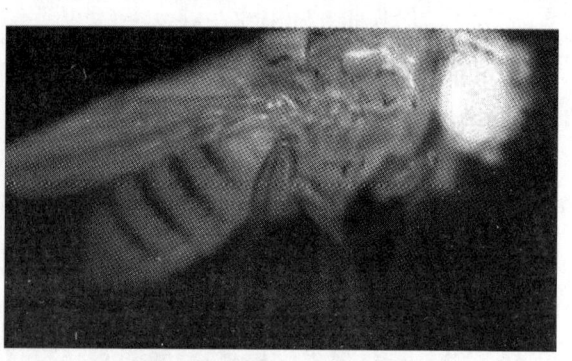

图 18-9　果蝇卷刚毛突变型

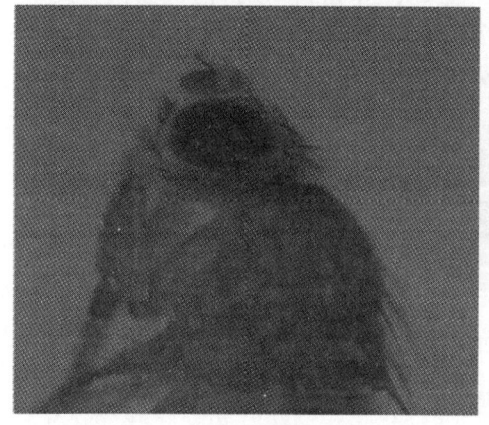

图 18-10　果蝇墨黑眼突变型

图 18-11　果蝇卷翅突变型

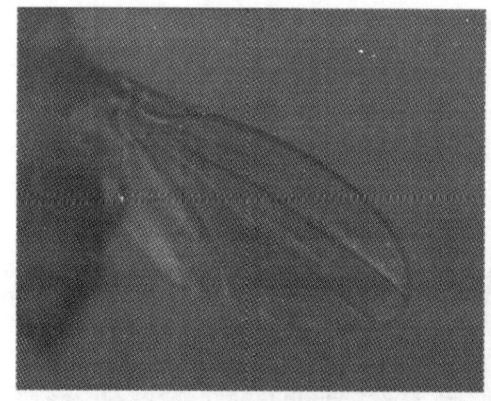

图 18-12　果蝇无横隔脉突变型

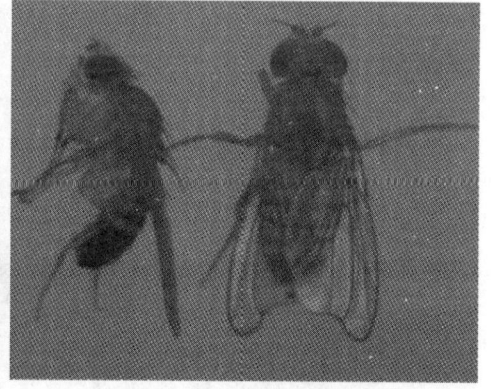

图 18-13　果蝇短翅突变型

3. 性状观察方法

为了便于细致观察，需将果蝇进行麻醉处理，可使用专门的麻醉瓶，或以适当大小的广口瓶代用，在广口瓶中加一木塞，木塞下面钉上一团用纱布包好的棉球即成。

表 18-2 果蝇常见的稳定突变性状

| 突变名称 | 基因符号 | 形状特征 | 在染色体上座位 |
| --- | --- | --- | --- |
| 白眼（white） | w | 复眼白色 | X1.5 |
| 棒眼（Bar） | B | 复眼横条形，小眼数少 | X57.0 |
| 黑檀体（ebony） | e | 身体呈乌木色，黑亮 | Ⅲ 70.7 |
| 黑体（black） | b | 体黑色，比檀木体深 | Ⅱ 48.5 |
| 黄体（yellow） | y | 全身呈浅橙黄色 | X0.0 |
| 残翅（vestigial） | vg | 翅明显退化，部分残留，不能飞 | Ⅱ R67.0 |
| 焦毛（singed） | sn | 刚毛卷曲如烧焦状 | X21.0 |

麻醉时，先取下麻醉瓶塞倒立放在瓶侧，取培养瓶轻拍瓶壁，使果蝇落在培养瓶底部，左手拿麻醉瓶，右手指取下培养瓶的棉塞（夹在指间不要放在台上），同时将麻醉瓶口迅速对准培养瓶口，且对接严密，握紧两瓶接口稍微倾斜，右手轻拍培养瓶，将果蝇震落至麻醉瓶中，然后迅速盖好两个瓶塞。或者培养瓶在下麻醉瓶在上，去塞对接瓶口后用黑纸或双手遮住培养瓶，于是果蝇因趋光而移入麻醉瓶中，达到一定数量后，迅速分别盖好两个瓶口，如用自制的麻醉瓶，可在瓶塞的棉团上先加几滴乙醚，随即迅速塞紧瓶口，约 30s 后果蝇便被麻醉，这时可倾倒在用乙醇擦过的白瓷板上进行观察，当发现果蝇开始苏醒时，可用一条吸水纸加几滴乙醚贴在培养皿内盖住果蝇，再次麻醉。果蝇的麻醉程度视实验要求而定。不需继续培养只作形态观察时，可深度麻醉致死，果蝇翅膀外展 45°，说明已死；对仍需培养的果蝇以轻度麻醉为宜。实验完毕后，将死果蝇倒入煤油或乙醇瓶中（死蝇盛留器）。

4. 果蝇的培养基及其制备

果蝇在水果摊或果园里常可见到，但它并不是以水果为生，而是食生长在水果上的酵母菌。因此，实验室内凡能发酵的基质均可作为果蝇饲料。目前较好的果蝇饲料有玉米粉饲料、米粉饲料和香蕉饲料，其中后两种饲料容易生霉菌，必要时需加少量防霉剂。

5. 原种培养

在作为新的留种培养时，事先检查一下果蝇有没有混杂，以防原种丢失。亲本的数目一般每瓶 5～10 对，移入新培养瓶时，须将瓶横卧，然后将果蝇挑入，待果蝇清醒过来后，再把培养瓶竖起，以防果蝇粘在培养基上。

原种每 2～4 周换一次培养基（按温度而定），每一原种培养至少保留两套。培养瓶上标签要写明名称、培养日期等。作为原种培养，可控制温度

10～15℃，培养时避免日光直射。

6. 实验交配

果蝇雌体生殖器官有受精囊，可保留交配所得的大量精子，能使大量的卵受精，因此在做品系间杂交时，雌体必须选用处女蝇。雌蝇孵出后 8h 内不会交配，所以把老果蝇除去后，几小时内所收集到的雌体必为处女蝇。由于雌蝇两天内不产卵，所以雄蝇可直接放到处女蝇培养瓶中（也可以放在盛有食物的小瓶中暂养两天，直到雌蝇将要产卵时放回培养瓶中）。贴好标签，写好交配日期，当子蝇孵化出来以前，也就是说 23℃培养 7～9d 时倒出亲本，以免和亲代混淆。另外，应该注意杂交的 $F_1$ 代的计数安全期是自培养开始的 20d 内（因为再晚些时，$F_2$ 代也可能有了）。

### 六、实验作业

（1）观察和比较雌、雄成蝇外形区别，观察几种常见突变型的外部性状。

（2）进行麻醉与接种练习。

（3）作图。

### 七、注意事项

（1）判断雌雄果蝇可先从外生殖器加以判断，再通过性梳检查。

（2）饲养果蝇的培养基须完全凝固，否则会粘住果蝇致其死亡（尤其麻醉未苏醒的处女蝇）。

（3）刚孵化的幼蝇，可能体色很浅，翅膀很短且卷曲，容易误认成突变体，须多培养几天。

（4）新收集的处女蝇应存放几天以检查"处女性"。如培养 3～5d 瓶中出现幼虫，则说明收集失败，需要重新收集。

### 八、思考题

（1）为什么选用果蝇作遗传学研究的材料？

（2）果蝇染色体有什么特点？

## 实验 19　果蝇的单因子杂交

### 一、实验目的

（1）验证并加深理解分离规律。

（2）掌握果蝇杂交方法与技术。

（3）学习记录果蝇杂交实验结果及统计处理方法。

## 二、实验原理

单独的一对基因，杂合状态时保持相对的独立性，在形成配子时，分离到不同的配子中去，理论上配子分离比为1：1，子二代基因型比为1：2：1，若显性完全，子二代表型分离比为3：1，这就是分离规律。

果蝇野生型（长翅）和残翅是一对相对性状，受一对基因所控制，长翅对残翅为显性性状，当这两个品系的果蝇杂交时，$F_1$都是长翅，$F_1$雌、雄个体间互交，$F_2$性状分离出现两种表型，即长翅和残翅，其比例为3：1（图19-1、图19-2）。

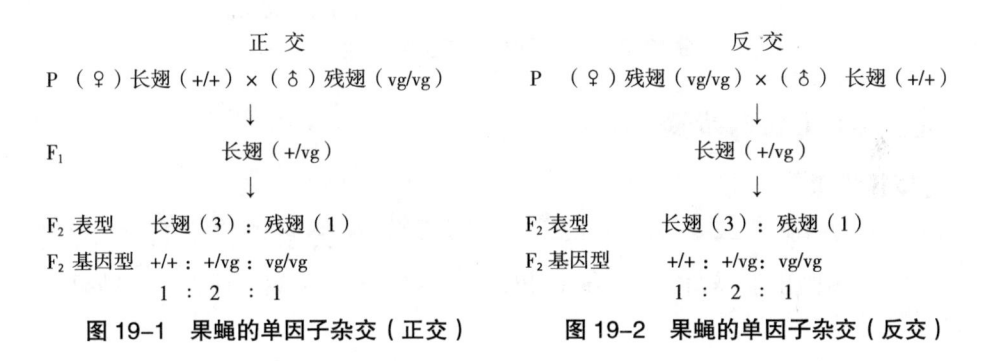

```
          正 交                                  反 交
P  (♀)长翅(+/+) × (♂)残翅(vg/vg)     P  (♀)残翅(vg/vg) × (♂)长翅(+/+)
                ↓                                      ↓
F₁        长翅(+/vg)                  F₁         长翅(+/vg)
                ↓                                      ↓
F₂ 表型   长翅(3)：残翅(1)             F₂ 表型    长翅(3)：残翅(1)
F₂ 基因型  +/+ : +/vg: vg/vg           F₂ 基因型   +/+ : +/vg: vg/vg
           1  :  2  :  1                          1  :  2  :  1
```

图19-1 果蝇的单因子杂交（正交）　　图19-2 果蝇的单因子杂交（反交）

## 三、实验试剂与器材

1. 实验试剂

乙醚、乙醇、丙酸、玉米粉、酵母粉、蔗糖（红糖）、琼脂等。

2. 实验器材

解剖镜、生化培养箱、电炉、天平、高压灭菌锅、麻醉瓶、棉塞、放大镜、培养瓶、标签、白纸、毛笔、纱布、滤纸等。

## 四、实验材料

黑腹果蝇（*Drosoprhila melanogaster*）品系：果蝇长翅（残翅）座位是Ⅱ67.0，长翅对残翅完全显性。

（1）野生型长翅果蝇（+/+）：野生型果蝇的双翅为长翅，翅长超过尾部。

（2）残翅果蝇（vg/vg）：残翅果蝇的双翅几乎没有，只留少量残痕，无飞翔能力（图19-3）。

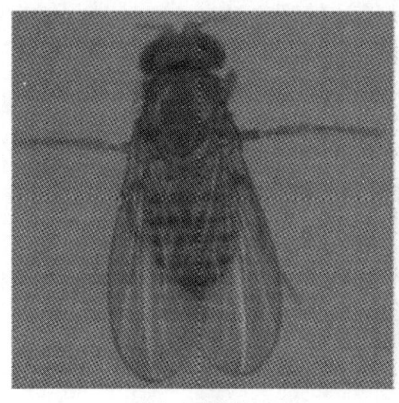

（a）长翅果蝇　　　　　　　　（b）残翅果蝇

图 19-3　长翅果蝇与残翅果蝇形态

## 五、实验方法与步骤

**【概括步骤】**

收集处女蝇 ⟶ 杂交 $\xrightarrow{23\sim25℃培养7\sim8d}$ 倒去亲本 $\xrightarrow{4\sim5d}$ $F_1$ 出现 $\xrightarrow{F_1自交7\sim8d}$ 倒出 $F_1$ 亲本 $\xrightarrow{4\sim5d}$ $F_2$ 出现 ⟶ 统计 $7\sim8d$，计数。对结果进行 $\chi^2$ 检验。

**【具体步骤】**

1. 收集处女蝇

根据实验目的和杂交组合收集处女蝇，处女蝇在实验前 2～3d 陆续收集，数目多少根据需要而定。由于雌蝇生殖器官中有贮精囊，1 次交配可保留大量精子，供多次排卵受精用，因此做杂交实验前必须收集未交配过的处女蝇。由于孵化出的幼蝇在 8h 内不交尾，因此必须在这段时间内把雌、雄分开培养，所得的雌蝇即为处女蝇。

本实验做正交和反交组合，正交应选择野生型长翅处女蝇为母本，反交则选择残翅处女蝇为母本，必须以纯合体作为亲本。具体选择方法如下：先将培养瓶内羽化出来的成蝇全部移出，以后每隔一段时间（10h 以内，8h 之内最好）移出一次，此时羽化出来的成蝇无交配能力，全部为处女蝇。将瓶内果蝇全部倒出并适度麻醉，倒在玻璃板或白纸上，迅速辨别雌、雄个体，且用毛笔分别归入不含有培养基的培养瓶内（如果收集处女蝇的时间长，应将处女蝇放入含有新鲜培养基的培养瓶中），注明果蝇类型和性别，连续选择多次，收集处女蝇，直到满足实验需要的处女蝇数目为止。

2. 杂交

把长翅果蝇和残翅果蝇进行杂交，正交[即长翅（♀）× 残翅（♂）]和反交[即残翅（♀）× 长翅（♂）]各一瓶。

（1）将收集好的长翅处女蝇与残翅雄蝇（正交）、残翅处女蝇与长翅雄蝇（反交）分别麻醉，倒在白瓷板上，并对处女蝇进行严格检查。对其中有雄蝇存在的处女蝇瓶应全部废弃，重新另选；如在长翅雄蝇内发现有雌蝇，把该雌蝇检出后废弃，其余雄蝇仍可使用。

（2）将检查过的、可用的果蝇移入杂交瓶，每一杂交瓶中放入处女蝇和雄蝇5对（各5只）。

（3）贴好标签：用毛笔将雌、雄果蝇移入杂交瓶，杂交瓶（培养瓶）上贴好标签（图19-4），写明杂交组合、实验者和日期。待果蝇苏醒后，将培养瓶放入23～25℃培养箱中培养。

```
交配方式（正交/反交）
 p   +/+   ×   vg/vg
     (♀)        (♂)
 杂交时间（__年__月__日）
 实验者班级____姓名____
```

图19-4 培养瓶标签（一）

3. 移出亲本

7～8d后，待杂交瓶内出现大量幼虫和部分蛹时，及时将亲本果蝇倒出。

4. 观察$F_1$代

再经过4～5d，$F_1$成蝇出现，当$F_1$代的成蝇出来并达一定数量后，将$F_1$代进行麻醉，观察记录$F_1$代果蝇的性状是否与预期结果相符。观察$F_1$翅膀，连续检查2～3d。

5. $F_1$互交

麻醉$F_1$果蝇，移出5～6对果蝇，放到另一新的培养瓶内。这里雌蝇无须为处女蝇，在23～25℃温箱中培养。

6. 移出亲本

7～8d后移去$F_1$果蝇。

7. 观察$F_2$代

再过4～5d，$F_2$成蝇出现，待$F_2$代果蝇出来后，开始观察。隔日观察一次，进行检查记录，连续统计7～8d，被统计过的果蝇放到死蝇盛留器中处死。

## 六、实验作业

（1）根据实验记录，完成下列表格（表19-1～表19-3）。

表 19-1　正交及反交 $F_1$ 表型及数目

| 统计日期 | 长翅♀ × 残翅♂ | | 残翅♀ × 长翅♂ | |
|---|---|---|---|---|
| | 长翅数 | 残翅数 | 长翅数 | 残翅数 |
| | | | | |
| | | | | |
| 合计 | | | | |

表 19-2　正交及反交 $F_2$ 表型及数目

| 统计日期 | 长翅♀ × 残翅♂ | | 残翅♀ × 长翅♂ | |
|---|---|---|---|---|
| | 长翅数 | 残翅数 | 长翅数 | 残翅数 |
| | | | | |
| | | | | |
| 合计 | | | | |

表 19-3　$F_2$ 代 $\chi^2$ 检验

| | 长翅（+）<br>（正交、反交合并） | 残翅（vg）<br>（正交、反交合并） | 合计 |
|---|---|---|---|
| 实验观察（$O$） | | | |
| 预期数（3:1）（$E$） | | | |
| 偏差（$O-E$） | | | |
| $(O-E)^2/E$ | | | |

自由度 $=n-1$。

$$\chi^2 = \sum \frac{(O-E)^2}{E}$$

查 $\chi^2$ 表确定 $p$ 值。

（2）根据实验结果，比较 $F_1$ 正交、反交结果，分析基因间的显性、隐性关系。

（3）根据实验结果，观察并统计正交、反交 $F_2$ 代表型及个体数，计算不同表型个体数的比例，比较分析正交、反交实验结果。

（4）根据对该实验 $F_2$ 代所作的 $\chi^2$ 检验结果，用分离规律和自由组合规律理论予以解释。若实验结果与理论偏差较大，请分析原因。

## 七、注意事项

（1）收集处女蝇的时间间隔必须严格控制，且雌雄分辨要准确无误，这是杂交实验成败的决定性步骤。

（2）$F_2$ 代果蝇观察与统计时间最多不能超过 6 次，即 12d。

## 八、思考题

（1）杂交的雌蝇为什么要选处女蝇？若雌蝇已不是处女蝇，实验结果会怎样？

（2）在进行杂交和 $F_1$ 自交后一定时间，为什么要释放杂交亲本？

# 实验 20　果蝇的双因子杂交

## 一、实验目的

（1）学习果蝇两对因子杂交实验的原理和方法。

（2）加深理解并验证两对非等位基因间自由组合的原理和遗传规律。

（3）掌握果蝇的杂交技术，并学会记录果蝇交配实验结果和数据统计处理的方法。

## 二、实验原理

自由组合规律指位于非同源染色体上的两对非等位基因，其杂合体在减数分裂形成配子时，同源染色体上的等位基因彼此分离，非同源染色体上的非等位基因自由组合进入同一配子，非等位基因自由组合，产生 4 种比例相等的配子。根据孟德尔定律，一对基因的分离与另一对基因的分离是相互独立的。若显性完全，一对基因所决定的性状在杂种第二代的分离比为 3∶1，则两对相互不连锁的基因所决定的性状，$F_1$ 自交产生 $F_2$ 代表现出 4 种表型，比例为 9∶3∶3∶1。

已知果蝇长翅与残翅是一对相对性状，长翅为野生型（+/+），翅长过尾部；残翅（vg/vg）的双翅几乎没有，只有少量残痕，无飞翔能力。vg 的座位是在第Ⅱ个染色体上，长翅对残翅完全显性。野生型灰体（+/+）与黑檀体（e/e）是另一对相对性状，位于第Ⅲ个染色体上，灰体对黑檀体完全显性。

如果把灰体残翅（++vgvg）纯合雌蝇与黑檀体长翅（ee++）纯合雄蝇进行杂交，$F_1$ 果蝇全部为杂合体，表型均为显性性状的灰体长翅（+e+vg）。$F_1$ 雌雄个体间互交，$F_2$ 果蝇出现性状分离，表现为灰体长翅、黑檀体长翅、灰体残翅、黑檀体残翅 4 种类型，其比例为 9∶3∶3∶1。因为（e）和（vg）是在不同对的染色体上，两对因子杂种在形成生殖细胞时会产生 4 种不同类型配子，比例为 1∶1∶1∶1，如子一代个体相互交配,则通过雌、雄配子随机相互结合,在子二代可得到16种组合,其中9种灰体长翅、3种黑檀体长翅、3种灰体残翅、1种黑檀体残翅。

若灰体残翅(++vgvg)(♀)×黑檀体长翅(ee++)(♂)为正交(图20-1),则黑檀体长翅(eeVgVg)(♀)×灰体残翅(++vgvg)(♂)为反交。无论正交还是反交,其子二代的分离比均为9:3:3:1。

表20-1中列出了果蝇双因子杂交$F_2$组合类型,经整理,表型为4种,比例是9:3:3:1。

正　　交

P　(♀)灰体残翅(++vgvg)× (♂)黑檀体长翅(ee++)

$\dfrac{+}{+}\quad\dfrac{vg}{vg}$　　　　　　$\dfrac{e}{e}\quad\dfrac{+}{+}$

$F_1$　　　　　灰体长翅

$\dfrac{+}{vg}\quad\dfrac{+}{e}$

↓♀♂相互杂交

$F_2$

**图20-1　果蝇双因子杂交(正交)**

$\dfrac{1}{16}$++++,$\dfrac{2}{16}$+e++,$\dfrac{2}{16}$+++vg,$\dfrac{4}{16}$+e+vg,共占$\dfrac{9}{16}$,表型为灰体长翅;

$\dfrac{1}{16}$++vgvg,$\dfrac{2}{16}$+evgvg,共占$\dfrac{3}{16}$,表型为灰体残翅;

$\dfrac{1}{16}$ee++,$\dfrac{2}{16}$ee+vg,共占$\dfrac{3}{16}$,表型为黑檀体长翅;

$\dfrac{1}{16}$eevgvg,占$\dfrac{3}{16}$,表型为黑檀体残翅。

若做反交,即黑檀体长翅(eeVgVg)(♀)×灰体残翅(++vgvg)(♂),其结果应该与前面正交相同(课后自己练习一下)。但因残翅果蝇不能飞,只能爬行,作雌体亲本比较好(正交)。若作雄体亲本(反交),得到的子代可能少一些,所以在本实验中正交比反交更适合。

### 三、实验试剂与器材

1. 实验试剂

乙醚、乙醇、丙酸、玉米粉、酵母粉、蔗糖(红糖)、琼脂等。

表 20-1  果蝇双因子杂交 $F_2$ 组合及比例

| | | $F_1$ 雄配子及比例 | | | |
|---|---|---|---|---|---|
| | | $\frac{1}{4}$ ++ | $\frac{1}{4}$ +vg | $\frac{1}{4}$ e+ | $\frac{1}{4}$ evg |
| $F_1$ 雌配子及比例 | $\frac{1}{4}$ ++ | $\frac{1}{16}$ ++++ | $\frac{1}{16}$ +++vg | $\frac{1}{16}$ +e++ | $\frac{1}{16}$ +e+vg |
| | $\frac{1}{4}$ +vg | $\frac{1}{16}$ +++vg | $\frac{1}{16}$ ++vgvg | $\frac{1}{16}$ +e+vg | $\frac{1}{16}$ +evgvg |
| | $\frac{1}{4}$ e+ | $\frac{1}{16}$ +e++ | $\frac{1}{16}$ +e+vg | $\frac{1}{16}$ ee++ | $\frac{1}{16}$ ee+vg |
| | $\frac{1}{4}$ +vg | $\frac{1}{16}$ +e+vg | $\frac{1}{16}$ +evgvg | $\frac{1}{16}$ ee+vg | $\frac{1}{16}$ eevgvg |

2. 实验器材

解剖镜、生化培养箱、电炉、天平、高压灭菌锅、麻醉瓶、棉塞、放大镜、培养瓶、标签、白纸、毛笔、纱布、滤纸等。

## 四、实验材料

黑腹果蝇（*Drosoprhila melanogaster*）的两个品系：
（1）灰体残翅：++vgvg。
（2）黑檀体长翅：ee++。

## 五、实验方法与步骤

【概括步骤】

收集处女蝇杂交 $\xrightarrow{23\sim 25℃\ 培养7\sim 8d}$ 倒去亲本 $\xrightarrow{4\sim 5d}$ $F_1$ 出现 $\xrightarrow{F_1自交7\sim 8d}$ 倒出 $F_1$ 亲本 $\xrightarrow{4\sim 5d}$ $F_2$ 出现 $\longrightarrow$ 统计 7～8d，计数。对结果进行 $\chi^2$ 检验。

【具体步骤】

1. 收集处女蝇

根据实验目的和杂交组合收集处女蝇，处女蝇在实验前 2～3d 陆续收集，数目多少根据需要而定。

本实验做正交或反交组合，正交应选择灰体残翅（++vgvg）处女蝇为母本，黑檀体长翅（ee++）为父本。反交黑檀体长翅（ee++）处女蝇为母本，灰体残翅

（++vgvg）为父本。必须以纯合体作为亲本。收集灰体长翅和黑檀体残翅的处女蝇。具体选择方法如下：

分别将灰体残翅、黑檀体长翅培养瓶内羽化出来的成蝇全部移出，以后每隔一段时间（10h以内，8h以内最好）移出一次，这样羽化出来的成蝇无交配能力，全部为处女蝇。将培养瓶内果蝇（处女蝇）全部倒出并适度麻醉，倒在玻璃板或白纸上，迅速辨别雌、雄个体，且用毛笔分别归入不含培养基的培养瓶内（如果收集处女蝇的时间长，应将处女蝇放入含有新鲜培养基的培养瓶中），使雌、雄果蝇分开放入不同的培养瓶，注明果蝇类型和性别。连续选择多次，收集处女蝇，直到满足实验需要的处女蝇数目为止。

2. 杂交

把灰体残翅、黑檀体长翅的果蝇进行杂交，正交即灰体残翅（++vgvg）（♀）× 黑檀体长翅（ee++）（♂），反交即黑檀体长翅（eeVgVg）（♀）× 灰体残翅（++vgvg）（♂），各收集一瓶。

（1）将收集好的灰体残翅处女蝇与黑檀体长翅雄蝇（正交）、黑檀体长翅处女蝇与灰体残翅雄蝇（反交）分别麻醉，倒在白瓷板上，并对处女蝇进行严格检查。对其中有雄蝇存在的处女蝇瓶应全部废弃，重新另选；如在长翅雄蝇内发现有雌蝇，把该雌蝇检出后废弃，其余雄蝇仍可使用。

（2）将检查过的、可用的果蝇移入杂交瓶，每一杂交瓶中放入处女蝇和雄蝇5对（各5只）。

（3）贴好标签：用毛笔将在雌雄果蝇移入杂交瓶（新培养瓶），杂交瓶上贴好标签（图20-2），写明杂交组合、实验者和日期。待果蝇苏醒后，将杂交瓶放入23～25℃培养箱中培养。

```
         正  交                     反  交
P    ++vgvg × ee++            P    ee++ × ++vgvg
       (♀)    (♂)                    (♀)    (♂)
杂交时间（__年__月__日）        杂交时间（__年__月__日）
实验者班级____姓名____          实验者班级____姓名____
```

图20-2　培养瓶标签（二）

3. 移出亲本

7～8d后，待杂交瓶内出现大量幼虫和部分蛹时，及时将亲本果蝇倒出。

4. 观察 $F_1$ 代

再经过4～5d，$F_1$ 成蝇出现，当 $F_1$ 代的成蝇出来并达一定数量后，将其进行麻醉，观察记录 $F_1$ 代果蝇的性状是否与预期结果相符。观察 $F_1$ 表型，连续检查 2～3d。不管正交还是反交，$F_1$ 都是灰体长翅。若性状不符，表明实验有差错，不能再进行下去。发生差错的原因很多，如亲本雌果蝇不是处女蝇，$F_1$ 幼虫出现后亲本成蝇未倒干净，杂交亲本的雄蝇筛选有误，亲本种本身不纯等，都会造成实验失败。

5. $F_1$ 互交

从原来的正、反交组合中移出 5～6 对 $F_1$ 果蝇，麻醉后放到另一新的培养瓶内继续饲养。这里雌蝇无须为处女蝇，在 23～25℃ 恒温箱中培养。

6. 移出亲本

7～8d 后，移去亲本 $F_1$ 果蝇。

7. 观察 $F_2$ 代

再过 4～5d，$F_2$ 成蝇出现，麻醉（可以深度麻醉）后，倒在白瓷板上观察。每隔 1～2d 统计一次，进行检查记录，在 $F_3$ 出现（$F_3$ 出现就失去意义了）之前，连续统计 7～8d，共观察 100～300 只。已统计过的果蝇，放到死蝇盛留器中处死。

## 六、实验作业

（1）根据实验记录，完成下列表格（表 20-2～表 20-4）。

表 20-2　正交或反交 $F_1$ 代表型数量统计表

| 统计日期 | 灰体残翅（♀）× 黑檀体长翅（♂）或者黑檀体长翅（♀）× 灰体残翅（♂） | | | |
|---|---|---|---|---|
| | 灰体长翅数 | 灰体残翅数 | 黑檀体长翅数 | 黑檀体残翅数 |
| | | | | |
| | | | | |

表 20-3　$F_2$ 代表型数量统计表

| 统计日期 | （♀）×（♂） | | | |
|---|---|---|---|---|
| | 灰体长翅数 | 灰体残翅数 | 黑檀体长翅数 | 黑檀体残翅数 |
| | | | | |
| | | | | |
| | | | | |
| 合计 | | | | |

表 20-4  F$_2$ 代 χ$^2$ 检验

| F$_2$ 类型 | 灰体长翅数 | 灰体残翅数 | 黑檀体长翅数 | 黑檀体残翅数 |
|---|---|---|---|---|
| 实际观察数（O） | | | | |
| 预期数（E） | | | | |
| 偏差（O−E） | | | | |
| （O−E）$^2$/E | | | | |

自由度 =$n$−1。

$$\chi^2 = \sum \frac{(O-E)^2}{E}$$

查 χ$^2$ 表确定 $P$ 值。

（2）根据对本实验 F$_2$ 代所作的 χ$^2$ 检验的结果，用所学遗传学理论予以解释。若实验结果与理论偏差较大，请分析原因。

## 七、注意事项

（1）选择处女蝇的时间要严格控制，雌雄的鉴别非常重要，刚羽化的成蝇不易分辨，应单独饲养一定时间再辨认。

（2）杂交过程中，移出亲本的时间不能过长，亲本要清除干净。

## 八、思考题

（1）本实验成败关键步骤有哪些？你的实验结果如何？试加以分析。

（2）基因间发生自由组合的前提是什么？如何判断两个基因是连锁遗传还是自由组合？

（3）F$_1$ 互交，为什么不用收集处女蝇？

# 实验 21  果蝇的伴性遗传

## 一、实验目的

（1）深入理解伴性遗传的特点。

（2）正确认识伴性遗传与非伴性遗传的区别，以及伴性基因在正、反交中的差异。

（3）验证并掌握伴性遗传的规律，掌握统计处理方法。

## 二、实验原理

伴性遗传指的是位于性染色体上的基因,在亲代与子代之间的传递方式与性别有关,而与常染色体上的基因传递方式不同。

果蝇的性染色体有 X 和 Y 两种:雌蝇为 XX,是同配性别;雄蝇为 XY,是异配性别。

果蝇的红、白眼基因就位于 X 染色体上,随 X 染色体的传递而传递给后代。若以野生型红眼纯合体果蝇为母本与白眼雄果蝇为父本进行杂交为正交,$F_1$ 雌、雄果蝇均为显性性状(红眼)。以隐性纯合体白眼为母本与红眼雄果蝇为父本进行杂交则为反交,$F_1$ 代出现显性性状(红眼)和隐性性状(白眼)。在正交组合中,$F_2$ 代所有白眼果蝇都是雄性,出现了交叉遗传现象,这是伴性遗传的特点,也称绞花式遗传或隔代遗传(图 21-1、图 21-2)。

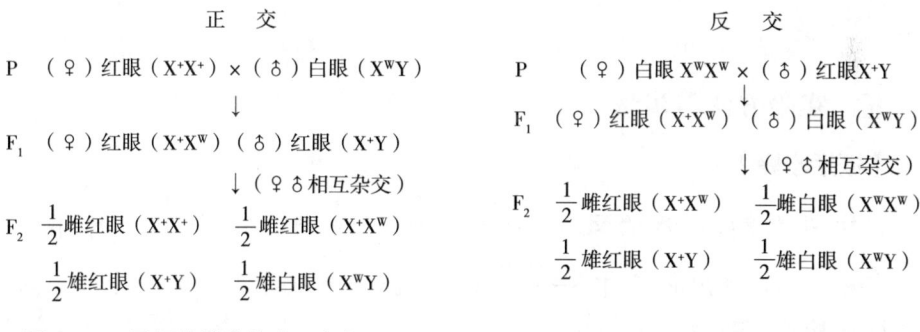

正 交

P （♀)红眼（$X^+X^+$)×（♂)白眼（$X^wY$)
　　　　　　　　↓
$F_1$ （♀)红眼（$X^+X^w$)（♂)红眼（$X^+Y$)
　　　　　　　　↓（♀♂相互杂交)
$F_2$ $\frac{1}{2}$雌红眼（$X^+X^+$)　$\frac{1}{2}$雌红眼（$X^+X^w$)
　　$\frac{1}{2}$雄红眼（$X^+Y$)　$\frac{1}{2}$雄白眼（$X^wY$)

图 21-1 果蝇伴性遗传(正交)

反 交

P （♀)白眼 $X^wX^w$ ×（♂)红眼 $X^+Y$
　　　　　　　　↓
$F_1$ （♀)红眼（$X^+X^w$)（♂)白眼（$X^wY$)
　　　　　　　　↓（♀♂相互杂交)
$F_2$ $\frac{1}{2}$雌红眼（$X^+X^w$)　$\frac{1}{2}$雌白眼（$X^wX^w$)
　　$\frac{1}{2}$雄红眼（$X^+Y$)　$\frac{1}{2}$雄白眼（$X^wY$)

图 21-2 果蝇伴性遗传(反交)

可见,非伴性基因的 $F_1$ 代均表现显性性状(红眼),而伴性基因,在正交情况下,$F_1$ 代和非伴性遗传相同。而在反交情况下,$F_1$ 代既表现显性性状,又同时表现隐性性状。

在伴性遗传实验时,也可能出现例外个体,即在反交实验中 $F_1$ 代出现不应该出现的雌性白眼果蝇(表 21-1),这是由于减数分裂形成配子时,两条 X 染色体不分离,形成二倍体卵子造成的,概率为 $\frac{1}{1000}$。

表 21-1 果蝇减数分裂不分离

|  |  | 精子 | |
| --- | --- | --- | --- |
|  |  | $X^+$ | Y |
| 卵子 | $X^wX^w$ | $X^+X^wX^w$（超雌死亡） | $X^wX^wY$（雌白眼） |
|  | O(无 X) | $X^+$O(雄红眼,不育) | YO(死亡) |

### 三、实验试剂与器材

1. 实验试剂

乙醚、乙醇、丙酸、玉米粉、酵母粉、蔗糖（红糖）、琼脂等。

2. 实验器材

解剖镜、生化培养箱、电炉、天平、高压灭菌锅、麻醉瓶、棉塞、放大镜、培养瓶、标签、白纸、毛笔、纱布、滤纸等。

### 四、实验材料

黑腹果蝇（*Drosoprhila melanogaster*）品系：

（1）野生型（红眼）：$X^+X^+$（♀），$X^+Y$（♂）。

（2）突变型（白眼）：$X^WX^W$（♀），$X^WY$（♂）。

决定红眼、白眼的基因位于 X 染色体上，是一对等位基因，Y 染色体上没有相应的等位基因。

### 五、实验方法与步骤

**【概括步骤】**

收集处女蝇 ⟶ 杂交 $\xrightarrow{23\sim25℃培养7\sim8d}$ 倒去亲本 $\xrightarrow{4\sim5d}$ $F_1$ 出现 $\xrightarrow{F_1自交}$ $7\sim8d$ 倒出 $F_1$ 亲本 $\xrightarrow{4\sim5d}$ $F_2$ 出现 ⟶ 统计 $7\sim8d$，计数。对结果进行 $\chi^2$ 检验。

**【具体步骤】**

1. 收集处女蝇

根据实验目的和杂交组合收集处女蝇，处女蝇在实验前 $2\sim3d$ 陆续收集，数目多少根据需要而定。

本实验做正交或反交组合，正交选野生型红眼（$X^+X^+$）为母本，突变型白眼（$X^WY$）为父本，反交选择突变型白眼（$X^WX^W$）为母本，野生型红眼（$X^+Y$）为父本。收集野生型红眼和突变型白眼的处女蝇，具体选择方法如下：分别将红眼、白眼培养瓶内羽化出来的成蝇全部移出，以后每隔一段时间（10h 以内，8h 以内最好）移出一次将瓶内果蝇全部倒出并适度麻醉，倒在玻璃板或白纸上，迅速辨别雌雄个体，且用毛笔分别归入不含培养基的培养瓶内（如果收集处女蝇的时间长，应将处女蝇放入含有新鲜培养基的培养瓶中），使雌、雄果蝇分开放入不同的培养瓶。注明果蝇类型和性别，连续多次收集处女蝇，直到满足实验需要的处女蝇数目为止，一般收集处女蝇 $5\sim6$ 只。

2. 杂交

把红眼、白眼的果蝇进行杂交，正交即红眼（$X^+X^+$）（♀）× 白眼（$X^+Y$）

（♂），反交即白眼（$X^wX^w$）（♀）× 红眼（$X^+Y$）（♂），各收集一瓶。

（1）将收集好的红眼处女蝇与白眼雄蝇（正交）、白眼处女蝇与红眼雄蝇（反交）分别麻醉，倒在白瓷板上，并对处女蝇进行严格检查。对于其中有雄蝇存在的处女蝇瓶应全部废弃，重新另选；如在雄蝇内发现有雌蝇，把该雌蝇检出后废弃，其余雄蝇仍可使用。

（2）将检查过的、可用的果蝇移入杂交瓶，每一杂交组合瓶中放入处女蝇和雄蝇5对（各5只）。

（3）贴好标签：用毛笔将雌、雄果蝇移入杂交瓶（新培养瓶），杂交瓶上贴好标签（图21-3），写明杂交组合、实验者和日期。待果蝇苏醒后，将培养瓶放入23～25℃培养箱中培养。

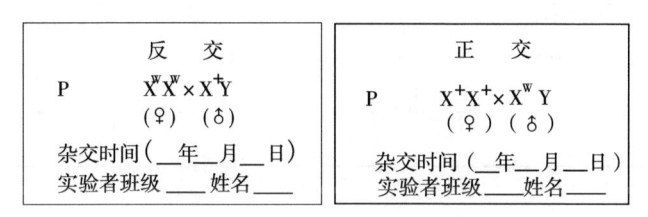

```
        反  交                    正  交
P   X^wX^w × X^+Y            P   X^+X^+ × X^wY
     (♀)    (♂)                   (♀)    (♂)
杂交时间(__年__月__日)        杂交时间(__年__月__日)
实验者班级____ 姓名____        实验者班级____ 姓名____
```

图21-3　培养瓶标签（三）

3. 移出亲本

7～8d后，待杂交瓶内出现大量幼虫和部分蛹时，及时将亲本果蝇倒出。

4. 观察 $F_1$ 代

再经过4～5d，$F_1$ 成蝇出现，当 $F_1$ 代的成蝇出来并达一定数量后，将 $F_1$ 代进行麻醉，观察记录 $F_1$ 代果蝇的性状，是否与预期结果相符。观察 $F_1$ 表型，连续检查2～3d。验证正交和反交 $F_1$ 性状与理论是否一致。若性状不符，表明实验有差错，不能再进行下去。发生差错的原因很多，如亲本雌果蝇不是处女蝇，$F_1$ 幼虫出现后亲本成蝇未倒干净，杂交亲本的雄蝇筛选有误，亲本种本身不纯等，都会造成实验失败。

5. $F_1$ 互交

从原来的正反交组合中移出5～6对 $F_1$ 果蝇，麻醉后放到另一新的培养瓶内继续饲养。这里雌蝇无须为处女蝇，在23～25℃恒温箱中培养。

6. 移出亲本

7～8d后，移去亲本 $F_1$ 果蝇。

7. 观察 $F_2$ 代

再过4～5d，$F_2$ 成蝇出现，麻醉（可以深度麻醉）后，倒在白瓷板上观察。每隔1～2d统计1次，进行检查记录，在 $F_3$ 出现之前（$F_3$ 出现就失去意义了），连续统计7~8d，共查看100~300只。已统计过的果蝇，放到死蝇盛留器中处死。

## 六、实验作业

（1）观察并统计正、反交$F_1$代表型及个体数，填入表21-2，比较正、反交结果。

表21-2　正、反交$F_1$代表型及个体数统计表

| 统计日期 | 正交（$X^+X^+ \times X^WY$）$F_1$ | | 反交（$X^WX^W \times X^+Y$）$F_1$ | |
| --- | --- | --- | --- | --- |
| | 红眼♀ | 红眼♂ | 红眼♀ | 白眼♂ |
| | | | | |
| | | | | |
| | | | | |
| 合计 | | | | |

（2）观察并统计正、反交$F_2$代表型及个体数，填入表21-3，计算不同表型个体数的比例，分析伴性基因的遗传规律。

表21-3　正、反交$F_2$代表型及个体数统计表

| 统计日期 | 正交（$X^+X^+ \times X^WY$）$F_2$ | | | | 反交（$X^WX^W \times X^+Y$）$F_2$ | | | |
| --- | --- | --- | --- | --- | --- | --- | --- | --- |
| | 红眼♀ | 白眼♀ | 红眼♂ | 白眼♂ | 红眼♀ | 白眼♀ | 红眼♂ | 白眼♂ |
| | | | | | | | | |
| | | | | | | | | |
| | | | | | | | | |
| 合计 | | | | | | | | |
| 占比（%） | | | | | | | | |

（3）根据实验结果，对该实验$F_2$代的统计结果作$\chi^2$检验（表21-4），并作出结论。

自由度$=n-1$。

$$\chi^2 = \sum \frac{(O-E)^2}{E}$$

根据$\chi^2$数据查表，若$P > 0.05$，说明观察值与理论值之间的偏差是没有意

义的，就可以认为观察值是符合假设的。具体对这个实验来说，所得到的实验结果应该是符合伴性遗传的假设，也就是说，眼色的这对性状是由位于性染色体 X 上的一对等位基因控制的。

表 21–4　正、反交 $F_2$ 代表型及 $\chi^2$ 检验参数统计表

| | 正交 $F_2$ | | | | 反交 $F_2$ | | | |
|---|---|---|---|---|---|---|---|---|
| | 红眼♀ | 白眼♀ | 红眼♂ | 白眼♂ | 红眼♀ | 白眼♀ | 红眼♂ | 白眼♂ |
| 实际观察数（$O$） | | | | | | | | |
| 预期数（$E$） | | | | | | | | |
| 偏差（$O-E$） | | | | | | | | |
| $(O-E)^2/E$ | | | | | | | | |

### 七、注意事项

（1）选择处女蝇的时间要严格控制，雌雄的鉴别要准确，刚羽化的成蝇不易分辨，应单独饲养一定时间后再辨认。

（2）杂交过程中，移出亲本的时间不能过长，亲本要清除干净。

### 八、思考题

（1）伴性遗传的特点是什么？
（2）如何用实验来证明伴性遗传？
（3）正、反交结果有什么不同？眼色和性别的关系如何？

## 实验 22　果蝇的三点测交

### 一、实验目的

（1）掌握三点测交的原理及方法。
（2）学习果蝇三点测交的数据统计处理及分析方法。
（3）了解绘制遗传学图的原理和方法。

### 二、实验原理

在减数分裂过程中，位于同一条染色体上的基因是连锁的，并且倾向于作为一个整体进入同一配子中。基因的连锁现象包括完全连锁和不完全连锁两种情况，前者形成的配子均为亲型配子，后者既产生亲型配子，又产生重组型配子。即同

源染色体上的基因之间会发生一定频率的交换，使子代出现一定数量的重组类型。

重组型出现的多少反映出基因间发生交换的频率高低。而根据基因在染色体上直线排列的原理，基因交换频率的高低与基因间的距离有一定的对应关系。基因图距就是通过基因间交换率的测定而得到的。基因之间的距离是用交换率去掉"%"，加上厘摩（cM）或图距单位来表示，常用三点测交实验来测定交换率（交换值），从而确定基因之间的距离。

如果基因座位相距很近，重组率（重组值）与交换率的值相等，直接将重组率作为基因图距；如果基因间相距较远，两个基因间往往发生两次以上的交换，即多重交换，这时如果简单地把重组率看作交换率，那么交换率就要低估了，图距自然也随之缩小了，必须进行校正，来求出基因图距。

三点测交是通过1次杂交获得三因子杂种（$F_1$），再使$F_1$与三隐性基因纯合体进行1次测交，通过对测交后代（Ft）表型及其数目的分析，分别计算3个连锁基因之间的交换值，从而确定这3个基因在同一染色体上的顺序和距离。通过1次三点测验可以同时确定3个连锁基因的位置和距离，即相当于进行3次两点测交实验，而且能在实验中检测到所发生的双交换，比两点测交实验省时、省力、准确。

例如，果蝇的a、b、c基因是连锁的，要测定这3个基因的相对位置，可以用野生型果蝇（+++/+++，表示3个野生型基因）与三隐性果蝇（abc/abc）杂交，获得三因子杂种+++/abc，再把雌性杂种与三隐性雄蝇测交，由于基因间的交换，从而在测交后代（Ft）中得到8种不同表型的果蝇，这样经过数据处理，1次实验就可以测出3个连锁基因的距离和顺序，这种方法称为三点测交或三点实验。

用野生型果蝇雄蝇（+++/Y）与三隐性果蝇雌蝇（$msn^3w/msn^3w$，3个连锁的突变隐性基因）杂交，得到三因子杂交种（$msn^3w/+++$），将雌性三因子杂种与三隐性个体测交，由于基因间交换，$F_2$代得到8种不同表型果蝇（图22-1）。经数据处理，1次实验可测出3个连锁基因的距离和顺序。因为$F_1$代雄蝇为三隐性个体，所以$F_1$代雌、雄蝇自交时（即测交），$F_2$（Ft）代可以得到8种表型。$F_2$（Ft）中亲组合最多，而发生双交换的表型个体数应最少。

$F_1$三杂合体雌蝇产生8种配子，$F_1$雄蝇产生2种配子，即三隐性配子和Y配子。$F_1$个体相互交配产生$F_2$可得8种表型个体（与$F_1$雌蝇产生的8种配子的表型一致），根据8种表型相对频率，可计算重组值，确定基因排列顺序。

图距和重组值的关系：图距表示基因间的相对距离，由两临近基因图距相加得来，重组值表示基因间重组频率，二者往往不等同；图距可超过50%，重组值接近而不会超过50%，当基因图距较近时，二者数值相等。

```
P  (♀) ──m──sn³──w──  ×  ──+──+──+──→ (♂)
        ──m──sn³──w──

F₁ (♀) ──m──sn³──w──  ×  ──m──sn³──w──→ (♂)
        ──+──+──+──    （测交）
```

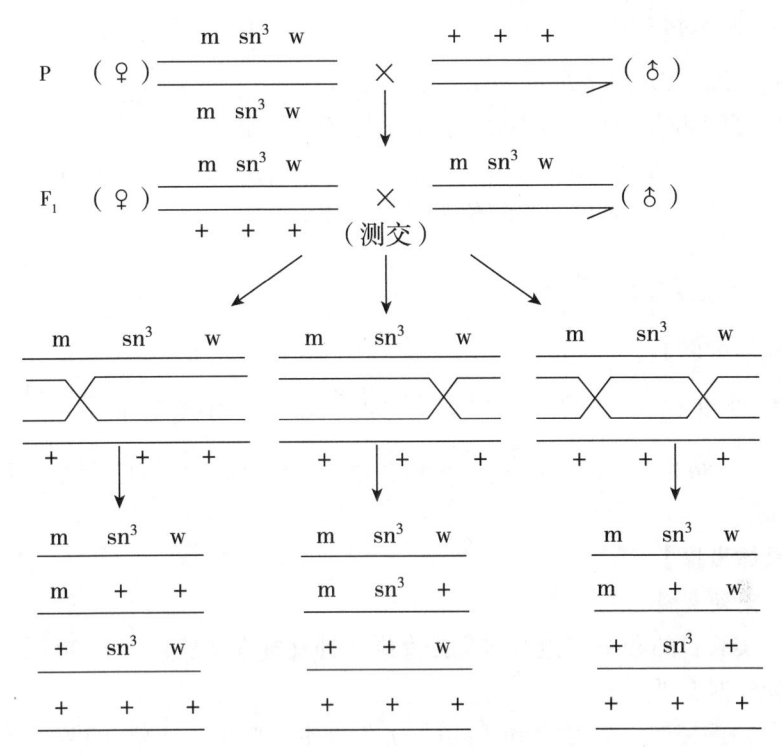

图 22-1　三点测交及其后代表型

如果两个基因间的单交换并不影响邻近两个基因的单交换,那么预期的双交换频率应当等于两个单交换频率的乘积,但实际上观察到的双交换值往往低于预期值,因为每一次发生单交换,它邻近也发生一次交换的机会就减少,这称为干涉。一般用并发率表示干涉的大小。

$$并发率（并发系数）= \frac{观察到的双交换频率}{两个单交换频率的乘积}$$

$$干涉 = 1 - 并发率$$

## 三、实验试剂与器材

1. 实验试剂

乙醚、乙醇、丙酸、玉米粉、酵母粉、蔗糖（红糖）、琼脂等。

2. 实验器材

解剖镜、生化培养箱、电炉、天平、高压灭菌锅、麻醉瓶、棉塞、放大镜、培养瓶、标签、白纸、毛笔、纱布、滤纸等。

### 四、实验材料

黑腹果蝇（*Drosophila melanogaster*）品系：
（1）野生型果蝇（+++）：长翅、直刚毛、红眼。
（2）三隐性果蝇（msn³w）：小翅（m）、焦刚毛（sn³）、白眼（w）。
这3个基因是连锁的，且都位于X染色体上。

### 五、实验方法与步骤

**【概括步骤】**

收集处女蝇 ⟶ 杂交 $\xrightarrow{23\sim25℃、培养7\sim8d}$ 倒去亲本 $\xrightarrow{4\sim5d}$ $F_1$出现 $\xrightarrow{F_1自交}$ $7\sim8d$倒出$F_1$亲本 $\xrightarrow{4\sim5d}$ $F_2$出现 ⟶ 统计$7\sim8d$，计数。对结果进行$\chi^2$检验。

**【具体步骤】**

1. 收集处女蝇

根据实验目的和杂交组合收集处女蝇，处女蝇在实验前$2\sim3d$陆续收集，数目多少根据需要而定。

本实验正交选三隐性果蝇（msn³w）为母本，野生型果蝇（+++）为父本，反交选野生型果蝇（+++）为母本，三隐性果蝇（msn³w）为父本。每个小组根据所做的杂交组合，收集相应表型的处女蝇（正交收集三隐性处女蝇（msn³w），反交收集野生型处女蝇（+++）。具体选择方法如下：

分别将野生型果蝇（+++）、三隐性果蝇（msn³w）培养瓶已有的成蝇全部麻醉、移出处死，以后每隔一段时间（10h以内，8h以内最好）收集处女蝇，将瓶内羽化出的果蝇全部倒出并适度麻醉，倒在玻璃板或白纸上，迅速辨别雌雄个体，且用毛笔分别归入不含培养基的培养瓶内（如果收集处女蝇的时间长，应将处女蝇放入含有新鲜培养基的培养瓶中），使雌雄果蝇分开放入不同的培养瓶。注明果蝇类型和性别，连续多次收集处女蝇，直到满足实验需要的处女蝇数目为止，一般收集处女蝇$5\sim6$只。

2. 杂交

把野生型果蝇（+++）、三隐性果蝇（msn³w）进行杂交，正交即（♀）三隐性果蝇（msn³w）×（♂）野生型果蝇（+++），反交即（♀）野生型果蝇（+++）×（♂）三隐性果蝇（msn³w）。

（1）将收集好的三隐性处女蝇与野生型雄蝇（正交）、野生型处女蝇与三隐性雄蝇（反交）分别麻醉，倒在白瓷板上，并对处女蝇进行严格检查。对于其中有雄蝇存在的处女蝇瓶应全部废弃，重新另选；如在雄蝇内发现有雌蝇，把该雌蝇检出后废弃，其余雄蝇仍可使用。

（2）将检查过的、可用的果蝇移入杂交瓶，每一杂交组合瓶中放入处女蝇和雄蝇5对（各5只）。

（3）贴好标签：用毛笔将雌雄果蝇移入杂交瓶（新培养瓶），杂交瓶上贴好标签（图22-2），写明杂交组合、实验者和日期。待果蝇苏醒后，将培养瓶放入23～25℃培养箱中培养。

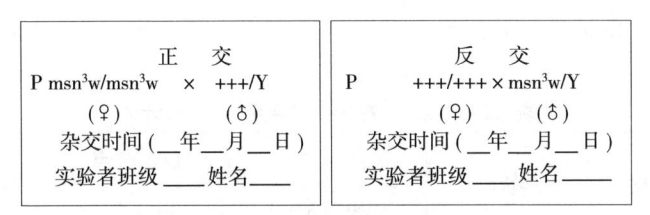

```
        正   交                          反   交
P msn³w/msn³w  ×  +++/Y        P  +++/+++ × msn³w/Y
      (♀)        (♂)                 (♀)       (♂)
   杂交时间(__年__月__日)          杂交时间(__年__月__日)
   实验者班级____姓名____          实验者班级____姓名____
```

图22-2　培养瓶标签（四）

3. 移出亲本

7～8d后，待杂交瓶内出现大量幼虫和部分蛹时，及时将亲本果蝇倒出，要清除干净。

4. 观察$F_1$代

再经过4～5d，$F_1$成蝇出现，当$F_1$代的成蝇出来并达一定数量后，将$F_1$代进行麻醉，观察、记录$F_1$代果蝇的性状是否与预期结果相符。观察$F_1$表型，连续检查2～3d。若性状不符，表明实验有差错，不能再进行下去。发生差错的原因很多，如亲本雌果蝇不是处女蝇，$F_1$幼虫出现后亲本成蝇未倒干净，杂交亲本的雄蝇筛选有误，亲本种本身不纯等，都会造成实验失败。

5. $F_1$互交

从上述正反交组合中移出5～10对$F_1$果蝇，麻醉后转入另一新的培养瓶内继续饲养，这里雌蝇无须为处女蝇，正交和反交$F_1$不能混杂，在23～25℃恒温箱中培养。

6. 移出亲本

7～8d后，移去亲本$F_1$果蝇。

7. 观察$F_2$代

再过4～5d，$F_2$成蝇出现，麻醉（可以深度麻醉）后，倒在白瓷板上观察。每隔1～2d统计1次，进行检查记录（在$F_3$出现之前），观察眼色、翅形及刚毛形态，同时记录$F_2$各种性状果蝇的数目，连续统计7～8d，共查看200～300只。被统计过的果蝇，放到死蝇盛留器中处死。

## 六、实验作业

（1）将观察到的 $F_2$ 代（包括正交和反交）各种表型个体数目填入表 22-1 中，确定基因间重组发生的情况。

（2）计算基因间的重组率及双交换率。

（3）根据计算结果画出遗传学图，标出 X 染色体上三个基因的相对位置（注意用双交换率对位于两端的基因间距离进行校正）。

（4）计算并发率和干涉值。

表 22-1　三点测交实验结果 $F_2$ 代统计表

| 测交后代表型 | 观察数 | 重组位点 | | |
|---|---|---|---|---|
| | | m–sn | m–w | w–sn |
| $msn^3w$ | | | | |
| +++ | | | | |
| ++w | | | | |
| $msn^3$+ | | | | |
| +$sn^3$+ | | | | |
| m+w | | | | |
| m++ | | | | |
| +$sn^3$w | | | | |
| 总计 | | | | |
| 重组率（%） | | | | |

## 七、注意事项

（1）如果做反交，只需统计雄性个体。

（2）统计的数目要足够，保证实验结果的准确性。

## 八、思考题

（1）如何计算重组值？

（2）重组值与交换值有没有区别？为什么？

（3）正交组合 $F_2$ 统计为什么只需统计雄性个体？其雌性个体 $F_2$ 代个体的表型如何？

## 实验 23　果蝇数量性状的遗传分析

### 一、实验目的

（1）以果蝇腹片的小刚毛为实验研究对象，了解数量性状遗传规律与特点。
（2）学习数量性状的分析方法，学会估算遗传力。

### 二、实验原理

质量性状指不易受环境条件的影响、在一个群体内表现为不连续性变异的性状，如果蝇长翅与残翅、红眼与白眼、直刚毛与焦刚毛等。而那些容易受环境条件的影响、在一个群体内表现为连续性变异的，可数、可度、可衡的，并可用数字形式描述的性状，则称为数量性状。数量性状大都由多基因控制，控制同一性状的基因数目很多，而每个基因的作用很小（微效基因），并且很容易受环境影响，如高度、生长率、产量等性状。

本实验选择果蝇的 2 个品系，它们腹侧板上的小刚毛在数量上表现出明显的差异。雄性个体体形小，小刚毛数量也少。实验中一般只分析同一性别（一般为雌性）的个体腹侧板上的小刚毛（图 23-1），以减少误差。如果统计数量足够大，也可以不分性别，雌、雄果蝇同时统计（雌、雄果蝇腹板数目和位置不同，观察计数时要注意区别）。

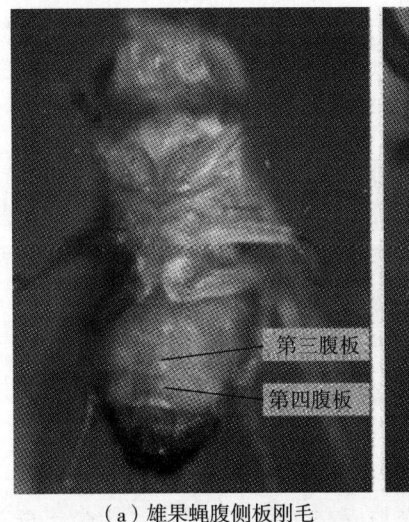

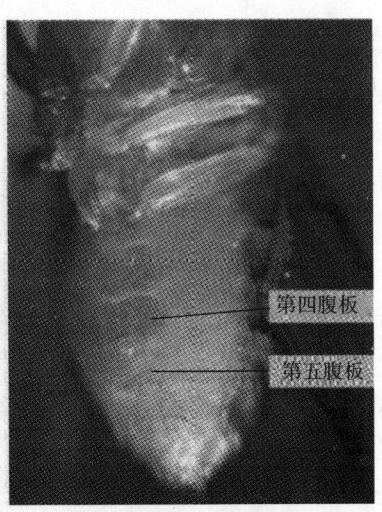

（a）雄果蝇腹侧板刚毛　　（b）雌果蝇腹侧板刚毛

图 23-1　雌、雄果蝇腹侧板刚毛

对果蝇亲本、$F_1$、$F_2$ 腹侧板小刚毛数目进行统计，计算出平均数、方差后，根据遗传力计算公式，估算遗传力的大小。

## 三、实验试剂与器材

1. 实验试剂

乙醚、乙醇、丙酸、玉米粉、酵母粉、蔗糖（红糖）、琼脂等。

2. 实验器材

解剖镜、生化培养箱、电炉、天平、高压灭菌锅、麻醉瓶、棉塞、放大镜、培养瓶、标签、白纸、毛笔、纱布、滤纸等。

## 四、实验材料

黑腹果蝇（*Drosophila melanogaster*）品系：利用两个不同实验室的品系杂交，使 $F_1$ 自交后的 $F_2$ 代分离群体作为实验材料，从中选择出分别表现高（品系 A）、低（品系 B）腹侧板刚毛数的两个品系进行实验。由于实验室中保存的材料因长期近交，缺乏遗传变异，也可以利用野外采集的果蝇。为获得体形较大的个体，要注意控制果蝇培养条件：温度 20℃左右，幼虫密度不宜过大。

## 五、实验方法与步骤

【概括步骤】

培养果蝇近交系──→选择杂交亲本（品系 A、B）──→观察亲本刚毛数──→杂交获得 $F_1$、$F_2$ ──→分别观察 $F_1$、$F_2$ 刚毛数──→记录──→绘图、计算广义遗传力。

【具体步骤】

1. 选择亲本

在 $F_2$ 代分离群体中随机选出处女蝇和雄蝇各 20 只，用乙醚适度麻醉（可分批麻醉），在显微解剖镜下逐一统计雌、雄果蝇腹侧板上的小刚毛数（两腹侧板小刚毛合计数，雌蝇第 4、5 腹侧板，雄蝇第 3、4 腹侧板，见图 23-1）。计数后装入小指管里（每管 1 只），贴上标签（标明性别、小刚毛数）。分别从上述果蝇中选出小刚毛数最多的品系 A 和最少的品系 B 雌、雄蝇各 2 只，并选出次多和次少的雌、雄蝇各 2 只作为备用。

2. 杂交

品系 A 与品系 B 杂交，可配成正交与反交 2 种杂交组合，由学生自己选择。

3. 移出亲本

把配好的杂交组合，放在 23～25℃生化培养箱中培养，7～8d 后，待杂交瓶内出现大量幼虫和部分蛹时，及时将亲本果蝇倒出。

4. 观察 $F_1$ 代

再经过 4～5d，$F_1$ 成蝇出现，当 $F_1$ 代的成蝇出来并达一定数量后，将 $F_1$ 代进行麻醉，随机选取雌、雄果蝇各 20 只，观察记录 $F_1$ 代果蝇的腹侧板的小刚毛数（统计方法与亲代一样），每个杂交组合分别统计。

5. $F_1$ 互交

从上述的各个杂交组合中，分别移出 5～6 对 $F_1$ 果蝇，麻醉后放到另一新的培养瓶内继续饲养。这里雌蝇无须为处女蝇，在 23～25℃恒温箱中培养。

6. 移出亲本

7～8d 后，移去亲本 $F_1$ 果蝇。

7. 观察 $F_2$ 代

再过 4～5d，$F_2$ 成蝇出现，随机选取雌、雄果蝇各 20 只，观察记录 $F_2$ 代果蝇腹侧板的小刚毛数，每个杂交组合分别统计。

8. 绘图

分别以亲代、$F_1$ 和 $F_2$ 个体腹侧板的刚毛数为横坐标，出现频数为纵坐标，绘制频度分布图。

9. 计算广义遗传力

根据实验统计结果和遗传力计算公式，估算果蝇腹侧板小刚毛的遗传力。

## 六、实验作业

（1）将实验结果填入表 23-1，并计算亲代与子代的平均值及方差。

（2）根据实验的统计结果，绘制果蝇亲代与子代腹侧板小刚毛数频度分布图。

（3）计算果蝇腹侧板小刚毛的广义遗传力。

表 23-1　亲代（P）、$F_1$ 和 $F_2$ 果蝇腹侧板的刚毛数及分布频度、平均值和方差

| 亲代与子代 | 刚毛数目 | 平均值 | 方差 |
| --- | --- | --- | --- |
| $P_1$ | | | |
| $P_2$ | | | |
| $F_1$ | | | |
| $F_2$ | | | |

## 七、注意事项

（1）培养供试果蝇时，应在 20℃下恒温培养，避免密度过大，易获得较大

的个体，便于观察。

（2）实验数据统计中，要注意准确区分果蝇的雌雄，如果两种性别都统计，要有足够的数量。

## 八、思考题

（1）将你的实验结果与其他同学比较，有无差异？原因何在？

（2）收集全班同学的实验数据，作果蝇腹侧板小刚毛数变异分布图，是否符合正态分布？

# 实验 24　果蝇同工酶的遗传学分析

## 一、实验目的

（1）掌握聚丙烯酰胺凝胶电泳分离同工酶的原理与技术。

（2）了解黑腹果蝇（*Drosophila melanogaster*）酯酶同工酶 Est-6 的遗传方式。

（3）学习重组值的估计方法。

## 二、实验原理

同工酶是指那些催化功能相同，而分子构型不同的酶。酶蛋白分子的不同，反映了为它们编码基因的 DNA 的碱基顺序不同。利用凝胶区带电泳可以将不同的同工酶分离，并利用特异底物染色法使它们在凝胶上显示出迁移率不同的活性区带。这样基因的产物就直接反映出来了。比较亲代与子代的酶带，就可以对控制它们的基因进行遗传分析。如同其他的形态标记，同工酶作为生化遗传标记已广泛应用于基因作图、发育遗传学、群体遗传学、分类学等多个领域。同工酶电泳分析是一种重要而用途广泛的分子生物学方法。

黑腹果蝇的酯酶 -6（Est-6）酶带有三型：第一型是仅有一条迁移率较大的酶带，此酶带在凝胶上泳动较快，称为 F 带；第二型仅有一条泳动较慢的带，此酶带称为 S 带；第三型是有两条酶带，即一条 F 带和一条 S 带。实质上三种表型是由 Est-6$^F$ 与 Est-6$^S$ 一对等位基因的组合不同决定的。前两型分别是纯合体 Est-6$^{F/F}$ 和 Est-6$^{S/S}$，而第三型是杂合体 Est-6$^{F/S}$。

本实验采用聚丙烯酰胺凝胶薄层（1mm）垂直平板电泳，具有较高的分辨率，可将带有不同电荷的酶蛋白分子分开，并且聚丙烯酰胺凝胶具有分子筛的作用，也可将分子构型、大小不一的酶蛋白分子分开。在同一块凝胶上、同一条件下做多个样品的分析，便于比较。

## 三、实验试剂与器材

1. 实验试剂

（1）凝胶组成液：包括以下 7 种。

a 液（Tris-柠檬酸缓冲液）：取 Tris 15g、柠檬酸 1.25g，用蒸馏水溶解，调 pH 至 8.9，定容至 1000mL。

b 液：取丙烯酰胺 24g，用 a 液溶解，定容至 100mL。

c 液：取甲叉双丙烯酰胺 0.75g，用 a 液溶解，定容至 100mL。

d 液：取乙二胺四乙酸二钠 0.187g，溶于 15mL a 液中。

e 液：四甲基乙烯二胺原液。

f 液：取过硫酸铵 0.4g，溶于 10mL 蒸馏水中。

g 液：取丙烯酰胺 10g、甲叉双丙烯酰胺 2.5g，溶于蒸馏水中，定容至 100mL。

（2）电极缓冲液：取 Tris 6.2g、甘氨酸 2g，溶于 100mL 蒸馏水中，调 pH 至 8.7，用时稀释 50 倍。

（3）样品匀浆液：将蔗糖 1.5g、溴酚蓝 0.01g、Triton×100（聚乙二醇辛基苯基醚）0.05g，溶于 10mL 蒸馏水中。

以上溶液全部放入冰箱，0～4℃保存。f 液用新鲜配制的或储存期在 2 周内的。其他溶液均可储存 2 个月。

（4）染色缓冲液（0.1mol/L 磷酸缓冲液）：将 14.2g 磷酸氢二钠溶于水中，用 2mol/L 盐酸调 pH 至 6.5，定容至 1000mL。

（5）底物溶液：将 α-萘乙酸 1g、β-萘乙酸 0.25g，溶于 25mL 丙酮内。

（6）脱色固定液：将水、甲醇、冰醋酸按 5：5：1 体积比混合。

2. 实验器材

直流稳压电泳仪(VIW-Ⅱ型)、垂直平板电泳槽、磨口梨形真空抽气瓶、0.2mL 玻璃匀浆器、50μL 微量注射器、离心机（3500r/min）、吸管、培养大指管、毛笔、麻醉瓶、小镊子、瓷盘。

## 四、实验材料

黑腹果蝇的三个品系：野生型、残翅、黑檀体。

## 五、实验方法与步骤

【概括步骤】

果蝇单对交配──→亲本 $P_1$、$P_2$ 及杂交后代 $F_1$、$F_2$ 分别保存──→每一种类

匀浆 $\xrightarrow{3500\text{r/min, 30min 离心}}$ 取上清液 10μL $\xrightarrow{450\text{V, 2.5h 电泳}}$ 染色 —→ Est-6 电泳分析。

【具体步骤】

（1）将野生型、残翅、黑檀体三个品系的果蝇分别作单对交配，即将单只处女蝇和单只雄蝇放入同一培养大指管中。放若干管，待一周后将产完卵的亲本果蝇移出。

（2）对移出的亲本果蝇作 Est-6 的电泳分析，步骤如下。

①吸取 a 液 4.9mL、b 液 3.75mL、c 液 3.35mL、d 液 0.325mL、e 液 25μL 混匀，置于磨口梨形真空抽气瓶中，抽气 3～4min，加入 f 液 0.125mL，摇匀，慢慢倒入大小为 16cm×15cm×0.1cm 的垂直板电泳槽的两块玻璃板间。玻璃板两边和底部预先以 a 液配的 1% 琼脂糖凝胶封住。倒入后要求无气泡、不渗漏。随即以吸管铺上 1～2cm 高的水层，这样凝胶聚合后，面上可呈水平。

②在室温下经 20min 后，凝胶与水层间出现折光不同的界面时，说明凝胶已聚合。倒去水层，用滤纸吸尽余水，该层为分离胶。

③吸取 a 液 2.95mL、g 液 1mL、e 液 5μL、f 液 0.05mL，混匀后倒入分离胶上部，然后插上样品梳。过 30min 后即聚合，该层为浓缩胶。小心抽出样品梳，这样在浓缩胶面上就留下间隔开的加样槽。用滤纸条吸净加样槽内残存的溶液，上、下电泳槽分别注入电极缓冲液。

④凝胶聚合时间可进行样品处理。将记录好形态特征的待分析果蝇，置于编好号的 0.2mL 玻璃匀浆器中，加入 15μL 样品匀浆液，在冰浴中匀浆。匀浆完毕，置于离心机中，以 3500r/min 离心 3min。

⑤以微量注射器吸取上清液 10μL，加入加样槽内，针头接近槽底，慢慢注入，防止扩散。

⑥在 4℃冰箱内以 300V 电压开始电泳，方向为从负极到正极。当溴酚蓝进入分离胶后，可将电压提高至 450V，大约 2.5h 后，溴酚蓝到达底部标线处，即可结束电泳。

⑦撬开玻璃板，小心取下凝胶，投入染色液中，染色液由染色缓冲液 30mL、坚牢蓝 RR10mL、底物溶液 1mL 组成。室温下 20min 后酯酶同工酶带已清晰显示，其中紫红色醒目的即为 Est-6 酶带。

⑧取出凝胶，用水冲净后投入脱色固定液中漂洗过夜。脱去底色后，酶带更为清晰。可制成干片永久保存或浸于清水内，经常换水，可供观察一年。

（3）选出雌蝇和雄蝇的 Est-6 表型均为 F 带或 S 带的纯合子的培养大指管，该类培养大指管出来的子代即可留下作为 F 带纯合子或 S 带纯合子。

（4）进行不同品系间不同纯合子间的交配。正、反交都可以，但母本须用处女蝇。每只培养大指管放 2～3 对。

（5）一周后将亲本移出。待 $F_1$ 代出现后，移入新的培养大指管中，每管放 2～3 对。此时雌蝇无须为处女蝇。

（6）一周后将 $F_1$ 移出，观察表型，并进行 Est-6 电泳分析。

（7）$F_2$ 代成虫出来后，移入新的培养大指管饲养 2d 以上，取出麻醉，区别表型，再作 Est-6 电泳分析。7～8d 后成虫基本上可统计完毕。

## 六、实验作业

记录实验中每个交配组的实验数据，并进行相关计算与分析。

果蝇不同交配组合及其后代的表型见表 24-1、表 24-2。

表 24-1　A 组交配后代情况

| 亲本表型 | | $F_1$ 表型 | | $F_2$ 表型 | | | | | |
|---|---|---|---|---|---|---|---|---|---|
| 形态 | Est-6 | 形态 | Est-6 | 野生型 | | | 残翅 | | |
| | | | | F | F/S | S | F | F/S | S |
| ♀残翅 | S | 全部野生型 | 全部 F/S | 21 | 44 | 23 | 8 | 14 | 16 |
| ♂野生型 | F | | | | | | | | |

表 24-2　B 组交配后代情况

| 亲本表型 | | $F_1$ 表型 | | $F_2$ 表型 | | | | | |
|---|---|---|---|---|---|---|---|---|---|
| 形态 | Est-6 | 形态 | Est-6 | 野生型 | | | 黑檀体 | | |
| | | | | F | F/S | S | F | F/S | S |
| ♀黑檀体 | S | 全部野生型 | 全部 F/S | 15 | 20 | 2 | 0 | 5 | 7 |
| ♂野生型 | F | | | | | | | | |

（1）从 A 和 B 两组交配来看，Est-6 表型均为 F/S，可见 Est-6$^F$ 与 Est-6$^S$ 这一对等位基因是共显性的。

按孟德尔分离定律，$F_2$ 形态标记应作 3∶1 分离，即 A 组野生型∶残翅 = 3∶1，B 组野生型∶黑檀体 =3∶1。$F_2$ Est-6 应分离为三型，即 F∶F/S∶S= 1∶2∶1。

（2）对实验结果作 $\chi^2$ 检验，计算 $\chi^2$ 值和 $P$ 值，详见表 24-3、表 24-4。

（3）将 Est-6 与形态基因同时考虑，看两对基因在 $F_2$ 是否符合孟德尔的自由组合定律。

A 组：$F_1$ ♀ +/vgEst-6$^{F/S}$ × $F_1$ ♂ +/vgEst-6$^{F/S}$

如果这两对基因是自由组合的，按棋盘格法配列，应得表 24-5 中的结果。

表 24-3  A 组实验结果及 $\chi^2$ 检验

| $F_2$ | 形态标记 | | Est-6 | | |
|---|---|---|---|---|---|
| | 野生型 | 残翅 | F | F/S | S |
| 实得数 | 88 | 38 | 29 | 58 | 39 |
| 预期数 | 94.5 | 31.5 | 31.5 | 63 | 31.5 |
| $\chi^2$ | 1.788 | | 2.361 | | |
| 自由度 | $n=1$ | | $n=2$ | | |
| $P$ | $0.20>P>0.10$ | | $0.50>P>0.30$ | | |

表 24-4  B 组实验结果及 $\chi^2$ 检验

| $F_2$ | 形态标记 | | Est-6 | | |
|---|---|---|---|---|---|
| | 野生型 | 黑檀体 | F | F/S | S |
| 实得数 | 37 | 12 | 15 | 25 | 9 |
| 预期数 | 36.75 | 12.25 | 12.25 | 24.50 | 12.25 |
| $\chi^2$ | 0.0067 | | 1.472 | | |
| 自由度 | $n=1$ | | $n=2$ | | |
| $P$ | $0.95>P>0.90$ | | $0.70>P>0.50$ | | |

表 24-5  A 组杂交后代表现型

| | | ♂ 配子 | | | |
|---|---|---|---|---|---|
| | | +Est-6$^F$ | +Est-6$^S$ | vgEst-6$^F$ | vgEst-6$^S$ |
| ♀配子 | +Est-6$^F$ | +/+Est-6$^{F/F}$ | +/+Est-6$^{F/S}$ | +vgEst-6$^{F/F}$ | +vgEst-6$^{F/S}$ |
| | +Est-6$^S$ | +/+Est-6$^{F/S}$ | +/+Est-6$^{S/S}$ | +vgEst-6$^{S/S}$ | +vgEst-6$^{S/S}$ |
| | vgEst-6$^F$ | +/vgEst-6$^{F/F}$ | +/vgEst-6$^{F/S}$ | vg/vgEst-6$^{F/F}$ | vg/vgEst-6$^{F/S}$ |
| | vgEst-6$^S$ | +/vgEst-6$^{F/S}$ | +/vgEst-6$^{S/S}$ | vg/vgEst-6$^{S/S}$ | vg/vgEst-6$^{S/S}$ |

归纳棋盘格内各基因型，并根据显隐性关系，可得到 $F_2$ 的表型比为：[+，F]：[+，F/S]：[+，S]：[vg，F]：[vg，F/S]：[vg，S] = $\frac{3}{16}$：$\frac{6}{16}$：$\frac{3}{16}$：$\frac{1}{16}$：$\frac{2}{16}$：$\frac{1}{16}$。这里 [+，F] 表示野生型、F 带，其余以此类推。现在根据表型比

例求出 A 组实验的预期数，与实得数比较，进行 $\chi^2$ 检验（表 24-6）。

表 24-6　A 组实验 $\chi^2$ 检验

| $F_2$ | +, F | +, F/S | +, S | vg, F | vg, F/S | vg, S |
|---|---|---|---|---|---|---|
| 实得数 | 21 | 44 | 23 | 8 | 4 | 16 |
| 预期数 | 23.625 | 47.25 | 26.625 | 7.875 | 15.75 | 7.875 |
| $\chi^2$ | 9.11 | | | | | |
| $P$ | $0.20 > P > 0.10$ | | | | | |

得到的 $\chi^2$ 值为 9.11，自由度为 5，查 $\chi^2$ 表，得 $P$ 为 0.10～0.20，所以可以认为有关那对性状的 $F_2$ 分离是符合独立分配的。从而就可决定这两对性状的基因位于不同的染色体上。

B 组：$F_1$ ♀ +/eEst-6$^{F/S}$ × $F_1$ ♂ +/eEst-6$^{F/S}$。根据两对基因是自由组合的假设，可求得 $F_2$ 的各种表型的分离比，按 A 组棋盘格法归纳可得：[+, F]：[+, F/S]：[+, S]：[e, F]：[e, F/S]：[e, S]= $\frac{3}{16} : \frac{6}{16} : \frac{3}{16} : \frac{1}{16} : \frac{2}{16} : \frac{1}{16}$。此处 [e, F] 表示黑檀体、F 带，其余类推。由此计算预期数，与实得数比较，进行 $\chi^2$ 检验（表 24-7）。

表 24-7　B 组实验 $\chi^2$ 检验

| $F_2$ | +, F | +, F/S | +, S | e, F | e, F/S | e, S |
|---|---|---|---|---|---|---|
| 实得数 | 15 | 20 | 2 | 0 | 5 | 7 |
| 预期数 | 9.18 | 18.36 | 9.18 | 3.06 | 6.12 | 3.09 |
| $\chi^2$ | 17.78 | | | | | |
| $P$ | $P < 0.01$ | | | | | |

实验中，根据两对基因自由组合，求得 $F_2$ 的 6 种表型的预期数，与实得数相比，两者相差较大。$\chi^2$ 检验的 $P$ 值小于 0.01，表明 Est-6 基因与黑檀体基因不是自由组合的，而是在同一染色体上有连锁关系。

（4）用最大似然法求 Est-6～e 重组值。

已知 Est-6 与 e 是连锁的，现在要进一步估计这两基因的重组值。这要用到最大似然法，其原理如下。

设 $P$ 为重组值，$m_1$，$m_2$，…，$m_t$ 是分离出来各组的预期比例，$a_1$，$a_2$，…，

$a_t$ 是相应各组的实得数。符号为 $m$ 的预期值可用 $P$ 来表示，这 $P$ 值就是我们所要估计的。

得到我们实验中观察到的一套数值的可能性或似然性，可用多项式 $(m_1+m_2+\cdots+m_t)^n$ 的展开中的一项来表示，其中 $n$ 是这套数据的合计。在这个展开式中有关的一项是

$$\frac{n!}{a_1!a_2!\cdots a_t!}(m_1)^{a_1}(m_2)^{a_2}\cdots(m_t)^{a_t}$$

最大似然法的目的就是要求出一个 $P$ 来，把这个 $P$ 代入公式中可以得到最大值。但要对这个公式进行微分是有困难的，幸而这个公式本身和这个公式的对数在同一 $P$ 值有最大值，所以取这公式的对数，并对 $P$ 进行微分。

似然性用 L 表示，则

$$L=\ln\frac{n!}{a_1!a_2!\cdots a_t!}+a_1\ln m_1+a_2\ln m_2+\cdots+a_t\ln m_t$$

对 $P$ 进行微分，并使之等于 0，则得估计方程式

$$\frac{dL}{dP}=a_1\frac{d\ln m_1}{dP}+a_2\frac{d\ln m_2}{dP}+\cdots+a_t\frac{d\ln m_t}{dP}=0$$

这个公式的答数之一就是我们要求的 $P$ 值。不会出现哪个根都是我们需要的问题，因为所有其他答数都不可能作为重组值。

现在回到具体的例子，杂交组合是

$$F_1\ \female\ +\frac{eEst-6^S}{+Est-6^F}\times F_1\ \male\ \frac{eEst-6^S}{+Est-6^F}$$

雌性双杂合体产生的配子有 4 种：2 种是亲代原有的组合或亲组合；2 种是亲代没有的新配合或重组合。雄蝇的连锁是完全的，所以双杂合体产生的配子只有两种，都是亲组合。设 $P$ 为 e～Est-6 间的重组值，则可得出雌蝇四种配子的比例，并可求得 $F_2$ 的表型比例（表 24-8）。

把表 24-8 中的表型按类别归纳，各乘以总数 $n$，得预期数，然后写上各表型的实得数（表 24-9）。

有了实得值，又有了预期值，就可以代入上述似然性方程式，并略去第一项，因为这一项在微分时消失。

表 24-8　Est-6 与 e 双杂合体雌雄蝇杂交后代表型比例

| | | ♀配子 | | | |
|---|---|---|---|---|---|
| | | (1−P)/2<br>e, Est-6$^S$ | P/2<br>+, Est-6$^F$ | P/2<br>+, Est-6$^S$ | (1−P)/2<br>+, Est-6$^F$ |
| ♂配子 | $\frac{1}{2}$<br>e, Est-6$^S$ | [e, S] | [e, F/S] | [+, S] | [+, F/S] |
| | $\frac{1}{2}$<br>+, Est-6$^F$ | [+, F/S] | [+, F] | [+, F/S] | [+, F] |

表 24-9　Est-6 与 e 双杂合体雌雄蝇杂交后代各表型预期数与实得数

| | [e, S] | [e, F/S] | [+, S] | [+, S/F] | [+, F] | 合计 |
|---|---|---|---|---|---|---|
| 预期数 | $\frac{n}{4}(1-P)$ | $\frac{n}{4}P$ | $\frac{n}{4}P$ | $\frac{n}{4}(2-P)$ | $\frac{n}{4}$ | $n$ |
| 实得值 | 7 | 5 | 2 | 20 | 15 | 49 |

$$L=7\ln\frac{1-P}{4}+5\ln\frac{P}{4}+2\ln\frac{P}{4}+20\ln\frac{2-P}{4}+15\ln\frac{1}{4}$$

对上式微分，并使之等于 0，则方程式成为：

$$\frac{dL}{dP}=\frac{7}{1-P}+\frac{5}{P}+\frac{2}{P}-\frac{20}{2-P}=0$$

移项整理后得　　　　　　$34P^2-55P+14=0$

$P=0.3165$ 或 $31.65\%$。得出 $P$ 的估计值后，还要知道它的标准误差（$S_p$）。Fisher 已经证明

$$-\frac{1}{S_P^2}=\sum\left(mn\frac{d^2\ln m_t}{dP^2}\right)$$

已经有了 $a\frac{d\ln m}{dP}$ 用，只要再微分一次，然后预期值代替观察值，用 mn 代替 a，这样就得到

$$-\frac{1}{S_P^2} = -\frac{n}{4}\left(\frac{1}{1-P} + \frac{1}{P} + \frac{1}{P} + \frac{1}{2-P}\right)$$

把 $P$ 的估计值代入，得 $S_P^2$=0.009746，从而 $S_P$=0.0987 或 9.87%。查果蝇基因图得知基因 e 位于第三染色体。根据第二代的分离比，Est-6 与 e 连锁，有 31.65% 重组值，所以 Est-6 也在第三染色体上，与 e 的图距为 31.65。

### 七、注意事项

（1）Est-6 酶带在蛹期不显示，成虫刚刚羽化时也不显示，所以作电泳分析时，如为新羽化的成虫，应转入另一培养瓶中饲养两天以上，才能清晰地显示 Est-6 酶带。

（2）凡含丙烯酰胺、甲叉双丙烯酰胺的溶液均有神经毒性，勿沾于皮肤及黏膜上。

### 八、思考题

（1）植物与动物同工酶分析有何相同与不同之处？
（2）同工酶分析方法及同工酶研究有何重要意义？

## 实验 25　动物组织总 DNA 的提取

### 一、实验目的

（1）了解分离提取 DNA 的一般原理，掌握从动物肝脏中提取 DNA 的方法。
（2）学习并掌握核酸组分的分离技术——琼脂糖凝胶电泳方法。

### 二、实验原理

DNA 是一切生物细胞的重要成分，主要存在于细胞核中。研磨和 SDS 作用破碎细胞；苯酚和氯仿可使蛋白质变性，用其混合液（酚、氯仿、异戊醇的体积比为 25∶24∶1）重复抽提，使蛋白质变性，然后离心除去变性蛋白质；RNase 降解 RNA，从而得到纯净的 DNA 分子。

### 三、实验试剂与器材

1. 实验试剂

（1）生理盐水、十二烷基硫酸钠（SDS）、三羟甲基氨基甲烷（Tris）、乙二胺四乙酸（EDTA）、饱和酚、氯仿、异戊醇、无水乙醇、75% 乙醇、蛋白酶 K、RNase 酶等。

（2）TES 缓冲液（释放 DNA）：将 0.5844g NaCl 溶解于 80mL 双蒸水，再分别加入 1mL 0.5mol/L EDTA 溶液、0.2mL Tris-盐酸（pH=8.0），定容至 100mL，摇匀后，转到准备好的输液瓶中，贴上标签，高压灭菌后，降至室温，4℃保存备用。

（3）10% SDS（变性剂，破细胞壁）：将 10g SDS 加入 80mL 双蒸水中，于 68℃加热溶解，用浓盐酸调 pH 至 7.2，定容至 100mL，摇匀后，转到准备好的输液瓶中，贴上标签，4℃保存备用。

2. 实验器材

高速低温离心机、离心管、烘箱、冰箱、水浴锅、微量移液器等。

## 四、实验材料

动物肝脏。

## 五、实验方法与步骤

【概括步骤】

细胞破碎——→抽提去蛋白质——→沉淀核酸——→电泳检测。

【具体步骤】

1. DNA 提取

（1）取新鲜组织，用生理盐水洗去血污，剪取约 0.5g 组织，剪成小块，放入 2.0mL 离心管中，研磨。

（2）加入 0.45mL TES 缓冲液混匀，再加入 50μL SDS（10%）、5.0μL 蛋白酶 K（20mg/mL），充分混匀后，于 56℃保温 4～6h，每 2h 摇 1 次。

（3）放置到室温，加入等体积饱和酚（500μL），颠倒混匀，10000r/min 离心 10min，分离水相和有机相，小心吸取上层含核酸的水相，转到一个新的 1.5mL 离心管中。

（4）加入等体积酚—氯仿—异戊醇（25∶24∶1），颠倒混匀，10000r/min 离心 10min，取上层清液，转移到新的 2.0mL 离心管中。

（5）加入等体积氯仿—异戊醇（24∶1），颠倒混匀，10000r/min 离心 10min，取上层清液，转移到一个新的 2.0mL 离心管中。

（6）加入 2.5 倍体积的 -20℃预冷的无水乙醇沉淀 DNA。

（7）12000r/min 离心 10min，弃乙醇。

（8）用 -20℃保存的 75% 乙醇洗涤，10000r/min 离心 5min，去乙醇，55℃下干燥 DNA。

（9）加入适量 1×TE 溶解 DNA（具体依 DNA 的多少而定），-20℃保存备用。

2. 凝胶检测

（1）凝胶制备：制备1%琼脂糖凝胶。称取1.5g琼脂糖，加入150mL 1×TAE，加热至琼脂糖全部熔化，冷却至50～60℃时，加入EB或GoldView™ 10μL。缓慢倒入胶板，待胶凝固后拔出梳子。

（2）加样：取5μL DNA样液与2μL上样缓冲液混匀，用微量移液器小心加入样品槽。

（3）电泳：接通电源，切记靠近加样孔的一端为负，电压为1～5V/cm（长度以两个电极之间的距离计算），待溴酚蓝移动到一定位置，停止电泳。

（4）观察拍照。

## 六、实验作业

（1）如果欲测定所得DNA的含量和纯度，应该进行哪些实验？请说明其一般原理和简要过程。

（2）将提取的植物总DNA电泳图谱粘贴在实验报告上并进行分析。

## 七、注意事项

（1）抽提时，每一步用力要柔和，防止机械剪切力对DNA的损伤。

（2）取上层清液时，注意不要吸起中间的蛋白质层。

（3）乙醇漂洗和去乙醇时，不要荡起DNA。

## 八、思考题

（1）核酸提取中，去除杂蛋白的方法主要有哪些？

（2）提取中，如何避免DNA的降解？

# 模块三 微生物遗传学实验

## 实验26 粗糙链孢霉的杂交

### 一、实验目的

（1）通过对粗糙链孢霉的赖氨酸缺陷型和野生型杂交所得后代的表型的分析，了解顺序排列的四分体的遗传学分析方法。

（2）进行有关基因的着丝粒距离的计算和作图。

### 二、实验原理

粗糙链孢霉（*Neurospora crassa*）属于真菌类，子囊菌纲，球壳目，脉孢菌属，又称为红色面包霉。它是进行顺序排列的四分体的遗传学分析的良好材料。粗糙链孢霉的菌丝体是单倍体（$n=7$），每一菌丝细胞中含有几十个细胞核。由菌丝顶端断裂形成分生孢子。分生孢子有两种，小型分生孢子中含有一个核，大型分生孢子中含有几个核。分生孢子萌发成菌丝，可再生成分生孢子，周而复始，这是粗糙链孢霉的无性生殖过程。

另外，粗糙链孢霉的菌株有两种不同的接合型，用 A、a 或 $mt^+$、$mt^-$ 表示，它们受一对等位基因控制。不同接合型菌株的细胞接合产生有性孢子，此过程称为有性生殖（图26-1）。有性生殖可以通过两种方式进行。

（1）当菌丝在有性生殖用的杂交培养基上增殖时，就会产生许多原子囊果，内部附有产囊体，当另一接合型的分生孢子落在这原子囊果的受精丝上时，分生孢子的细胞核进入受精丝，到达原子囊果的产囊体中，形成接合型基因的异核体。进入产囊体中的分生孢子的核发生分裂，并进入产囊菌丝中，被隔膜分成一对细胞，形成钩状细胞，也称原子囊。钩状细胞顶端细胞的两个核形成合子核，合子核再进行减数分裂，成为四个单倍体的核，就是四分体，再进行一次有丝分裂，形成8个核，顺序地排列在一个子囊中。原子囊果在受精后增大变黑，成熟为子囊果。1个子囊果中集中着30～40个子囊，成熟的子囊孢子呈橄榄球状，长30～40μm，比3～5μm长的分生孢子要大得多。子囊孢子如经60℃处理30～60min，便会发芽，长出菌丝，再度开始无性繁殖。

（2）不同接合型的菌丝连接，两种接合型的细胞核发生融合形成合子核，产生子囊果。

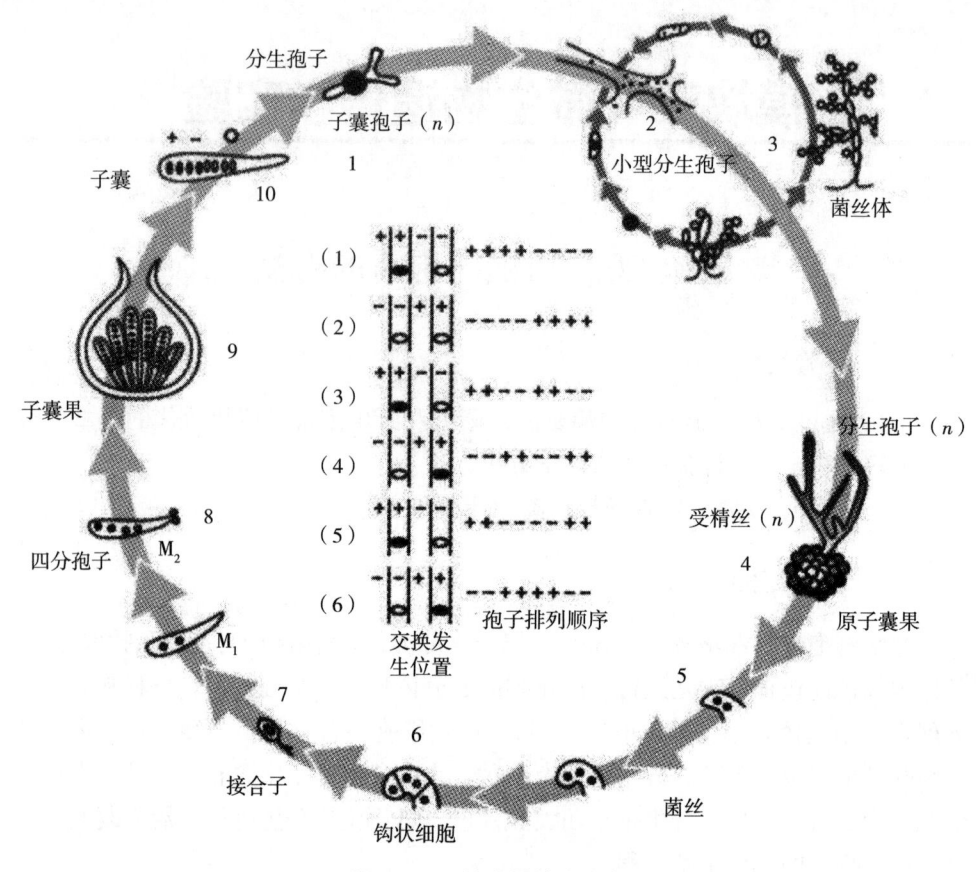

图 26-1 链孢霉的生活史

粗糙链孢霉的子囊孢子是单倍体细胞，由它发芽长成的菌丝体也是单倍体。一对等位基因决定的性状在杂交子代中就能分离，在粗糙链孢霉中，一次减数分裂产物包含在 1 个子囊中，所以很容易看到一次减数分裂所产生的四分体中一对基因的分离，可直观地证明基因的分离，并可证明基因在染色体上。同时由于 8 个子囊孢子顺序地排列在子囊中，可以测定着丝粒距离并发现基因转变。若两个亲代菌株有某一遗传性状的差异，那么杂交所形成的每一子囊，必定有 4 个子囊孢子属于一种类型，4 个子囊孢子属于另一种类型，它们的分离比例是 1∶1，而且子囊孢子按一定顺序排列。如果这一对等位基因与子囊孢子的颜色或形状有关，那么在显微镜下可直接观察到子囊孢子的不同排列方式。

本实验用赖氨酸缺陷型（记作 $Lys^-$）与野生型（记作 $Lys^+$）杂交，得到的子囊孢子分离为 4 个黑的（+）孢子、4 个灰的（-）孢子。黑的孢子是野生型；赖氨酸缺陷型孢子成熟迟，所以呈灰色。根据黑色孢子和灰色孢子在子囊中的排列顺序，可分为下列 6 种子囊类型。

①++++----  
②----++++  } 第一次分裂分离子囊

③++--++--  
④--++--++  
⑤++----++  
⑥--++++--  } 第二次分裂分离子囊

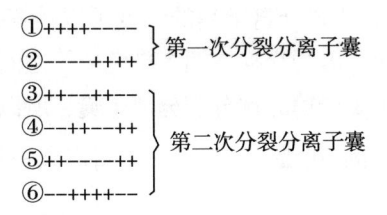

子囊型①和②的产生如图 26-2 所示。第一次减数分裂（$M_1$）时，带有 $Lys^+$ 的两条染色单体移向一极，而带有 $Lys^-$ 的两条染色单体移向另一极。$Lys^+/Lys^-$ 这对基因在第一次减数分裂时分离，称为第一次分裂分离。第二次减数分裂时（$M_2$）每一染色单体相互分开，形成四分体，顺序是 ++-- 或 --++，再经过一次有丝分裂，成为①和②子囊型。形成这两种子囊型时，在着丝粒和基因对 $Lys^+/Lys^-$ 间未发生过交换，是第一次分裂分离子囊。

图 26-3、图 26-4 表示子囊型③和④的形成过程。由于 Lys 基因与着丝粒间发生了一个交换，$Lys^+/Lys^-$ 在第一次减数分裂时没有分离，到第二次减数分裂（$M_2$）时，带有 $Lys^+$ 的染色单体才和带有 $Lys^-$ 的染色单体相互分裂，所以称为第二次分裂分离。然后经一次有丝分裂，形成③和④子囊型，顺序是 ++--++-- 或 --++--++。这是第二次分裂分离子囊。

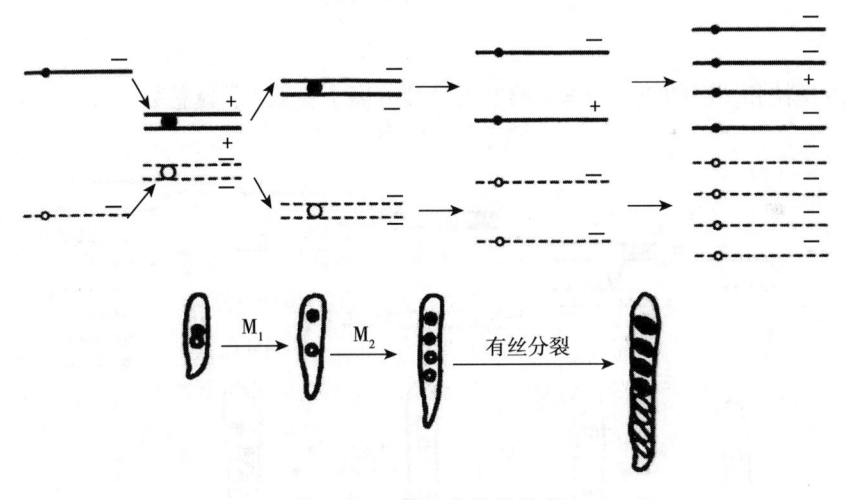

图 26-2　第一次分裂分离

⑤和⑥子囊型的形成与③和④类似，也是两个染色单体发生了交换，不过交换不是发生在第 2 个染色单体与第 3 个染色单体之间，而是发生在 1，3 或 2，4 两个染色单体之间（图 26-3、图 26-4）。

从上面的分析可知，第二次分裂分离子囊的出现，是由于有关的基因和着丝粒之间发生了一次交换。第二次分裂分离子囊越多，则有关基因和着丝粒之间的距离越远。所以由第二次分裂分离子囊的频度可以计算某一基因和着丝粒之间的距离（称为着丝粒距离）。因为交换在两个染色单体之间发生而与另外两个无关，而每发生一次交换，产生1个第二次分裂分离子囊，所以，求出第二次分裂分离子囊在所有子囊中所占的比例，再乘以$\frac{1}{2}$，就可以得出某一基因与着丝粒间的重组值。

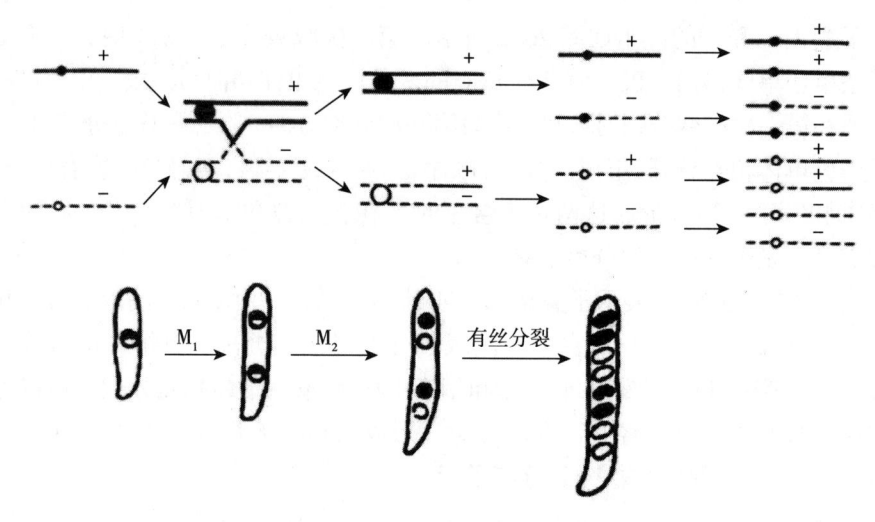

图 26-3　第二次分裂分离（一）

着丝粒和基因的重组值 =（第二次分裂分离子囊数 / 子囊总数）$\times \frac{1}{2} \times 100\%$

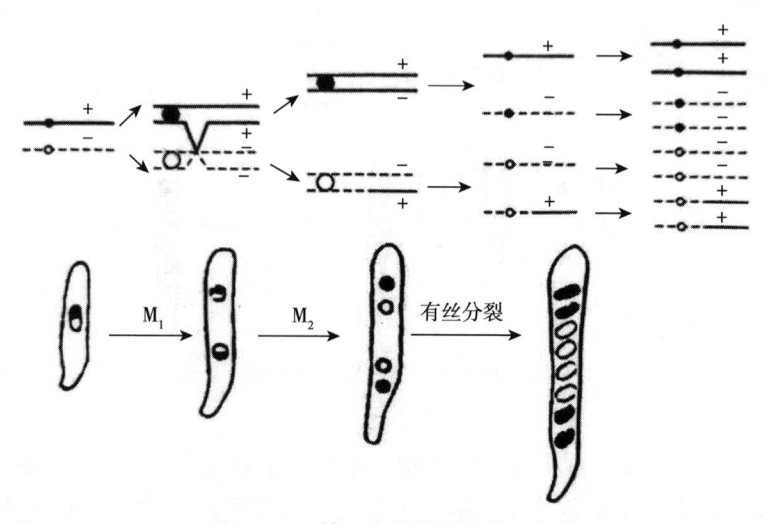

图 26-4　第二次分裂分离（二）

### 三、实验试剂与器材

1. 实验试剂

5% 次氯酸钠（NaClO）溶液、5% 石炭酸、基本培养基、补充培养基、完全培养基、麦芽汁培养基、马铃薯培养基、杂交培养基等。

2. 实验器材

超净工作台、高压灭菌锅、生化培养箱、分析天平、电炉、酒精灯、显微镜、大试管、载玻片、接种针、火柴、棉塞、锥形瓶。

### 四、实验材料

粗糙链孢霉野生型菌株 $Lys^+$，接合型 A；粗糙链孢霉赖氨酸缺陷型菌株 $Lys^-$，接合型 a。

### 五、实验方法与步骤

【概括步骤】

菌种活化 $\xrightarrow{28℃,\ 5d}$ 杂交培养 $\xrightarrow{14d}$ 成熟 $\longrightarrow$ 观察。

【具体步骤】

1. 菌种活化

为使菌种生长得更好，先要进行菌种活化。把野生型和赖氨酸缺陷型菌种从冰箱中取出，分别接在两支完全培养基试管斜面上，28℃恒温箱中培养 5d 左右。培养到菌丝的上部有分生孢子产生。

2. 杂交

接种亲本菌株，可采用下述方法。

（1）同时在杂交培养基上接种两亲本菌株的分生孢子或菌丝，25℃恒温箱中进行混合培养。注意要贴上标签，写明亲本菌株及杂交日期。在杂交后 5～7d 就能看到许多棕色的原子囊果，以后原子囊果变大变黑成子囊果，在 7～14d 后，可在显微镜下观察（图 26-5）。

（2）在杂交培养基上接种一个亲本菌株，25℃培养 5～7d 后即有原子囊果出现。同时准备好另一亲本菌株的分生孢子，悬浊于无菌水中（近于白色的悬浊液），将此悬浊液加到形成原子囊果的培养物表面，使表面基本湿润即可（每只试管约加 0.5mL），继续在 25℃下培养。原子囊果在加进分生孢子 1d 后即可开始增大变黑成子囊果，7d 后即成熟。

3. 显微镜观察

（1）在长有子囊果的试管中加少量无菌水，摇动片刻，把水倒在空锥形瓶中，加热煮沸，以防止分生孢子飞扬。

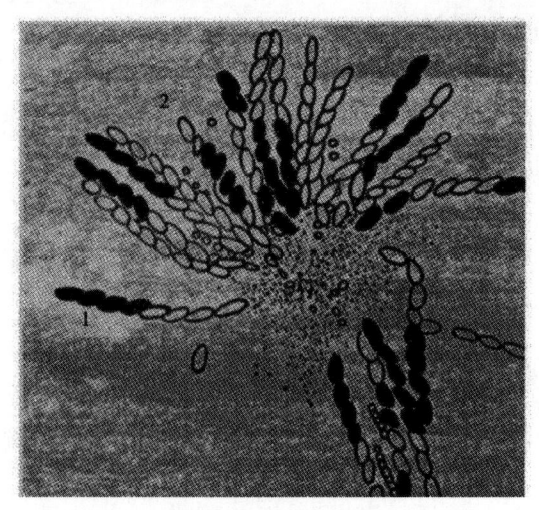

**图 26-5 粗糙链孢霉杂交子囊孢子的排列**
1.非交换型子囊；2.交换型子囊

（2）取一载玻片，滴 1～2 滴 5% 次氯酸钠溶液，然后用接种针挑出子囊果放在载玻片上（若附在子囊果上的分生孢子过多，可先在 5% 次氯酸钠溶液中洗涤，再移到载玻片上），用另一载玻片盖上，用手指压片，将子囊果压破，置于显微镜下（10×15 倍）检查，即可见到 30～40 个子囊。观察子囊中子囊孢子的排列情况。这里用载玻片盖上压片而不用盖玻片，是因为子囊果很硬，若用盖玻片压，盖玻片可能会破碎。

也可在显微镜下用镊子把子囊果轻轻夹破挤出子囊。如发现 30～40 个子囊像一串香蕉一样，可加一滴水，用解剖针把子囊拨开。此过程无须无菌操作，但要注意不能使分生孢子散出。观察过的载玻片、用过的镊子和解剖针等物都需放入 5% 的石炭酸中浸泡后取出洗净，以防止污染实验室，操作步骤见图 26-6。

4.操作说明

（1）实验所用的赖氨酸缺陷型，有时接种在完全培养基上也长不好，需要加适量赖氨酸。

（2）杂交后培养温度要控制在 25℃，30℃ 以上即会抑制原子囊果的形成。

## 六、实验作业

（1）观察一定数目的子囊果，记录每个完整子囊的类型，填入表 26-1，计算 Lys 基因的着丝粒距离。

（2）绘显微镜下观察到的杂交子囊的图。

（3）用染色体表示形成的子囊的各种类型。

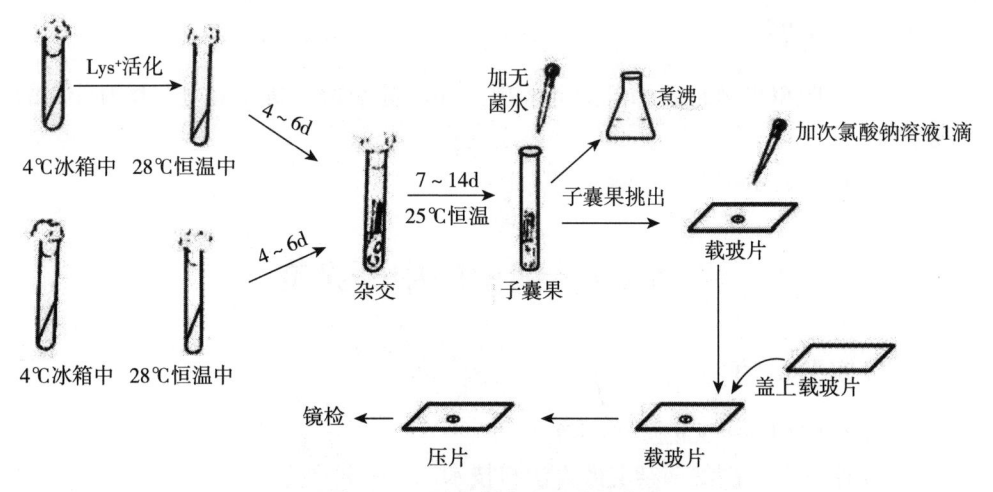

图 26-6　链孢霉杂交实验的步骤

表 26-1　实验观察的子囊类型及数目

| 子囊类型 | 观察数 |
| --- | --- |
| ++++---- |  |
| ----++++ |  |
| ++--++-- |  |
| --++--++ |  |
| ++----++ |  |
| --++++-- |  |
| 合计 |  |

## 七、注意事项

（1）赖氨酸缺陷型的子囊孢子成熟较迟，当野生型的子囊孢子成熟而呈黑色时，赖氨酸缺陷型的子囊孢子还呈灰色，因而能在显微镜下直接观察不同的子囊类型。但是如果观察时间选择不当，就不能看到好的结果。观察过早，所有子囊孢子都未成熟，全为灰色；过迟，赖氨酸缺陷型的子囊孢子也成熟了，全为黑色，就不能分清各种子囊类型。所以在子囊果形成期间，要预先观察子囊孢子的成熟情况，选择适当时间进行显微镜观察。

（2）有时观察到的子囊孢子的排列为++++++--、++-------、+++++---、+++------，即为 6∶2 或 2∶6 的分离比 5∶3 或 3∶5 的分离比排除上面第（1）点说明的原因外，这样的情况的出现是由于基因转变造成的。基因转变的频率因基因位点不同而异，但一般在 1% 左右。

（3）本实验用的赖氨酸缺陷型菌株为 Lys5，Lys5 基因座位于第六连锁群，着丝粒距离约为 14.8 图距单位。可供实验结果计算时参考。

### 八、思考题

（1）说明粗糙链孢霉中基因分离现象和高等动物、高等植物中基因分离的主要区别。

（2）用图表示第⑥种子囊类型的形成。

# 实验 27　细菌的中断杂交

### 一、实验目的

（1）理解细菌杂交的原理和意义。
（2）学习并掌握细菌杂交的方法与技术。

### 二、实验原理

大肠杆菌的 F 质粒（F 因子）可以游离于细菌染色体之外，也可能整合到染色体上，是一种被称为附加体的质粒。根据大肠杆菌细胞中的 F 因子的有无和存在状态的不同，可以将大肠杆菌区分为不同的菌株。不带有 F 因子的菌株称为 $F^-$ 菌株，带有 F 因子且 F 因子独立存在的菌株称为 $F^+$ 菌株，F 因子整合入细菌染色体的菌株称为高频重组菌株（Hfr 菌株）。不同的 Hfr 菌株中 F 因子的整合位置不尽相同；由于 Hfr 菌株染色体中的 F 因子不正常环出，形成含有细菌的特定基因的 F′ 因子，带有 F 因子的大肠杆菌称为 F 菌株。

其中，$F^+$ 菌株能够与 $F^-$ 菌株杂交，使 $F^-$ 菌株变成 $F^+$ 菌株，但一般不发生基因重组，若 $F^+$ 菌株和 $F^-$ 菌株杂交发生基因重组，重组的频率较低，约为 $10^{-7}$。

Hfr 菌株和 $F^-$ 菌株杂交时，Hfr 细菌的染色体可以进入 $F^-$ 细菌发生基因重组，重组的频率较高，为 $10^{-4}$。通过 F′ 因子介导的供体菌向受体菌特定基因的转移称为性导。

在 Hfr 与细菌 $F^-$ 细菌杂交过程中，Hfr 细菌的染色体的转移从 F 因子的末端（转移起点）开始，由接合细菌之间的接合管进入 $F^-$ 细菌，在接合不同时间进行强力搅拌，可随时终止遗传物质的转移。距离转移起点越近的基因进入受体菌的概率越大，因此可以通过绘制基因的转移曲线推断出基因顺序，并以时间为单位进行染色体作图，这种方法就是中断杂交作图。

本实验利用实验室常用的混合振荡器作为中断杂交的仪器，选用大肠杆菌 Hfr 染色体上的几个距离较远的基因作为标记基因，通过中断杂交实验测定标记基因在 $F^-$ 细菌中出现的先后顺序和时间，同时进行基因定位。

## 三、实验试剂与器材

1. 实验试剂

LB 培养液、4 种选择培养基（表 27-1）含有各种药品、半固体琼脂、生理盐水、70% 乙醇等。

表 27-1  4 种选择性培养基补加的成分

| 培养基类型 | 选择标记 | 碳源 | str | arg | ilv | met | leu | ade | trp | his |
|---|---|---|---|---|---|---|---|---|---|---|
| A | met | 葡萄糖 | + | + | + |   | + | + | + | + |
| B | leu | 葡萄糖 | + | + | + | + |   | + | + | + |
| C | lac | 乳糖 | + | + | + | + | + | + | + | + |
| D | trp | 葡萄糖 | + | + | + | + | + | + | − | + |

2. 实验器材

振荡混合器、恒温培养箱、高压灭菌锅、锥形瓶、试管、烧杯、培养皿、取液器、接种环、涂棒、牙签等。

## 四、实验材料

大肠杆菌（E.coli）CSH60：Hfr sup，供体菌。

大肠杆菌（E.coli）FD1004：F$^-$ leu pure trp his metA ilv arg thi ara lacY xyl mtl gal T6$^r$ rif$^r$ str$^r$，受体菌。

## 五、实验方法与步骤

【概括步骤】

活化菌种 $\xrightarrow{37℃, 24h}$ 扩大培养 $\xrightarrow{37℃, 2\sim3h}$ 杂交 ⟶ 中断杂交 ⟶ 稀释涂布 ⟶ 观察记录 ⟶ 基因定位。

【具体步骤】

1. 活化菌种

实验前，从冰箱内取出保存的受体及供体菌种，分别接入 5mL 的 LB 液体培养基中，在 37℃振荡培养 24h。

2. 扩大培养

从上述 5mL 培养液中分别吸取供体菌和受体菌 1mL，转入 5mL 新的 LB 培养基内，在 37℃下继续培养 2～3h。

3. 杂交

分别从扩大培养后的菌液中吸取供体菌 0.2mL、受体菌 4mL，在 150mL 锥形瓶内混合后，置于37℃水浴、50～100r/min下轻轻摇动培养。

4. 中断杂交

分别在0min、10min、20min、30min、40min、50min时，将上述杂交的混合菌液吸取0.2mL，置于盛有10mL无菌生理盐水的大试管中，立即用振荡混合器剧烈振荡30s，终止细菌的杂交（接合管断裂）。

5. 稀释涂布

从上述中断杂交的大试管中吸取0.2mL菌液，置于3mL半固体培养基中，用振荡混合器混合5s，倒在选择平板上铺平（每个实验小组可选择1种选择性培养基），同时取供体菌和受体菌做对照（以后取样测定不需要再做对照），待凝固后，在37℃下培养过夜。

6. 观察记录

将接种好的选择培养基平板在37℃下恒温培养，待有菌落长出时，进行统计。

7. 基因定位

根据统计结果绘制大肠杆菌Hfr上的几个基因的位置顺序图。

## 六、实验作业

（1）将不同时间中断杂交后，*met*、*leu*、*lac*、*trp*标记的重组子在$F^-$细胞中出现的数目（菌落数）填入表27-2，可将多个小组实验结果合并统计。

表27-2 不同时间中断杂交后选择性平板上的菌落数

| 培养基类型 | 每皿菌落数 | | | | | |
|---|---|---|---|---|---|---|
| | 0min | 10min | 20min | 30min | 40min | 50min |
| A | | | | | | |
| B | | | | | | |
| C | | | | | | |
| D | | | | | | |

（2）根据实验统计结果，确定大肠杆菌Hfr上*met*、*leu*、*lac*、*trp*这4个基因的排列顺序和位置，并绘制基因连锁图。

## 七、注意事项

（1）细菌杂交过程，要严格控制菌液的浓度，密度不宜太大。

（2）实验过程全部在无菌条件下进行，应严格控制杂菌的污染。

## 八、思考题

（1）在杂交中，为什么杂交液中受体菌的浓度要远大于供体菌的浓度？
（2）细胞结合期间，混合器需轻轻摇荡，不宜剧烈，为什么？

# 实验 28　质粒 DNA 的提取

## 一、实验目的

（1）通过本实验，掌握最常用的碱变性提取质粒 DNA 的方法。
（2）了解质粒是基因克隆的载体，高质量的质粒对于酶切及重组质粒和遗传转化具有重要意义。

## 二、实验原理

碱变性抽提质粒 DNA 是基于染色体 DNA 与质粒 DNA 的变性与复性的差异而达到分离的目的。在 pH 高达 12.6 的碱性条件下，染色体 DNA 的氢键断裂，双螺旋结构解开而变性。质粒 DNA 的大部分氢键也断裂，但超螺旋共价闭合环状的两条互补链不会完全分离。当以 pH4.8 的 KAc 高盐缓冲液去调节其酸碱性至中性，变性的质粒 DNA 又恢复原来的构型，保存在溶液中，而染色体 DNA 不能复性而形成缠连的网状结构。通过离心，染色体 DNA 与不稳定的大分子 RNA、蛋白质 –SDS 复合物等一起沉淀下来而被除去。

（1）菌株影响质粒 DNA 提纯质量和产率。

酶 I 是一种 12kDa 的壁膜蛋白，可由镁离子激活，可被 EDTA 抑制，对热敏感。双链 DNA 是核酸内切酶 I 的底物，但 RNA 是该酶的竞争性抑制剂，能改变酶的特异性，使其由水解产生 7 个碱基的寡聚核苷酸的双链 DNA 内切酶活性，变为平均每底物每次切割一次的切口酶活性。核酸内切质粒的宿主菌菌株的不同对质粒 DNA 纯化的质量和产率很大。一般最好选用 enA 基因突变的宿主菌，即 enA-菌株，如 JML09 和 XL1-Blue 等。使用含野生型 enA 基因的菌株会影响质粒 DNA 的纯度。

enA 基因是核酸内切酶 I。核酸内切酶 I 的功能仍不清楚，enA 基因突变的菌株没有明显的表现改变，但质粒产量及稳定性明显提高。在细菌不同的生长期核酸内切酶 I 的表达水平不同。生长的指数期核酸内切酶 I 水平较稳定期高 300 倍。此外，培养基中促进快速生长的成分（如高葡萄糖水及补充氨基酸）都会使核酸内切酶 I 水平增高。

此外，菌株的其他性质有时也应加以考虑。如 XL1-Blue 生长速度较慢。HB101 及其衍生菌株如 TG1 及 JML00 序列，含大量的糖，这些糖如果在质粒纯化过程中不除去,在菌体裂解后释放出来,可能抑制酶活性。

(2)质粒的拷贝数影响质粒 DNA 提纯质量和产率。

细菌中质粒的拷贝数是影响质粒产量的最主要的因素。质粒的拷贝数主要由复制起点(如 pMB1 及 pSC101)及其附近的 DNA 序列决定。这些被称为复制点的区域通过细菌的酶复合物控制质粒 DNA 的复制。当插进一些特殊的载体时,能降低质粒的拷贝数。此外,太大的 DNA 插入也能使质粒拷贝数下降。一些质粒,如 pUC 序列,由于经过了突变和改造,在细菌细胞内的拷贝数很大。以 pBR322 质粒为基础的质粒拷贝数较低,黏粒(cosmid)及特别大的质粒通常拷贝数极低(表 28-1)。

表 28-1 各种质粒和黏粒的复制起点和拷贝数

| 载体 | 复制起点 | 拷贝数 | 特点 |
| --- | --- | --- | --- |
| 质粒 pUC 载体 | ColE1 | 500~700 | 高拷贝 |
| pBluescript 载体 | ColE1 | 300~500 | 高拷贝 |
| pGEM 载体 | pMB1 | 300~400 | 高拷贝 |
| pTZ 载体 | pMB1 | >1000 | 高拷贝 |
| pBR322 及其衍生质粒 | pMB1 | 15~20 | 低拷贝 |
| pACYC 及其衍生质粒 | p15A | 10~12 | 低拷贝 |
| pSC101 及其衍生质粒 | pSC101 | 1~5 | 极低拷贝 |
| 黏粒 SuperCos | ColE1 | 10~20 | 低拷贝 |
| PWE15 | ColE1 | 10~20 | 低拷贝 |

## 三、实验试剂与器材

1. 实验试剂

(1)溶液 Ⅰ:50mmol/L 葡萄糖、10mmol/L EDTA、25mmol/L Tris-盐酸(pH8.0)(溶液 Ⅰ 可成批配制,在 0.067MPa 下灭菌 15min,储存环境 4℃)。

(2)溶液 Ⅱ:200mmol/L NaOH、1% SDS(溶液 Ⅱ 应现用现配)。

(3)溶液 Ⅲ:5mol/L KAc 60mL、冰乙酸 11.5mL、水 28.5mL。

(4)TE 缓冲液:10mmol/L Tris-盐酸(pH8.0)、1mmol/L EDTA。

(5)Tris 饱和酚:Tris-盐酸(pH8.0)溶液饱和的酚。

(6)氯仿—异戊醇(24∶1):量取 240mL 氯仿,加入 10mL 异戊醇,充分混匀。

(7)预冷无水乙醇:无水乙醇保存于 4℃冰箱中备用。

(8)LB 培养液:称取 10g 胰化蛋白胨、5g 酵母提取物和 10g NaCl,用超纯水溶解并定容至 1L，调节 pH 至 7.0；配制固体培养基时每升加入琼脂粉 15g。分装后 0.134MPa 下温热灭菌 15min。

（9）抗菌素：氨苄青霉素（Amp），临用时用无菌水配制在灭菌有盖试管中，母液浓度为 100mg/mL。

2. 实验器材

高速低温离心机、培养箱、冰箱、微量移液器等。

## 四、实验材料

含有质粒 pBR322 的大肠杆菌 DH5a。

## 五、实验方法与步骤

【概括步骤】

菌种培养──→细胞裂解──→沉淀核酸──→电泳检测。

【具体步骤】

（1）将 2mL 含氨苄青霉素（100mg/L）的 LB 培养液加入容量为 15mL 并通气良好的无菌试管中，然后接种入一个单菌落，于 37℃剧烈振荡，培养过夜。

（2）将已培养好的 1.5mL 上述培养物倒入一个 1.5mL 微量离心管中，用微量离心机以 12000r/min 离心 30s，将剩余培养物储存于 4℃环境中。

（3）吸去上清液，使细菌沉淀尽可能干燥。

（4）将细菌沉淀重悬于 100μL、用冰预冷的溶液 I 中，剧烈振荡。

（5）加 200μL 新鲜配制的溶液 II，盖紧管口，快速颠倒离心管 5 次，以混合内容物。此时，应确保离心管的整个内装面均与溶液 II 接触，但不要剧烈振荡；混合后将离心管放置于冰上。

（6）加入 150μL 用冰预冷的溶液 III，盖紧管口，将离心管倒置后温和地振荡 10s，使溶液 III 在黏稠的细菌裂解物中分散均匀，然后将离心管置于冰上 3～5min。

（7）用离心机于 4℃以 12000r/min 离心 5min，将上清液转移至另一离心管中。

（8）加等量酚氯仿，振荡混匀，用离心机于 4℃、12000r/min 离心 2min，将上清液转移到另一离心管中（此步也可不做）。

（9）用 2 倍体积的无水乙醇于室温沉淀双链 DNA，振荡混合，于室温放置 2min。

（10）用离心机于 4℃、12000r/min 离心 5min。

（11）小心吸去上清液，将离心管倒置于一张纸巾上，以便所有液体流出，再将附于管壁上的液体除尽。

（12）用 1mL 70% 乙醇于 4℃洗涤 DNA 沉淀，去上清液并吸干，在空气中使核酸沉淀干燥 10min。

（13）用 50μL TE 缓冲液重新溶解核酸，加 RNaseA 至终浓度为 20mg/L，混匀后置于 37℃温育 1h。

（14）经 RNaseA 处理后的 DNA 溶液可储存于 −20℃备用。

## 六、实验作业

（1）溶液Ⅰ、溶液Ⅱ和溶液Ⅲ在提取质粒的过程中的作用分别是什么？

（2）将电泳检测图谱粘贴在实验报告上并进行分析。

## 七、注意事项

（1）用于制备质粒的细菌培养应该从选择性培养的平板中挑取单个菌落培养。不应该直接从甘油保存菌、半固体培养基及液体培养基中挑菌，这可能导致质粒丢失。

（2）不应从长期保存的平板上直接挑菌，这也可能使质粒突变或使质粒丢失。

## 八、思考题

（1）除了本实验采用的小量质粒 DNA 提取法外，你还知道哪些方法？

（2）有些人首次进行小量制备时，有时会发现质粒 DNA 不能被限制酶所切割，分析其可能的原因。

# 实验 29　细菌的转导

## 一、实验目的

（1）掌握细菌转导实验的操作方法和技术。

（2）以局限性转导为例，进一步理解转导的基本原理。

（3）进一步验证 DNA 是遗传物质。

## 二、实验原理

转导是以噬菌体作媒介，将某一供体菌的 DNA 片段导入另一受体细胞的过程。转导可以分为普遍性转导和局限性转导。普遍性转导指噬菌体能转导供体菌的任何基因，如鼠伤寒沙门菌的 $P_2$ 噬菌体，大肠杆菌的 $P_1$ 噬菌体，枯草杆菌的 PBS1、PBS2、SP10 噬菌体等都为普遍性转导噬菌体，其机制在于这些噬菌体可以整合在供体菌染色体 DNA 的任何位置上。局限性转导指噬菌体只能转导供体菌染色体 DNA 上的某些特定基因，如 λ 噬菌体只能转导大肠杆菌 $K_{12}$ 染色体 DNA 上的半乳糖基因（gal）和生物素基因（bio）。产生局限性转导的原因在于这些噬菌体仅能整合在供体菌染色体 DNA 的特定位置上。

转导实验中常用的是 λ 噬菌体，它能整合在大肠杆菌染色体 DNA 上的半乳糖基因（gal，17min 处）与生物素基因（bio，18min 处）之间，因此，它既能转导 gal 基因，又能转导 bio 基因。

选用溶源性的大肠杆菌 $K_{12}(λ)gal^+$ 细菌为供体菌（即噬菌体的 DNA 已整合在大肠杆菌的 DNA 上，我们称该大肠杆菌为溶源性大肠杆菌）。由于在此供体菌中 λ 噬菌体与 $gal^+$ 基因紧密连锁，因此，当此供体菌受紫外线照射后产生裂解反应，噬菌体被诱发释放，以一定的比例形成带有 $gal^+$ 基因的转导噬菌体。当让这种转导噬菌体与受体菌大肠杆菌 $K_{12}Sgal^-$ 混合接触时，带有供体菌 $gal^+$ 基因的转导噬菌体能以一定的频率整合到受体菌的染色体 DNA，而使不能利用半乳糖的 $gal^-$ 受体菌转变成了能利用半乳糖的 $gal^+$ 细菌。整个过程可以图 29-1 表示。

$$K_{12}(λ)gal^+ (供体菌)$$
$$\downarrow UV$$
$$gal^+$$
$$\downarrow$$
$$K_{12}S\,gal^- (受体菌) \rightarrow K_{12}S\,gal^-/(λ)gal^+ (转导子)$$

图 29-1 λ 噬菌体转导 $K_{12}Sgal^-$ 菌

上述转导方式产生转导子的频率是很低的，称为低频转导。本实验选用 $K_{12}$（λ/λ gal）双重溶源菌作供体菌，它经 UV 诱导裂解后，可含有大量的带 $gal^+$ 基因的转导颗粒，故转导频率很高，称为高频转导。

### 三、实验试剂与器材

1. 实验试剂

（1）LB 液体培养基。

（2）LB 半固体培养基：LB 液体培养基中加入 1% 琼脂。

（3）LB 固体培养基：液体培养基中加入 2% 琼脂。

（4）加倍肉汤培养液：成分同 LB 液体培养基，浓度加倍。

（5）半乳糖 EMB 培养基：伊红（Y）0.4g、美兰 0.06g、半乳糖 10g、蛋白胨 10g、NaCl 5g、$K_2HPO_4$ 2g、蒸馏水 1000mL，pH 7.0～7.2。

（6）pH7.0 的磷酸缓冲液、氯仿等。

2. 实验器材

培养皿、试管、离心管、锥形瓶（100mL、150mL）、涂棒、离心机、吸量管

（0.1mL、1.0mL、5.0mL）、水浴锅、紫外线照射箱、恒温箱、接种环、酒精灯等。

## 四、实验材料

大肠杆菌（Ecoli $K_{12}$（λ）$gal^+$，带有原噬菌体（λ）和缺陷噬菌体（λdg），能发酵半乳糖，作为供体菌。

$K_{12}S$ $gal^-$，不带噬菌体，不能发酵半乳糖，对噬菌体（λ）敏感。作为受体菌及测定噬菌体（λ）效价的指示菌。

## 五、实验方法与步骤

【概括步骤】

噬菌体的诱导和裂解液的制备——→受体菌的制备——→转导实验——→转导频率的测定。

【具体步骤】

1. 噬菌体的诱导和裂解液的制备

第一天：傍晚从供体菌斜面挑取一环接种于5mL的LB液体培养基中，37℃培养过夜。

第二天：吸取1mL，接种于装有5mL LB液体培养基的离心管中，继续培养3h（另吸取0.1mL涂培养皿，作供体菌对照）。

供体菌培养物经3000r/min离心10min，弃去上清液，加4mL磷酸缓冲液制备成菌悬液。

吸取2mL到直径6cm的培养皿中，经紫外线处理（灯功率为15W，灯距为40cm），打开培养皿盖子照射20s后，加入加倍肉汤培养液2mL，在37℃避光培养2~3h。

将1mL上述培养物转入5mL的离心管中，加入0.2mL氯仿（4~5滴）。剧烈振荡30s，静置5min，以4000r/min离心15min。小心把上清液用无菌滴管转移到另一试管，此即噬菌体（λ）的裂解液。

2. 噬菌体效价测定

（1）受体菌活化：用接种环挑取一环菌体，置于盛有5mL LB液体培养基的锥形瓶中，37℃培养16h。

（2）受体菌培养：从活化后的受体菌培养液中吸取0.5mL，放入盛有4.5mL LB液体培养基的锥形瓶中，37℃培养4h以作指示菌用。将剩余的4.5mL活化后的受体菌培养液放入4℃冰箱中，供后面涂布转导时用。

（3）受体菌接种：取试管4支，每支中加入3mL已经熔化并于45℃保温的LB半固体培养基，每支试管中再加入指示菌液0.5mL。

（4）稀释噬菌体裂解液：吸取 λ 噬菌体裂解液 0.5mL，加入含有 4.5mL LB 液体培养基的试管中，依次稀释到 $10^{-7}$。

（5）计算效价：从稀释成 $10^{-8}$、$10^{-7}$ 的试管中分别吸取 0.5mL 噬菌体裂解液，加入装有指示菌液的 LB 半固体琼脂培养基的试管中，每个稀释度 2 支试管，摇匀后分别倒入盛有已凝固的 LB 固体培养基的培养皿中，摇匀待凝固后，37℃培养过夜。第二天观察每个培养皿中出现的噬菌斑数，同时计算噬菌体裂解液的效价，噬菌体裂解液的效价等于每毫升中 λ 噬菌体的总数。

3. 转导实验

（1）培养皿底部绘图：取盛有半乳糖 EMB 培养基的培养皿 2 只，用红色或蓝色玻璃铅笔在培养皿底背面画两条宽带和上、下两个圆圈，并在每条宽带上画两个方格。

（2）受体菌活化：取噬菌体效价测定第（2）步中保存于 4℃冰箱中的受体菌培养液，转放到 37℃培养箱中培养 16h。

（3）受体菌接种：用接种环挑取一满环受体菌，在培养皿中已画好的两条宽带内涂出 2 条菌条，37℃培养 1.5h。

（4）滴加噬菌体：从培养箱中取出培养皿，在培养皿底部画两个圆圈、4 个方格的地方各加一环噬菌体裂解液，先滴加两个圆圈处作为 λ 噬菌体对照，后滴加 4 个方格处作为转导试验（图 29-2）。宽带中 4 个方格以外的菌条作为受体菌对照，37℃培养 48h。

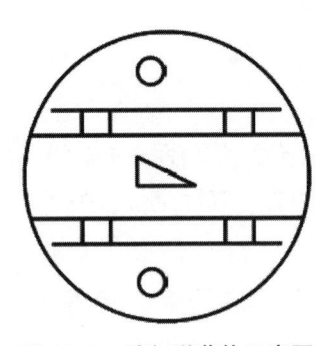

图 29-2 滴加噬菌体示意图

（5）观察：培养 48h 后观察 4 个方格以外的受体菌的菌落生长情况和菌落的色泽，同时也观察 4 个方格中以及两个圆圈中菌落生长情况和菌落色泽。也可以用涂布法作转导实验，其步骤是取倒好半乳糖 EMB 培养基的培养皿 6 套，将其编号为 1、2、3、4、5、6 号，2 号培养皿中仅滴加 0.1mL 噬菌体裂解液作为对照，3、4 号培养皿仅滴加 0.1mL 受体菌培养液作为对照，5、6 号培养皿中滴加噬菌体裂解液受体菌菌液各 0.05mL。用涂棒将 6 只培养皿中的滴加物均匀涂开（每 2

只相同的培养皿用同一只涂棒），37℃培养48h后观察结果。

## 六、实验作业

（1）记录结果，填入表29-1中。

表29-1 细菌转导实验结果

| | 点滴法 | | | 涂布法 | | |
|---|---|---|---|---|---|---|
| | 受体菌 | 噬菌体裂解液 | 受体菌＋噬菌体裂解液 | 受体菌 | 噬菌体裂解液 | 受体菌＋噬菌体裂解液 |
| 菌落生长情况 | | | | | | |
| 菌落色泽 | | | | | | |

（2）计算：

$$效价（单位/mL） = 斑数 \times 稀释倍数 \times 取样量$$

$$转导频率 = 每毫升转导子数 / 每毫升噬菌体数 \times 100\%$$

## 七、注意事项

（1）实验步骤较多，做好实验记录。

（2）合理安排实验时间。

## 八、思考题

（1）应用转导实验是细菌的遗传学研究中的一种常用手段。它可以用来在细菌间转移基因，进行互补测验与基因定位。关于转导在遗传学研究中的应用，你还知道哪些？

（2）本实验中紫外线有什么作用？

# 模块四　人类遗传学实验

## 实验 30　人体外周血淋巴细胞培养与染色体标本制备

### 一、实验目的

（1）了解动物细胞培养的方法。
（2）掌握人体外周血淋巴细胞培养与染色体标本制备的方法。

### 二、实验原理

在体外模拟体内的生理环境，培养从机体中取出的细胞，并使之生存和生长的技术，称为细胞培养技术。

所谓外周血培养，即是将外周血接种在适当的培养物中，加入适量的秋水仙素，使纺锤体微管解聚，这样细胞停留在中期，可以获得大量的分裂细胞。人的外周血淋巴细胞培养方法是 1960 年由 Moorhead 提出来的。人体的每毫升外周血内，一般含有 $1\times 10^6 \sim 3\times 10^6$ 个小淋巴细胞。通常它们都处于间期的 $G_0$ 和 $G_1$ 期，一般情况下是不再分裂的，在培养条件下给予药物刺激［如在培养液中加入植物凝血素（PHA）］，这种小淋巴细胞受刺激转化成为淋巴母细胞，随后进入有丝分裂。这样经短期培养，秋水仙素处理，低渗和固定，就可获得大量有丝分裂细胞，供作染色体标本制备和分析之用。这种外周血培养方法，近年来已发展了微量全血培养技术，不但取血量少，而且可省去分离血浆、计数等操作，取材方便，适合在一般实验室条件下进行工作。本方法已在临床医学、病毒学、药理学、遗传毒理学等领域广泛应用。

染色体是生物细胞中的一个重要组成部分，每一物种都有一定数目及一定形态结构的染色体。染色体能通过细胞分裂而复制，并且在世代相传的过程中具有稳定地保持形态、结构和功能的特征。染色体是遗传物质的载体。人类 99% 的遗传物质位于染色体上。染色体数目、结构的改变将导致染色体病。

### 三、实验试剂与器材

1. **实验试剂**

（1）培养基：主要成分为多种氨基酸、维生素、碳水化合物和无机盐类的综合培养液。

目前应用的成品有 Eagle、RPMI 1640、M199 和国产的 771 及 772 等。例如，RPMI 1640 培养基的配制：称取"1640"粉末 10.5g，用 1000mL 双蒸水溶解，当溶液出现混浊或难以溶解时，可用干冰或 $CO_2$ 气体处理，如 pH 降至 6.0，则可溶解而透明。每 1000mL 溶液加 $NaHCO_3$ 1.0～1.2g，以干冰或 $CO_2$ 气体校正 pH 至 7.0～7.2。立即以 5 号或 6 号细菌漏斗过滤灭菌，分装待用。

（2）有丝分裂刺激剂：植物凝血素（PHA）提取方法有两种：一种较简单，直接用四季豆浸出液；另一种较复杂，最后制品为粉末。也可用专供培养的 PHA 成品粉剂（每瓶含 10mg），溶于 5mL 生理盐水中备用。

①盐水浸取法：取四季豆 20g，用水洗净可能黏附在种子外面的化学药物。先在水中浸泡过夜（4℃），次日倒去水分，将四季豆放入组织搅碎器内，加 30mL 生理盐水，开动搅碎器使之成为黏糊状，向搅碎器中再加 70mL 生理盐水，混合均匀。置于 4℃ 冰箱中 24h，然后以 3000r/min 离心 15min，取上清液，用生理盐水稀释 10 倍，用 5 号除菌漏斗过滤，分装于小瓶，冰冻保存。

②乙醇—乙醚提取法：取四季豆 50g，先用生理盐水洗净。将四季豆浸入 60mL 生理盐水中，保存于 4℃ 冰箱内，24h 后用组织搅碎器将其磨成匀浆，再加 140mL 生理盐水，置于 4℃ 冰箱中 24h，取出后以 6000r/min 离心 20min，吸取上清液，调 pH 至 5.6（用 0.1mol/L 盐酸调）之后，每 100mL 上清液加 40mL 无水乙醇，搅拌，以 3000r/min 离心 15min，取上清液，弃去沉淀。在每 100mL 上清液中加 170mL 10% 乙醚—无水乙醇（10mL 乙醚加 90mL 无水乙醇），以 3000r/min 离心 15min，取沉淀放入培养皿中，在含有硅胶的抽气干燥器中抽气 2～4d，沉淀物逐渐变得干硬。将沉淀物研磨成粉末，以 0.85% NaCl 溶液配成 1% 的溶液，此 PHA 溶液经细菌滤器过滤后分装在小瓶中，冰冻保存。使用时每 5mL 培养物加 0.1mL 即可。如果在得到沉淀物后的干燥及研磨等过程中充分保持灭菌操作，那么配成的 PHA 溶液便无须用细菌滤器过滤。

（3）细胞繁殖促进剂：一般采用小牛血清，存放于 4℃ 冰箱中。用前 56℃ 水浴 30min 灭活，经培养证明无菌，即可使用。

（4）纺锤体抑制剂：常用秋水仙素溶液。它能改变细胞质的黏度，抑制细胞分裂时纺锤体的形成，使细胞分裂停留在中期。其作用与使用浓度和处理时间有关。配法是：称取秋水仙素 4mg，用 100mL 生理盐水溶解，6 号细菌漏斗过滤，然后放入 4℃ 冰箱保存。使用时用 1mL 注射器吸取该溶液 0.05～0.1mL，加入 5mL 的培养物中，其最终浓度为 0.4～0.8μg/mL。

（5）抗菌素：培养液中常用试剂和剂量是含青霉素 100 单位/mL，含链霉素 100μg/mL。配制方法是取青霉素 G 钾（钠）盐 40 万单位（1 瓶），加 4mL 生理盐水（或培养基）稀释，则浓度为 10 万单位/mL。取 1mL 加入 1000mL 培养基中，则终浓度为 100 单位 /mL，在 –20℃冰箱中保存。取链霉素 50 万单位（1 瓶），加 2mL 生理盐水（或培养基）稀释，则浓度为 25 万单位 /mL。取 0.4mL（含 10 万单位）加入 1000mL 培养基中，则终浓度为 100 单位 /mL（即 100μg/mL）（100 万单位 =1g）。

（6）抗凝剂：通常用肝素。称取该粉末 160mg（1mg 为 126 单位），用 40mL 生理盐水溶解，此溶液的浓度为 504 单位 /mL，高压消毒 0.072MPa 15min，分装于小瓶（每瓶不超过 1mL）。4℃冰箱中保存。

（7）低渗液：目前多用 0.075mol/L KCl 溶液。它可使细胞胀大，染色体铺展并且轮廓清晰，染色性增强。用于 G 带技术时更能显示其作用。除用 0.075mol/L KCl 溶液作低渗液外，还可用 0.95% 枸橼酸钠溶液，用蒸馏水稀释 4 倍 Hands 缓冲液，也可直接用蒸馏水。0.075mol/L KCl 溶液：称取 KCl 11.18g，溶于 100mL 双蒸水中即成 1.5mol/L 原液，用前再稀释 20 倍便得到 0.075mol/L KCl 低渗溶液。

（8）固定液：常用甲醇—冰醋酸（3：1）混合液，用前临时配制。

（9）医用乙醇：用时配成 70% 溶液，消毒用。

（10）0.85% 生理盐水：取 8.5g NaCl，溶于双蒸水中，加双蒸水至 1000mL。

（11）5%$NaHCO_3$ 溶液：称取 $NaHCO_3$ 5g，溶于蒸馏水中并稀释至 100mL。

（12）0.1mol/L 磷酸缓冲液：pH=7.4～7.6，$NaHPO_4 \cdot 12H_2O$ 22.8g，$KH_2PO_4$（无水）2.67g，双蒸水 1000mL。

（13）Giemsa 染色液：取 0.5g Giemsa 粉末，加 33mL 甘油，在研钵中研细，放在 56℃恒温水浴锅中保温 90min，再加入 33mL 甲醇，充分搅拌，用滤纸过滤，收集在棕色细口瓶中保存，2～3 周后使用，用时以磷酸缓冲液（pH7.4）按 1：10 稀释。

2. 实验器材

高压灭菌锅、生化恒温培养箱、低温离心机、显微镜、恒温干燥箱、组织搅碎器、采血针、医用乙醇棉、牛皮纸、白线绳、橡皮塞、洗洁精、口罩、2mL 灭菌注射器、吸管、刻度离心管、载玻片、5 号（6 号）细菌漏斗铝盒。

以上的玻璃器皿在使用前，均应用肥皂水洗刷，清水冲净，烘干后浸泡在洗液中至少 2h，再用流水冲洗，烘干待消毒。将已洗净、烘干的玻璃器皿装入铝盒或用纸包装，放入干燥消毒箱内，150℃消毒 1h。

隔离衣、口罩、橡皮塞、注射用针筒等则用高温高压消毒（0.134MPa 15min）。

## 四、实验材料

人的外周血淋巴细胞。

## 五、实验方法与步骤

【概括步骤】

制备培养基——→接种全血——→培养 $\xrightarrow{37℃,72h}$ 低渗 $\xrightarrow{0.075mol/L\ KCl\ 37℃,20min}$ 离心 $\xrightarrow{1000r/min,6\sim7min}$ 固定 $\xrightarrow{15min}$ 离心 $\xrightarrow{1000r/min,6\sim7min}$ 再固定 $\xrightarrow{15min\ 或过夜}$ 再离心——→制片——→染色 $\xrightarrow{20\sim30min}$ 镜检。

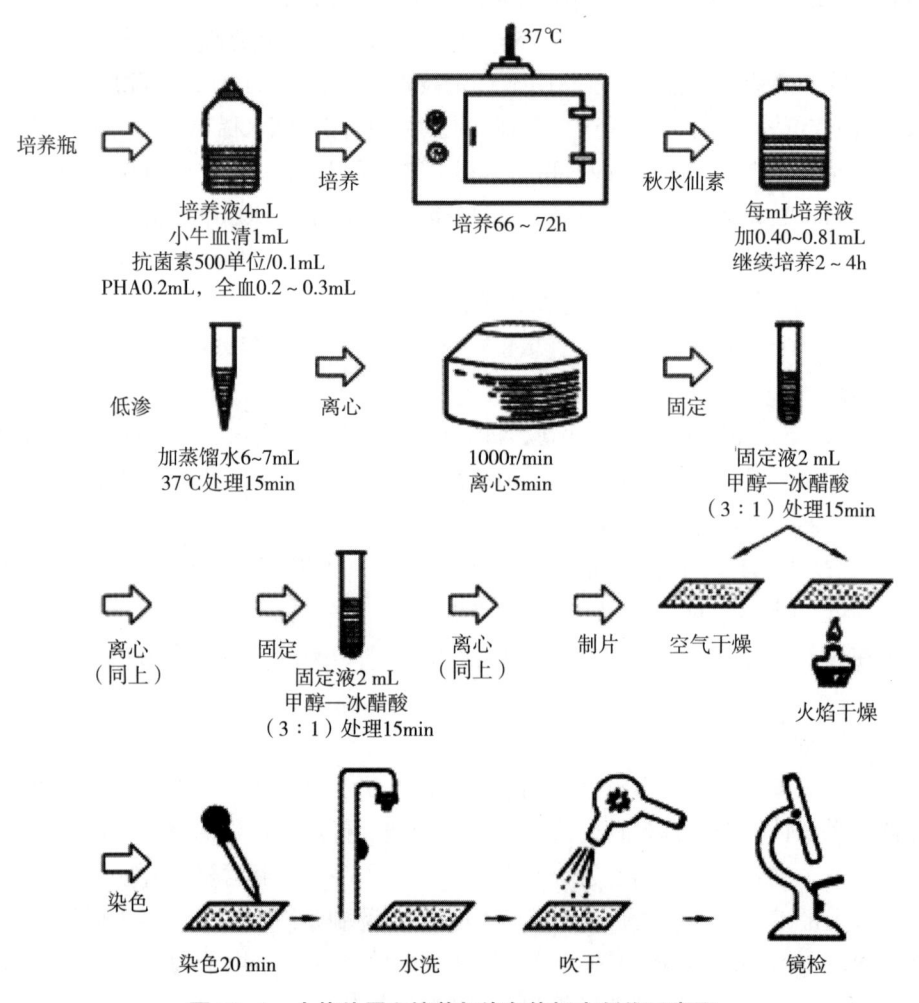

培养瓶 ⇒ 培养液4mL 小牛血清1mL 抗菌素500单位/0.1mL PHA0.2mL,全血0.2~0.3mL ⇒ 培养 ⇒ 培养66~72h ⇒ 秋水仙素 每mL培养液 加0.40~0.81mL 继续培养2~4h

低渗 加蒸馏水6~7mL 37℃处理15min ⇒ 离心 1000r/min 离心5min ⇒ 固定 固定液2 mL 甲醇—冰醋酸 （3:1）处理15min

⇒ 离心（同上）⇒ 固定 固定液2 mL 甲醇—冰醋酸 （3:1）处理15min ⇒ 离心（同上）⇒ 制片 ⇒ 空气干燥 / 火焰干燥

⇒ 染色 染色20 min → 水洗 → 吹干 → 镜检

图 30-1　人体外周血培养与染色体标本制作示意图

【具体步骤】

1. 制备培养基

在无菌室或接种罩内，用移液管将培养基和其他试剂分装入培养瓶，每瓶

140

量为：

| | |
|---|---|
| 培养基（RPMI 1640 或 M199） | 4mL |
| 小牛血清 | 1mL |
| PHA | 0.3mL |
| 肝素 | 3滴（约 0.05mL） |

双抗（青霉素、链霉素）配制时已加入培养基中，最终浓度为 100 单位 /mL。用 3.5% $NaHCO_3$ 溶液调 pH 到 7.2～7.4，分装到 20mL 玻璃瓶中，用橡皮塞塞紧，待用或置于 0℃下保存。用前从冰箱内取出，放入 37℃恒温水浴锅中温育 10min。

2. 接种全血

用 2mL 灭菌注射器吸取 0.05mL 肝素（500 单位 /mL）湿润管壁。用碘酒和 75% 乙醇消毒皮肤，自肘静脉采血约 1mL，在酒精灯火焰旁，自橡皮塞向培养瓶内（内含有生长培养基 5mL）接种，轻轻摇动几次，直立置于（37±0.5）℃恒温箱内培养。

3. 培养

37℃恒温箱内培养至 68h 时，向培养瓶内注射秋水仙素 0.1mL，继续培养至 72h。

由于体外培养的细胞缺乏机体抗感染功能，所以在一切操作中要努力做到最大程度的无菌，防止污染。无菌操作的要领和要求如下。

①培养前准备：为充分做好培养前用品的准备工作，根据实验内容的要求收集好已消毒的所需用品，清点无误后置于超净工作台内，这样可避免操作开始后由于用品不全、往返取物而增加污染机会。

②超净工作台消毒：打开紫外线灭菌灯照射消毒 20～30min，然后关闭紫外线灭菌灯，打开风机，流入的空气是经过除菌板过滤的空气，超净工作台内可保持无菌环境。为防止培养细胞和培养液等受到紫外线照射，消毒前应预先将其放在带盖容器内或在操作时随手携入。

③洗手：操作时因整个前臂要伸入超净工作台内，所以洗手时一定要洗刷到肘部，然后用 0.2% 新洁尔灭擦洗或用 75% 乙醇棉球擦拭。

④火焰消毒：在超净工作台无菌环境中操作时，首先要点燃酒精灯，此后一切操作（如安装吸管橡皮头、打开或加盖瓶塞、使用吸管等）都要经过火焰烧灼，或在近火焰处进行。注意金属器械在火焰上烧灼时间不能过长。烧过的用具都要待冷却后再接触细胞，否则会烧焦形成碳膜，再用时会把有害物质带入培养液中。

⑤操作：进行培养操作时动作要准确敏捷，但又不能太快，以防空气流动增加污染机会。不能用手触及器皿的消毒部分。如已接触，要用火焰烧灼消毒或更换。为拿取方便，超净工作台面上的用品要有合理布局。原则上是右手使用方便

的用品放在右侧，左手使用方便的用品放在左侧，酒精灯置于中央。培养液等不要过早开瓶，打开的培养用瓶和培养液等应保持斜位或平放，长时间开口直立，易增加落菌机会。吸取各种用液时均应分别使用吸管，不能混用，以防扩大污染或增加混淆不同细胞的机会。

⑥在培养中成败的关键，除了至为重要的PHA的效价外，培养的温度和培养液的酸碱度也十分重要。人的外周血淋巴细胞培养最适温度为$(37\pm0.5)$℃。培养液的最适pH为7.2～7.4。培养过程中，如发现血样凝集，可将培养瓶轻轻振荡，使凝块散开，继续放回37℃恒温箱内培养。

4. 低渗处理

小心地从恒温箱中取出培养瓶，用吸管吸弃瓶内上清液，或将培养物混匀，倒入离心管内，离心沉淀10min（2000r/min），弃去上清液，培养物沉积在瓶底，加入温育的低渗液至原量（5mL 0.075mol/L KCl溶液），用吸管轻轻冲打成细胞悬液，装入离心管中，置37℃恒温箱内培养20min，使白细胞膨胀，染色体分散，红细胞破碎。

5. 离心

低渗处理完毕后，直接加入1mL新配的固定液进行预固定，混匀后，1000r/min离心10min。

6. 固定

弃去上清液，加入2～4mL固定液，片刻后用吸管轻轻冲打成细胞悬液，室温固定15min后，1000r/min离心10min，弃去上清液，留下白细胞。

7. 固定

加入2mL固定液，用吸管轻轻打散，室温下继续固定15min（过夜也可以）。

8. 离心

1000r/min离心6～7min，离心后除去上清液，留下白细胞制片。

9. 制片

向离心管中滴入0.5mL固定液，用吸管小心冲打成悬液。从冰箱或冰水中取出载玻片，滴悬液1～2滴，用嘴轻轻吹散，空气中自然干燥或用电吹风吹干。

10. 染色

滴染色液染色20～30min后，倒去染色液，轻轻冲洗。

11. 镜检

待稍干后，在显微镜下检查，先用低倍镜寻找良好分裂象，然后转入高倍镜观察。

## 六、实验作业

绘制人的外周血淋巴细胞中期分裂细胞染色体图。

## 七、注意事项

（1）接种的血样越新鲜越好，最好是在采血后24h内培养，如不能立刻培养，应置于4℃冰箱中存放，避免保存时间过久，以免影响细胞的活力。培养过程中，如发现血样凝集，可将培养瓶轻轻振荡，使凝块散开，继续放回37℃恒温箱内培养，最好每天轻轻振荡混匀一次。

（2）Giemsa为噻嗪类染料，其碱性成分天青B与DNA分子中的磷酸基结合，蛋白质在一定的环境中，具有不同的嗜酸性和嗜碱性倾向，出现着色差异，易于观察。因此，染色液pH对着色效果有影响。当呈现的淡灰色带纹不明显时，应调节染色液pH为7.0～7.2，复染10min，可获得鲜亮的显色效果。

（3）在采血接种培养时，不要加入太多的肝素。肝素太多可能引起溶血，抑制淋巴细胞的转化和分裂。但肝素量也不应太少，以免发生凝血或培养物中出现纤维蛋白形成的膜状结构。这种膜状物一般在培养24h左右出现，此时可在无菌条件下将它除去以免影响培养效果。

（4）在普通培养箱内培养时，必须将培养瓶口盖紧，以免培养液的pH发生较大的变化。如果培养过程中，培养液酸化比较严重（培养液呈黄色）将不利于细胞生长，此时可加入适量无菌的0.14%碳酸氢钠溶液调整或再加入2～3mL培养液来校正。培养箱的温度应控制在（37±0.5）℃，温度过高或过低都会影响细胞的生长。

（5）染色体标本质量不佳的原因。如果淋巴细胞转化实验表明培养物生长发育良好，但制成的标本质量不佳，其原因可能为以下几个方面。

①秋水仙素处理不当：一般秋水仙素溶液的浓度与处理时间有一定的关系，如果处理时间太短，则标本中的分裂细胞就少，相反，如果处理时间太长，则标本中的分裂细胞虽多，但其染色体缩得太短，以致形态特征模糊，不容易观察。

②低渗处理不当：低渗处理细胞时间过长，细胞膜往往过早破裂，以致分裂细胞或染色体丢失；如果处理时间不足，细胞膨胀不够，则染色体分散不佳，难以进行染色体计数分析，可将固定时间延长数小时或过夜。

③离心速度不合适：如果从培养瓶收集细胞后进行离心时的速度太低，细胞可能被丢失；如果细胞被低渗后离心速度过高，往往使分裂细胞过早破裂，分散良好的分裂象丢失，以致制出的标本分裂象较少或大部分为剩余的分散不好的分裂象。

④标本固定不充分：如固定液不新鲜，甲醇、冰醋酸的质量不佳，此时染色体形态模糊、不分散，其周围有细胞浆的蓝色背景。

⑤载玻片清洗不彻底：载玻片有油迹，致使滴在载玻片上的细胞悬液不能均匀分散，且细胞随液体流动而丢失。

⑥载玻片冷冻不够：合适冰冻的载玻片，从冰水中拿出时，其表面有一层霜

雪。如冷冻不够，则无此现象，此时细胞难以贴附在载玻片上。

### 八、思考题

（1）接种外周血的培养液的制备及最后的分装为何都须灭菌或无菌操作？
（2）掌握人外周血淋巴细胞培养技术有哪些实际的意义和应用？
（3）如何才能制得高质量的染色体标本？

## 实验 31　人类 X 染色质的观察

### 一、实验目的

（1）初步掌握观察与鉴别 X 染色质的简易方法，识别其形态特征及所在部位。
（2）了解研究 X 染色质的畸变与疾病的意义。

### 二、实验原理

在 XY 型性别决定中，雌性个体有 2 个 X 染色体，雄性个体仅有 1 个 X 染色体，所以一般认为两种个体在 X 染色体上的基因产物也是不相等的。针对这一现象，1932 年，Muller 提出了剂量补偿观点，它是使具有两份基因的个体和具有一份基因的个体表现相同表型的一种遗传机制，用来解释雌果蝇中可能存在着一种调节过程。直到 1949 年，M.L.Barr 等发现，在雌猫的神经细胞核膜处有一个染色很深的小体，在雄性的细胞中没有。后来将这一染色深的小体定名为 X 染色质（巴氏小体），见图 31-1。在雌性体细胞中的 2 个 X 染色体在间期时，有 1 个处于失活的异固缩状态，从而形成了这种 X 染色质，并发现它属延迟复制的染色体。进一步研究发现，所有哺乳类雌性体细胞中都有 1 个这种表现的 X 染色体，巴氏小体的数目在正常女性中是性染色体数目减去 1（图 31-2）。巴氏小体一般为 $1 \sim 1.5 \mu m$，呈三角形或卵圆形，女性出现频率是 13%～39%（男性的频率为 1%～2%）。

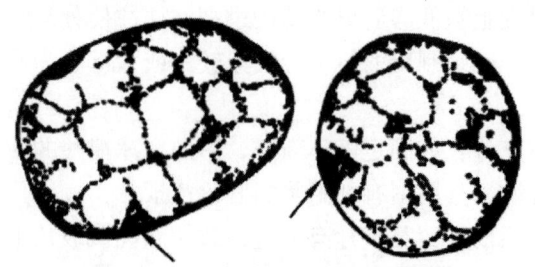

图 31-1　女性口腔上皮细胞示意图
箭头示 X 染色质

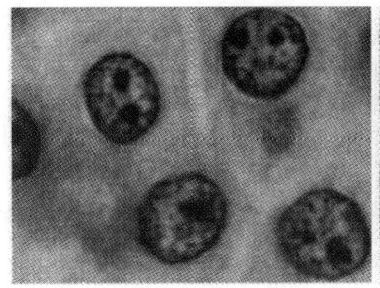

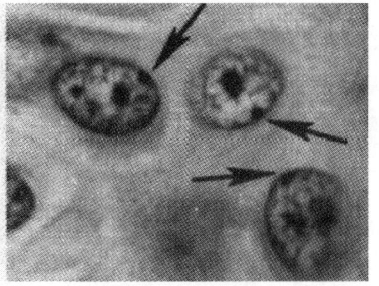

（a）男性细胞中无巴氏小体　　（b）女性细胞中的巴氏小体（箭头处）

图 31-2　男性与女性正常细胞巴氏小体的区别

20 世纪 60 年代以来，不少学者曾提出了一些假说来解释这一现象，其中比较著名的假说是 M.F.Lyon 于 1961 年提出的，中心内容主要是：

（1）雌性个体的所有组织中（生殖细胞除外）两个 X 染色体中有一条失活。

（2）细胞中来自父方或母方的 X 染色体失活是随机的（图 31-3）。

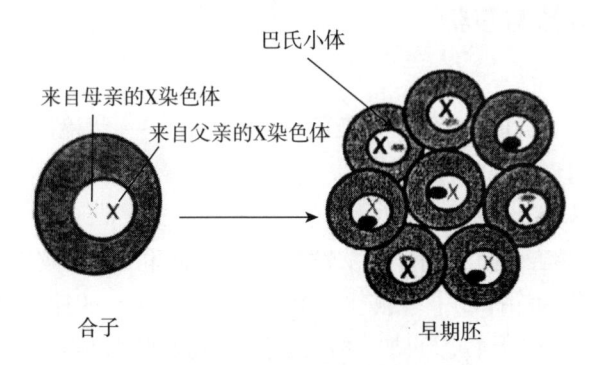

图 31-3　巴氏小体的随机失活

（3）X 染色体的失活出现在胚胎早期，一旦某个 X 染色体失活，则由它分裂的所有子代细胞中都是这个 X 染色体失活，可见雌体为嵌合体。

不少人支持这一假说，但也有一些学者以另一些事实来反对 Lyon 的假说，可见 X 染色体失活是一个比较复杂的生物学问题，目前对这一现象还存在着一些难以解释的疑点，如是否所有组织的全部细胞中，在任何时间都存在这种巴氏小体？失活的巴氏小体是如何进行复制的？虽然对巴氏小体存在一些不同看法，但目前 X 染色质的检查，在医学遗传的研究中，在临床和法医诊断上还是有一定意义的。

### 三、实验试剂与器材

1. 实验试剂

95%乙醇、45%醋酸、50%醋酸、60%醋酸、2%乳酸醋酸地衣红、石炭酸品红、5mol/L盐酸等。

2%乳酸醋酸地衣红：取45mL冰醋酸，置于250mL的锥形瓶中，瓶口加一棉塞，在酒精灯上加热至微沸，缓慢加入2g地衣红使其溶解，待冷却后加入55mL蒸馏水，振荡5～10min，过滤到棕色试剂瓶中备用。或在烧瓶中加入100mL 45%醋酸，在酒精灯上加热至沸，慢慢溶入2g地衣红，继续加热煮沸1h后过滤备用。临用前，取等量的2%醋酸地衣红与70%乳酸液混合，过滤后使用。

2. 实验器材

显微镜、恒温水浴锅、载玻片和盖玻片、无菌牙签、吸水纸。

### 四、实验材料

口腔黏膜细胞、女性发根毛囊。

### 五、实验方法与步骤

【概括步骤】

取材──→置于载玻片上──→染色──→压片──→镜检。

【具体步骤】

1. 口腔颊部黏膜细胞的观察

方法Ⅰ：用清洁灭菌的刮片从女性口腔两侧颊部刮取上皮黏膜细胞，在原位刮取2～3次，分别涂抹在干净载玻片上，每次可涂1～3片，涂抹范围为1～2张盖玻片大小。待稍干后，滴加1～2滴2%乳酸醋酸地衣红，在室温下染色20～30min，勿使干燥，然后加盖玻片，覆以吸水纸，用手指轻度压片后进行镜检。

涂片后如不立即检查，应在稍干时立即放入95%乙醇中固定30min以上（也可达1～2d），取出，干后编号，置于冰箱内保存。

方法Ⅱ：用无菌牙签刮取口腔黏膜细胞（第一次的刮取物弃去），涂在载玻片上（面积不宜过大），加一滴60%醋酸固定5min，用滤纸吸去多余醋酸，滴加石炭酸品红染色2min，盖上盖玻片，在盖玻片上垫上滤纸并加压，可进行镜检，这个方法的效果较为理想。

2. 毛发根部细胞的观察

方法Ⅰ：拔取一根带有毛根的头发（图31-4），自基部截取2cm左右置于载玻片上，在毛根部加一滴地衣红染色液，片刻后再加一滴50%醋酸（或只加50%醋酸），低倍镜下观察，待毛根稍软化后拔出毛干，重新加一滴染色液，覆以盖玻片，在酒精灯上轻微加热后，静置 5min，覆一片吸水纸，用手指轻度压片后镜检。

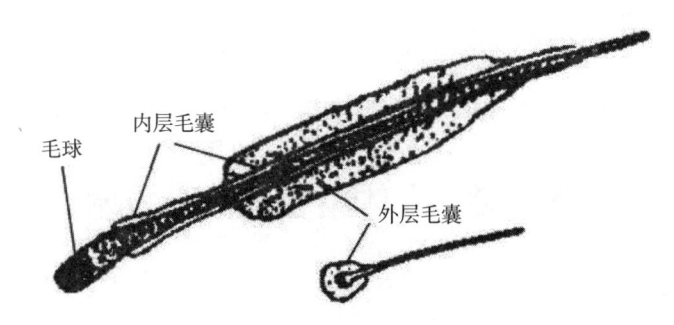

图 31-4　带有毛根的头发结构示意

方法Ⅱ：拔取女性带毛囊细胞的头发，将毛囊置于载玻片上，加一滴 45% 醋酸（或 5mol/L 盐酸）解离 5min，吸掉多余的醋酸，用镊子将软化的毛囊剥下，加一滴石炭酸品红染色 2～3min，而后盖上盖玻片，用拇指压片，即可镜检。

毛发露于皮肤的部分称为毛干，陷于皮内的称为毛根，毛根基部膨大的部分称为毛球。毛根外包着的结缔组织鞘称为毛囊。用肉眼看毛囊呈乳白色。本次实验取外层的毛囊细胞作为实验材料。

3. 染色质的辨认

低倍镜下检出典型的可数细胞，其标准是：核质呈网状或细颗粒状分布；核膜清晰，核无缺损；染色适度；周围无杂菌。选定后的细胞，在高倍镜或油镜下进一步观察。

X 染色质的形态表现为一结构致密的浓染小体，轮廓清楚，大小约 1μm，常附着于核膜边缘或靠近内侧，其形状有微凸形、三角形、卵形、短棒形及双球形等。正常女性口腔黏膜细胞中 30%～50% 有一个巴氏小体，在不同实验中计数的差别较大，而在男性中则仅只偶尔可见不典型者。

## 六、实验作业

（1）观察 50 个女性可数细胞，同时观察 50 个男性者作为对照，分别计算显示 X 染色质细胞所占的百分比。

（2）观察中选绘 4～5 个典型细胞，注明 X 染色质的形态部位。

## 七、注意事项

（1）在实验中取材时，应该注意安全。

（2）如果用毛囊细胞进行实验，采样前应清洗头发，因出油后拔取毛发时不易带出毛囊细胞。

### 八、思考题

（1）失活的 X 染色体是否完全丧失了生理作用？
（2）对于大鼠、小鼠等常用的实验动物，试试可否用同样的方法区分性别？

## 实验 32　人体染色体分带技术

### 一、实验目的

（1）学习识别人体各对染色体的带型特点。
（2）初步掌握人体染色体分带方法与技术。
（3）了解染色体带型分析的意义。

### 二、实验原理

染色体分带技术是 20 世纪 70 年代初兴起的一项细胞学新技术，它借助特殊的处理程序，使染色体的一定部位上显示出深浅不同的染色带纹。这些带纹具有物种及不同染色体的特异性，每条染色体上带纹的数目、部位、宽窄及浓淡，均有相对的稳定性。因此，在以往染色体形态特征的基础上，又增添了一类新的形态标志，可以更有效地鉴别染色体和研究染色体的结构和功能。因此无论在遗传学的研究领域，还是在遗传病的诊断、动植物育种等应用方面，染色体分带都是很有用的技术。1960 年，在 Denver 染色体命名会议上，确定了人类染色体核型分析的国际标准，即 Denver 命名标准；把人体 46 个染色体分为七个群，但对每一个染色体的分辨仍有很大的困难。1970 年发现染色体分化，并于 1971 年召开国际性的巴黎会议，为 G、Q、C 和 R 四种染色体带建立了国际命名方法。

人体高分辨染色体命名法则：1975 年以后，由于人类高分辨染色体技术的发展及其应用，清楚地表明了在 1978 年国际体制（ISCN）的基础上制定人体染色体高分辨国际体制的必要性。为此，人类细胞遗传学学会常务委员会在 1981 年 5 月召开的巴黎会议上，描述了一个由 400、550 和 850 条带组成的人类染色体高分辨模式图（图 32-1）。

由于按传统的分类法（如前期、前中期）难以划分染色体标本所处的时期，故一致赞成以单套染色体（22 个常染色体、X 染色体、Y 染色体）的带纹数目来定名 400、550 和 850 条带的染色体。一致同意将着丝粒区编为染色体臂上的最小数字（即 11，11.1，11.11）。这一决定在某些情况下导致了最靠近着丝粒的那些带被重新编号。例如，在近端着丝粒染色体短臂上最接近随体的一条带，

1978 年 ISCN 定为 p11，现在则为 p11.2。为了给染色体编号时方便，假定当细胞由前期向中期进展时，一条染色体上的各区段间是同等收缩的。当一个带再细分时，就以 1978 年 ISCN 的编号体制为基础，在原有带的编码数字后面加上新带的编号数字。如 3q25 带再细分为 3q25.1，3q25.2 等，随后如果在 3q25.2 内再发现新带，就再细分为 3q25.21，3q25.22 等，原则上一个带在任一时期可以再细分为任一数目的新带，但实际上一个带通常只再细分为 3 个新带。迄今，还没有必要使用小数点后两位以上的数字。当然，再过些时候，进一步划分是可能的。

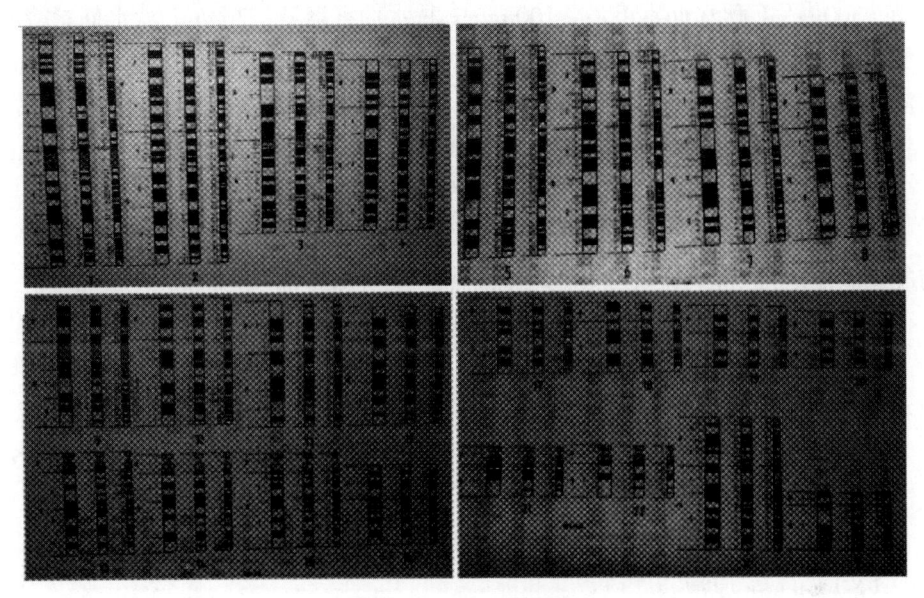

图 32-1　ISCN 模式图

染色体是基因的载体，核型代表了种属的特征，所以染色体组型结合带型分析对于探讨生物生命奥秘、生物起源、物种间亲缘关系、远缘杂种鉴定等方面都有重要意义。

早在 1970 年，Caspersson 及其同事们首先用荧光染料染制染色体标本，在荧光显微镜下这些染色体呈现暗亮不同的条纹。有些学者认为主要是由于染色体中 DNA 内的 AT 丰富区对喹吖因荧光有增强作用，故显出亮带；反之，其 DNA 内 CG 丰富区对喹吖因荧光有减弱作用，故而出现暗带。此外，也有一些学者认为是沿着染色体长度所构成的 DNA 链中的碱基组成分的变化，以及染色体内蛋白质–DNA 间的相互作用对于染色体上荧光染料的反应不同而呈现不同暗亮的带纹也起着作用。这些带纹的出现是由于荧光染料所致，故称为 Q 带。非同源染色体上的带纹不一致，而同源染色体上的条纹是相同的，为此，可应用这一技术来鉴定和识别各个染色体的变异。目前常用的 Q 带技术是喹吖因荧光染料染色，故又称为

QFQ 法（Q-band by fluorescence using quinacrine）。Q 带条纹与 G 带条纹相同，即 Q 带亮区为 G 带的深染区，反之，Q 带暗区为 G 带浅染区。

## 三、实验试剂与器材

1. 实验试剂

0.005% 氮芥喹吖因或 0.5% 二盐酸喹吖因、2% 柠檬酸钠溶液、1% 柠檬酸钠溶液、Eagle's 液、小牛血清、肝素、PHA、青霉素、链霉素、5% 碳酸钠溶液、2% 碘酒、500μg/mL 秋水仙素溶液、100μg/mL 秋水仙素溶液、2μg/mL 秋水仙素溶液、甲醇、冰乙酸、0.4% KCl 溶液、0.067mol/L 磷酸缓冲液、pH6.8 的 1∶10 Giemsa 溶液。

（1）pH 6.8 的 PBS：$Na_2HPO_4 \cdot 2H_2O$ 5.92g，$KH_2PO_4$ 4.5g，蒸馏水 1000mL。

（2）0.2mol/L 盐酸：将 36% 的浓盐酸 6.5mL 加到 983.5mL 蒸馏水中。

（3）5%$Ba(OH)_2$ 溶液：将 $Ba(OH)_2$ 5g 溶于 100mL 蒸馏水中，过滤（用前配）。

（4）2×SSC 溶液：NaCl 17.54g，柠檬酸钠 8.82g，蒸馏水 1000mL。

（5）pH7.0 的 ICN 液：NaCl 0.80g，KCl 0.02g，$Na_2HPO_4 \cdot 12H_2O$ 0.30g，蒸馏水 100mL。

（6）pH7.0 的 GKN 液：葡萄糖 0.10g，KCl 0.04g，NaCl 0.80g，$NaHCO_3$ 0.035g，蒸馏水 100mL。

（7）0.25% 胰蛋白酶液：将 250mg Trypsin 溶于 100mL ICN 液中。

（8）Giemsa 原液。

2. 实验器材

超净工作台、离心机、普通生物显微镜、数码摄影显微镜、荧光显微镜、数码相机、计算机图像处理系统、培养箱、恒温水浴锅、喷墨彩色打印机、1.1～1.5mm 载玻片、24mm×24mm 盖玻片、眼科镊子、不锈钢剪刀、单面刀片、解剖刀、试管架、吸管、磨口三角瓶、5cm×15cm 玻璃板、烧杯（100mL、400mL）、酒精灯、天平、电炉、染色缸、扩大镜、游标卡尺、滤纸片、精密 pH 试纸、玻片标签纸等。

## 四、实验材料

人淋巴细胞染色体标本片。

## 五、实验方法与步骤

【概括步骤】

人染色体标本制片⟶显带处理$\xrightarrow{\text{G 带、Q 带等}}$显微观察及摄影⟶带型分析。

**【具体步骤】**

1. 人体染色体 G 带显示法

G 带就是把制备的染色体在染色前用各种不同的方法进行预处理，使染色体在 Giemsa 染色后，可以显示各种不同明暗相间的带纹，因为是 Giemsa 染色，所以称为 G 带。

下面是 Wang 和 Fedoroff 的改良方法。

（1）空气干燥的染色体标本，在 37℃恒温箱内预处理 2～3h。

（2）染色体标本在 0.025% 胰蛋白酶液内处理 40～80s。

（3）在 GKN 液内漂洗 30s。

（4）用 Giemsa 磷酸盐缓冲液染色 8～10min，蒸馏水漂洗数次，空气干燥。

（5）镜检：低倍镜下找到分散好的细胞中期分裂相，换油镜仔细观察 G 带，染色体上若出现清晰的深浅相间的带型，即为可取标本。质量较好的染色体标本可以用二甲苯透明处理，中性树脂封片。

（6）显微镜观察及摄影：经过上述分带处理，可以获得染色体 G- 带图像，从显微镜下寻找染色体分散良好、显带清晰的早、中期染色体，显微摄影。

（7）带型分析：按国内带型分析约定标准进行分析，绘制染色体带型图、带型模式图，描述带型特征，获得带型公式。

2. 人体染色体 Q 带显示法

（1）空气干燥的染色体标本，在 37℃恒温箱内预处理 2～3h。

（2）将玻片浸于 pH6.0 的磷酸缓冲液或柠檬酸缓冲液中 5min。

（3）用荧光染料 0.005% 氮芥喹吖因或 0.5% 二盐酸喹吖因，染色 15～20min。

（4）用流水冲去荧光染色液。

（5）分色：将经荧光染色过的片子放置于 pH6.0 的磷酸缓冲液，或柠檬酸缓冲液，或蒸馏水中分色，每次 5min，共 3 次。

（6）最后一次分色后，滴上 pH6.0 的磷酸缓冲液，或柠檬酸缓冲液，或蒸馏水，用干净盖玻片盖上（注意不要有气泡），然后用指甲油或石蜡油于盖玻片周围封固，以防水分蒸发。

（7）显微镜观察及摄影：经过上述分带处理，可以获得染色体 Q- 带图像，从荧光显微镜下寻找染色体分散良好、显带清晰的早、中期染色体，显微摄影。

（8）带型分析：按国内带型分析约定标准进行分析，绘制染色体带型图、带型模式图，描述带型特征，获得带型公式。

## 六、实验作业

上交 1 张人体细胞分散均匀、形态完整、染色体数目齐全、互不重叠,能准确计数和照相的染色体 G 带和 Q 带分带制片,计算一个中期细胞染色体数目。

## 七、注意事项

(1)荧光染料染色之后,分色时间要掌握正确,这是关系到 Q 带是否清楚的关键,如果荧光太弱,可以小心取下盖玻片再用荧光染料重新染色,再依次分色,封片。如果荧光太强,带型不清楚,则去掉盖玻片,再次放置于缓冲液中再分色 1min。

(2)Q 带的片子,片龄时间不能太长,一般在一周之内。

(3)带荧光染色片子经褪色之后,仍可作 G 带染色用。荧光褪色可放于 pH6.0 的缓冲液中浸泡 12~24h 后晾干,备用。

(4)在 G 带技术中,若观察到染色体变粗、边缘发毛,有时甚至成糊状,那可能是因为处理过度。

(5)使用荧光显微镜时,光源可分为直落式和透射式两种模式。一般以直落式为好,因为直落式光源来自目镜和接物镜之间,而通过接物镜落于标本上,对眼睛的损害较少,其光源能发挥最大作用,故在荧光显微照相时,摄片效果较佳。

(6)荧光显微镜所用光源用 HBO 220W 高压汞灯,BG12 激发滤片和 510mm 栅栏滤片配合,可得较佳效果。

## 八、思考题

(1)染色体标本经胰蛋白酶处理和 Giemsa 染色后,不显示带纹或染色体"发毛"是什么原因?

(2)G 带和 Q 带技术在遗传学、细胞遗传学方面有哪些重要意义?

# 实验 33　人类若干性状的遗传特性及其调查分析

## 一、实验目的

(1)通过人类一些常见遗传性状的调查分析,了解其遗传方式。

(2)了解群体控制不同遗传性状的基因分布情况,即基因频率和基因型频率。

(3)学会设计性实验的设计原理和方法,通过实际调查培养接触社会,从社会中直接获取资料和数据的能力。

## 二、实验原理

生物体或其组成部分所表现的形态特征和生理特征称为性状,孟德尔把植株性状总体区分为各个单位,称为单位性状,即生物某一方面的特征特性。人类的各种性状都是由特定的基因控制形成的。人类的遗传性状有许多是单基因性状,易于观察且具有典型的显隐性关系。由于每个人的遗传基础不同,某一特殊的性状在不同的人体会出现不同的表现。通过特定人群某一性状的调查,将调查材料进行整理分析,可以初步了解某性状的遗传方式、控制性状基因的性质,并能计算出该基因的频率。

在自然界,无论动植物,一种性别的任何个体有同样的机会与其相反性别的任何个体交配。假设某一位点有一对等位基因 A 和 a,A 在基因群体出现的频率为 $p$,a 在群体中出现的基因频率为 $q$;基因型 AA 在群体中出现的频率为 $D$,基因型 Aa 在群体中出现的频率为 $H$,基因型 aa 在群体中出现的频率是 $R$。群体中 ($D$,$H$,$R$) 交配是完全随机的,那么这一群体基因频率和基因型频率的关系是:$D=p^2$、$H=2pq$,$R=q^2$。

人类性状的遗传可以区分为两大类:

(1) 单对基因遗传:指某一性状的表现是由一对基因所决定。

(2) 多对基因遗传:指某一性状的表现是由两对或两对以上的基因所决定。

人类的 ABO 血型是单对基因遗传,不过控制血型的基因则有三种:$I^A$、$I^B$ 及 i,其中 $I^A$ 和 $I^B$ 分别对 i 为显性。例如,基因型为 $I^AI^A$ 或 $I^Ai$ 者,血型为 A 型;$I^BI^B$ 或 $I^Bi$ 者为 B 型;而 ii 者为 O 型。特别提到的是 $I^A$ 和 $I^B$ 都为显性,所以基因型为 $I^AI^B$ 者,血型为 AB 型。

## 三、实验试剂、器材与材料

本实验不需要用仪器设备,学生可以对自己选定的人类遗传性状通过问卷调查、走访等方式收集数据。

## 四、实验方法与步骤

【概括步骤】

设计实验──→查阅资料──→列出详细实验设计方案──→展开调查──→数据分析。

【具体步骤】

(1) 在学习遗传规律后,根据实验题目独立设计实验。

(2) 选择人的血型、身体特征等若干遗传性状准备进行调查分析。

（3）调查开始之前要查阅相关资料，学会各种所选人类遗传性状的识别，写出详细的实验设计方案。

①人类血型的遗传。

血型是人体的一种遗传性状，是产生抗原抗体的遗传特征。根据血型之间的相互关系，可划分为各种系或组别。血型从狭义上讲是指红细胞抗原的差异，从广义上讲包括白细胞、血小板和血浆等血液各成分抗原的差异。随着临床输血、组织和器官移植，以及血液免疫学的发展，人们发现了许多新的血型系统，并逐渐了解和掌握了血型抗原和抗体的化学结构及其相互作用，血型在人类学、遗传学、法医学、考古学和临床医学等各方面的应用日趋广泛。

人类血型的发现早在1900年就由Karl Landsteiner博士报道，这个重要的发现建立了人类ABO血型系统，Landsteiner因此获得诺贝尔奖。ABO血型的划分基础即红细胞细胞膜上抗原存在的性质。这种抗原刺激淋巴细胞产生相应的抗体，抗体与红细胞表面抗原结合发生凝聚，随之由巨噬细胞清除。ABO血型系统的抗原有两种，分别记为A和B。红细胞表面抗原为A的即为A血型，抗原为B的即为B血型，同时具有A、B两种抗原的为AB型，而既没有A抗原，也没有B抗原的为O血型。此外，在相应的血清中，A型者血清含抗B抗体（称为β抗体），B型者血清中含抗A抗体（称为α抗体），O型者血清中则同时含上述两种抗体，而AB型者血清中没有这两种抗体。由于相应抗原抗体之间的凝聚反应，在输血时对供血者、受血者的血型有一定血型限制要求，最好以同血型个体之间供血和受血为好。

从遗传上来看，ABO血型是由红细胞抗原类型决定的，而抗原的差别即在其糖基上。这是由相应的基因决定的，即位于人类第9染色体上的3个等位基因$I^A$、$I^B$和$I^O$决定的。$I^A$、$I^B$基因为并显性，而$I^O$（或记为i）对$I^A$、$I^B$为隐性。统计调查人群的血型，并作纪录，填入表33-1中。

表33-1 调查人群血型统计表

| 血型 | 人数 | 百分比/% |
| --- | --- | --- |
| A | | |
| B | | |
| O | | |
| AB | | |

②几种身体特征的遗传。

针对以下性状进行调查，统计数据，记录各性状在调查人群中的百分比。不过，这个百分比不能说明这一性状是否遗传，更不能确定是隐性还是显性。要了解这些性状是否为遗传性状，可以通过系谱分析法确定，每个学生可以调查自己的家庭成员或别的家庭的成员，画出家庭系谱图，从一个或几个家庭的系谱结果分析并确定这一性状的遗传特性（图 33-1～图 33-8）。

a. 卷舌：许多人可以将舌尖两侧卷起。在调查人群里检测每个人能否卷舌，并记录数据，算出卷舌和不能卷舌的百分比。

b. 食指长短：不同的人食指与无名指相比长短有可能不同，有的食指较无名指长，有的食指较无名指短。同学之间可相互观察这一性状，或统计调查人群具有这一性状的百分数。

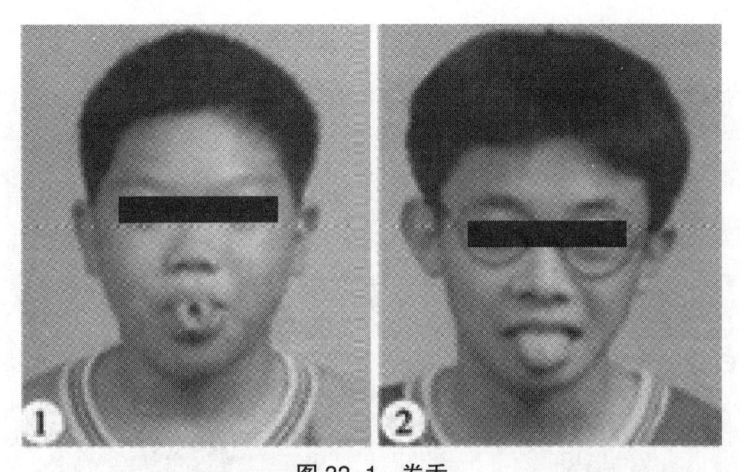

图 33-1 卷舌
1. 舌的两侧可上卷成圆筒状；2. 不会卷舌

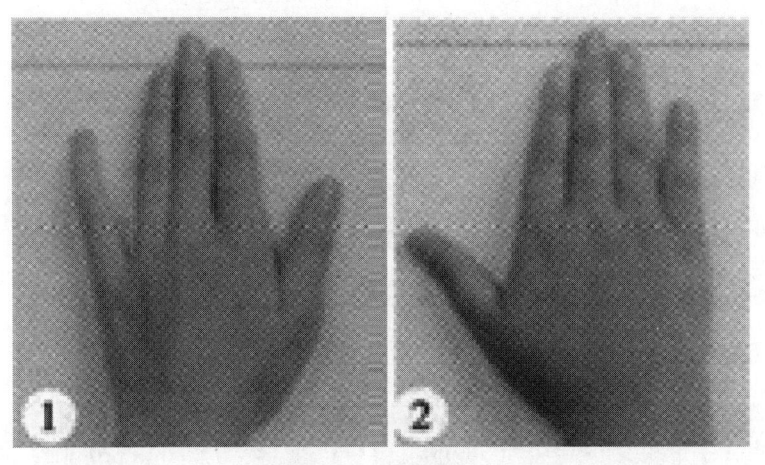

图 33-2 食指长短
1. 食指比无名指长；2. 食指比无名指短

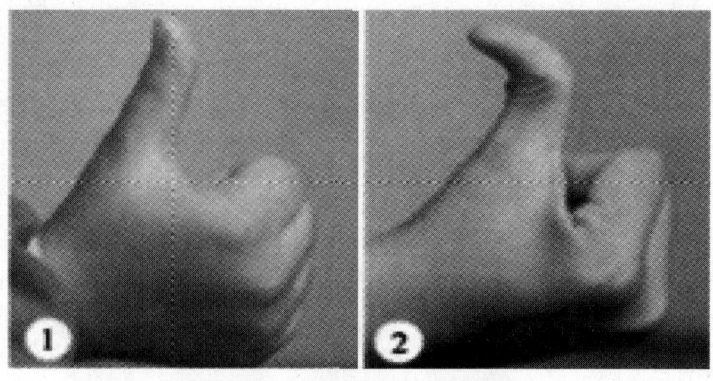

图 33-3　拇指竖起时弯曲情形

1. 挺直；2. 拇指向指背面弯曲

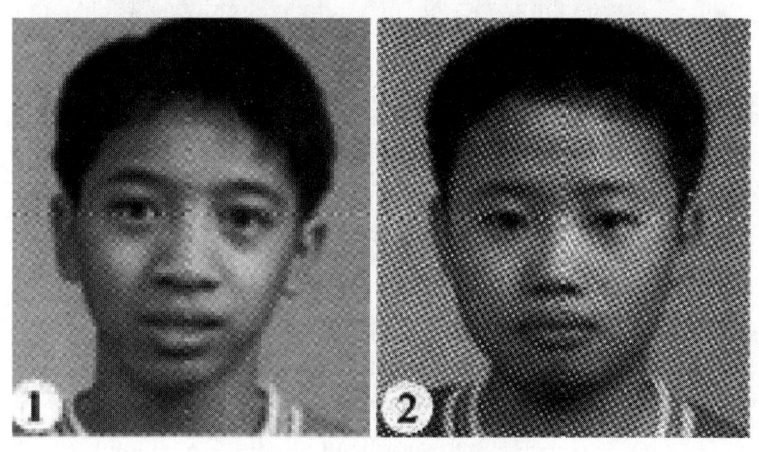

图 33-4　上眼睑有无皱褶

1. 双眼皮；2. 单眼皮

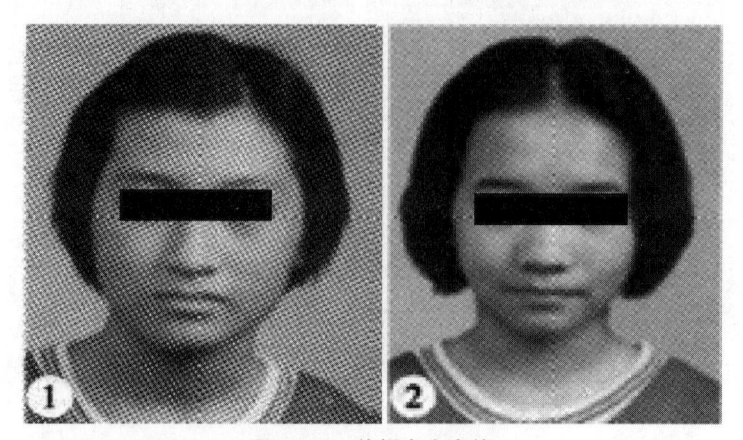

图 33-5　前额中央发缘

1. 有美人尖；2. 没有美人尖

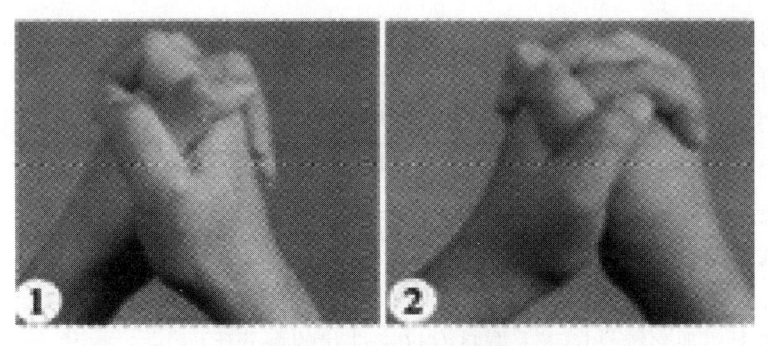

图 33-6　双手手指嵌合

1. 右手拇指在上；2. 左手拇指在上

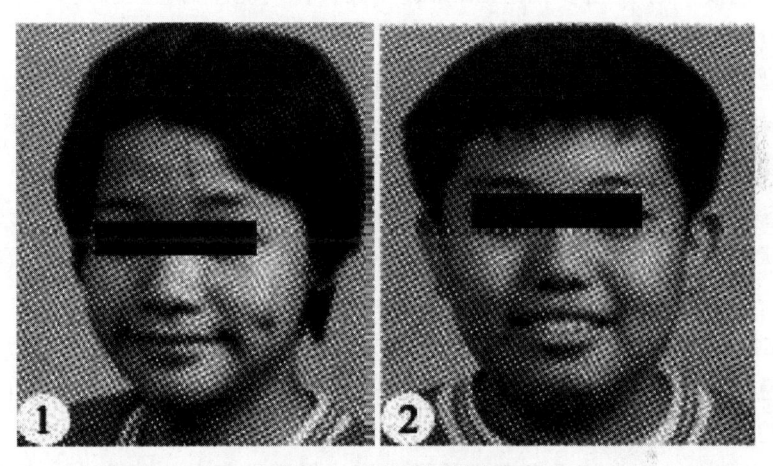

图 33-7　脸颊有无酒窝

1. 有酒窝；2. 没有酒窝

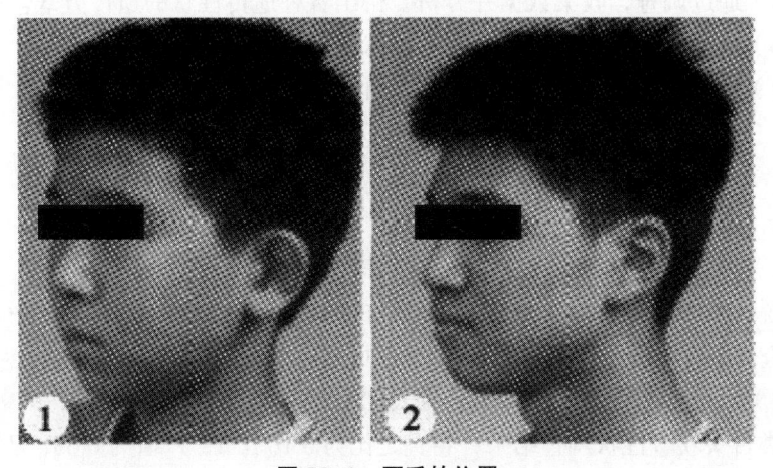

图 33-8　耳垂的位置

1. 与脸颊分离；2. 紧贴脸颊

c. 拇指端关节外展：这一性状的纯合隐性个体的拇指关节可向后卷曲。检查调查人群表现这一性状的百分数。

d. 眼睑：俗称眼皮，在人群中有单、双之分，是由单基因决定的，双眼皮是显性，单眼皮是隐性，记录人群中这一性状的百分数。

e. 美人尖：前额正中发际线向下凸一尖，称为美人尖。观察统计调查人群具有这一性状的百分比。

f. 双手手指嵌合：双手手指嵌合时，有些人总是左手拇指在上，有些人则右手拇指在上。观察统计调查人群具有这一性状的百分比。

g. 耳垂的形状：不同的人耳垂的形状有可能不同，有的肉质下垂，有的沿耳廓与颊部连接。同学之间可相互观察这一性状，或统计调查人群具有这一性状的人的百分比。

h. 酒窝有无：我们在做"微笑"表情时，若颜面部的肌肉相互牵动，产生一个凹陷，那就是"酒窝"。酒窝并非每个人都有，而有酒窝的人也会有不同形状、高度、深浅之分。调查人群的酒窝有无，统计这一性状的百分数。

i. 达尔文耳点：在耳廓外缘呈现一明显的凸点，叫达尔文耳点，这是一显性遗传性状。这一显性基因在表达方式上表现出可变性，外显率不一样。互相观察，统计这一性状的百分比。

j. 发涡旋转方向：在每个人的头顶，头发都有发涡，有的呈顺时针方向旋转，有的呈逆时针方向。同学之间可互相观察确定各自的发涡旋转方向，或记录所调查人群的结果，看看哪种旋向占多数。

（4）调查过程中如果发现家族性疾病，做深入调查，记录疾病症状，绘出家系图谱，收集数据分析。

（5）通过调查，收集数据并分析，得出各种遗传性状的遗传方式。

（6）统计调查群体中，显、隐性性状的个体数。

（7）统计调查群体的资料，进行基因频率和基因型频率的计算。计算公式：

$$P+H=p^2+2pq, \quad Q=q^2, \quad p+q=1$$

## 五、实验作业

（1）将统计结果填入表33-2，并对其进行分析。

在统计学中，调查群体在数量足够大的时候能够代表整个群体的特征，由于上述调查表中性状的比例无性别差异，因此可以假设不存在性染色体上的伴性遗传。

（2）以是否卷舌为例作分析，见表33-3。

人类舌头卷直性状调查结果，卷直之比为3.16∶1，$\chi^2$值为0.05，$P>0.05$，观测值与理论值差异不显著，符合理论比例3∶1，根据孟德尔的遗传基因分离定律，可以假设控制卷舌的基因为显性基因，则直舌的基因为隐性基因。

表 33-2 调查个体遗传性状统计结果

| 性状 | 结果 | 比例 | $\chi^2$ 值 |
|---|---|---|---|
| 卷舌 | | | |
| 食指长短 | | | |
| 拇指端关节外展 | | | |
| 眼睑 | | | |
| 美人尖 | | | |
| 双手手指嵌合 | | | |
| 耳垂形状 | | | |
| 酒窝有无 | | | |
| 达尔文耳点 | | | |
| 发涡旋转方向 | | | |
| ABO 血型 | A 型 | B 型 | AB 型 | O 型 |

注：上述数据是从调查表中选取的 100 个体进行分析。

表 33-3 人的卷舌与直舌性状分析

| | 卷舌 | 直舌 |
|---|---|---|
| 观察值（$O$） | 76 | 24 |
| 理论值（$E$） | 75 | 25 |
| （$O-E$）²/$E$ | 0.01 | 0.04 |
| $\chi^2$ 值 | 0.05 | |
| $df$（自由度） | 1 | |
| $P$ | $0.80 < P < 0.90$ | |

以有无耳垂为例，基因频率和基因型频率计算结果如下：

耳垂隐性　　　　　　$R$=141/276=51.1%

因为 $R=q^2$，所以

$$q=71.5\%, p=1-q=28.5\%$$
$$D+H=p^2+2pq=48.9\%$$

其中纯合子 $p^2$=8.1%、杂合子 $2pq$=40.8%。

## 六、注意事项

（1）研究的生物体必须是二倍体（体内染色体成对存在），并且所研究的相对性状差异明显。在减数分裂过程中，形成的各种配子数目相等或接近相等；不同类型的配子具有同等的生活力；受精时各种雌雄配子均能以均等的机会相互自由结合。

（2）受精后不同基因型的合子及由合子发育的个体具有相等或大致相等的存活率。

（3）杂种后代都处于相对一致的条件下，而且实验分析的群体比较大。

（4）人的一些常见的显、隐性性状表现见表33-4。

表33-4 人的一些常见的显、隐性性状表现

| 显性性状 | 隐性性状 |
| --- | --- |
| 皮肤毛发眼睛正常颜色 | 白化现象 |
| 黑色皮肤（不完全显性） | 白色皮肤 |
| 黑色毛发 | 浅色毛发 |
| 非棕黄色毛发 | 棕黄色毛发 |
| 卷缩发 | 直发 |
| 头发中有一绺白发 | 同种颜色的头发 |
| 身体有相当大的部分多毛 | 身体只有一部分多毛 |
| 男人秃顶，蓝色或黑色眼睛 | 头发正常，褐色眼睛 |
| 大眼睛 | 小眼睛 |
| 长睫毛 | 短睫毛 |
| 正常视力 | 近视 |
| 辨色能力正常 | 色盲 |
| 下悬的耳垂 | 长合的耳垂 |
| 正常听觉 | 先天性耳聋 |
| 厚嘴唇 | 薄嘴唇 |
| 舌头有卷成槽形的能力 | 舌头无卷成槽形的能力 |
| 宽鼻孔 | 窄鼻孔 |
| 高而窄的鼻梁 | 矮而宽的鼻梁 |

续表

| 显性性状 | 隐性性状 |
| --- | --- |
| 大而凸的鼻子 | 笔直的鼻子 |
| 矮身量（多基因决定） | 高身量 |
| 多指、趾 | 指、趾数正常 |
| 血型 A、B、AB | 血型 O |
| 血液凝集正常 | 血友病 |
| 高血压 | 正常血压 |
| 味觉有感觉苯硫脲的能力 | 味觉无感觉苯硫脲的能力 |
| 正常状态 | 苯酮尿 |
| 偏头痛 | 正常状态 |

（5）ABO 血型由基因频率算出的 A 型血频率与 B 型血频率跟直接有表型个数算出的基因型频率有一定的出入，原因可能是：测定血型不准确；样本容量不够大，与实际频率有出入。

（6）其他由单基因控制的表型，以卷舌为例，明显的基因型频率呈现 1∶2∶1 的比率。表明此性状的遗传已经接近平衡状态。

（7）本次实验只是简单地统计，让同学们了解基因分布，以及基因频率与基因型频率的计算方法。如要准确地计算各个频率，那就要扩大样本容量，比如发调查问卷，统计全校同学的性状后再计算。

（8）如果要证实某个性状的遗传方式，可以选择一名同学，调查其家人的性状，做遗传图谱，判断其遗传方式。

## 七、思考题

（1）什么是性状？质量性状和数量性状有何差异？

（2）什么是遗传学分析的生物学内涵？

（3）什么是基因频率和基因型频率？

（4）何为遗传病？人类主要有哪些单基因遗传病和多基因遗传病？

# 实验 34　多基因遗传的人类指纹分析

## 一、实验目的

（1）学习并掌握人类指纹的类型和测量分析方法。
（2）通过结果分析了解不同类型指纹的分布特征。
（3）通过统计，分析参加实验的同学的指嵴数，了解数量性状的特点及其研究方法。

## 二、实验原理

在人类的手指、掌面、足趾、脚掌等处的皮肤表面，分布着许多纤细的纹线。这些纹线可分为两种：凸起的嵴纹及两条嵴纹之间凹陷的沟纹。由不同的嵴纹和沟纹形成了各种皮肤纹理，总称皮纹。皮纹是受多基因控制的性状，具有鲜明的个体特异性。皮纹具有一定的特征，可以分类识别。

指纹是指手指端部的皮肤纹理。它是由真皮乳头向表皮突起形成的一条条乳头线，其上有汗腺开口，称为嵴纹。各嵴纹间凹下的部分称为沟纹，这些嵴和沟就构成特定的指纹。指纹是受多基因控制的性状，同时受环境影响，具有鲜明的个体特异性。每个人都有一套特定的指纹，且这套指纹的纹理终生不变。因而早在 1890 年 Galton 就提出用指纹作为识别一个人的标志。

皮纹中凡是有三组不同走向的嵴纹汇聚的区域称为三叉点（图 34-1）。

图 34-1　嵴纹、三叉点与中心点
A. 中心点；B. 三叉点；1～9 嵴纹

指纹的基本类型包括弓形纹、箕形纹和斗形纹（涡形纹或螺纹）三种（图34-2），另外，还有混合型纹，如箕、斗混合，箕、箕并列等，也有的形状奇特，无法归类。在总指嵴数的计数中，无法归类的不予统计。

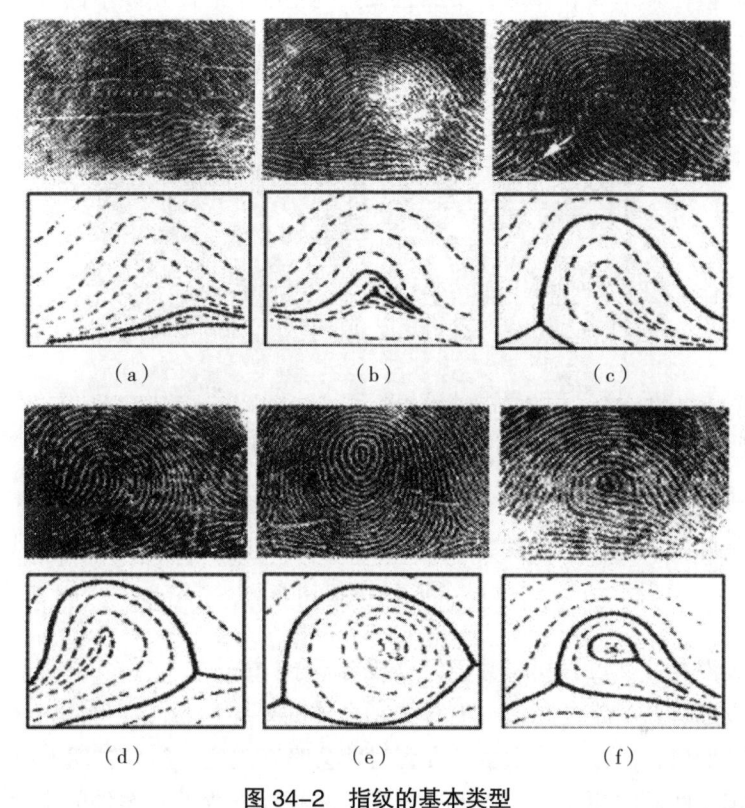

**图34-2 指纹的基本类型**
（a）弧形弓；（b）帐形弓；（c）尺箕；（d）桡箕；（e）环形斗；（f）囊形斗

弓形纹是由几种平行的弧形嵴纹组成，纹线由指的一侧延伸到另一侧，中间形成弓形，无三叉点。弓形纹又分两种：中央隆起很高形成帐篷状的称为帐形弓，中间隆起较平缓的称为弧形弓。

箕形纹指几种嵴纹从手指一侧发出后向指尖方向弯曲，再折回发出的一侧，形成一组簸箕状的纹线，有1个三叉点。箕口的开口方向有两种：一种朝向本手尺骨一侧（小拇指方向），称为尺箕或正箕；另一种朝向桡骨一侧（拇指方向），称为桡箕或反箕。

斗形纹也称螺纹或涡形纹，有几条环形或螺线形的嵴纹绕着一个中心点组成，有两个三叉点。斗形纹分为环形斗、螺形斗和囊形斗等类型。环形斗由几条呈同心圆环状的嵴纹组成；螺形斗是由螺线形嵴纹组成；若在斗形纹中心有一条闭合的曲线形嵴纹，该嵴纹与其内部的几条弧形线共同组成一个囊状结构，这样的斗形纹称为囊形斗。

从指纹中心点到距离中心点最远的1个三叉点的中心绘一直线，直线通过的嵴线数目称为纹嵴数（直线起止点处的嵴线不计算）。

指嵴数指在箕形纹和斗形纹中的三叉点与指纹中心的连线上的纹嵴数，即一个手指的纹嵴数（图34-3）。将十指的纹嵴数相加，得总指嵴数（TRC）。总指嵴数是一种遗传的性状，且遗传基因是加性的。

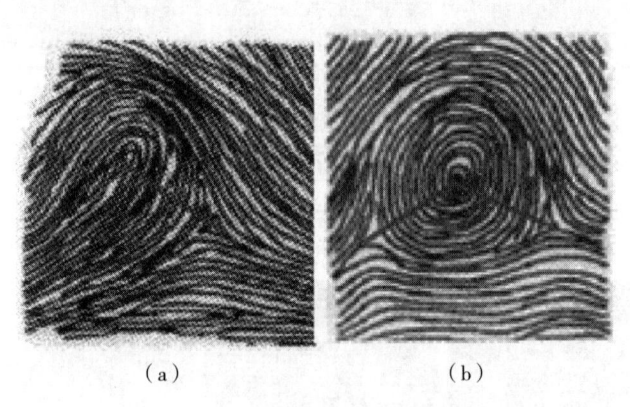

**图34-3 指嵴数的计数方法**

（a）箕形纹；（b）斗形纹

弓形纹没有三叉点，指嵴数记为0或者不予计算。

每个人都有其特定的指纹，有种族和个体的差异。胎儿在母体内3～4个月时指纹已经形成，但是在儿童生长发育时期会略有改变，到青春期（14岁左右）就基本固定，此后终生不变。因此，长期以来指纹作为侦破案件的手段之一。大量研究表明，某些遗传病，特别是一些染色体病、先天性代谢病和先天畸形等常伴有皮肤纹理和指纹的异常，故指纹检查可作为某些遗传病诊断的辅助指标。指纹方面有待研究的问题还很多，如指嵴数与运动能力、指纹与人类的许多先天性遗传疾病的关系、皮纹与肿瘤的相关性、皮纹与智力、皮纹的遗传发育、皮纹的进化规律、指纹纹型与种族等，还存在很大的研究空间。

### 三、实验试剂与器材

透明胶带（或印油、墨水等）、2B铅笔、放大镜、白纸、直尺等。

### 四、实验材料

印有自己10个手指指纹的白纸。

## 五、实验方法与步骤

**【概括步骤】**

洗净双手、擦干──▶用铅笔在白纸上涂黑──▶指尖涂黑──▶透明胶带获取指纹──▶在放大镜下观察分析指纹类型──▶记录每个手指的指纹相关数据──▶分析──▶得出结论。

**【具体步骤】**

（1）洗净双手、擦干。用2B铅笔在一张白纸上涂一个边长为3～4cm的正方形。

（2）将要取指印的手指在涂黑的区域涂抹，使整个指尖涂黑。

（3）取1条宽度与手指第一指节长度相当的透明胶带，从指尖的一侧裹至另一侧，轻压，再揭下来。将这条透明胶带贴在表34-1"我的指纹"一栏中相应的位置上。

（4）重复步骤（3），直至获得10个手指的指纹。

（5）在放大镜下检查、分析、记录你的指纹的类型及相关的数据。

（6）结果辨析及统计分析：计算总指嵴数（TRC），统计分析全班同学的指嵴数情况，绘制TRC次数分布图。

## 六、实验作业

（1）你的TRC是多少？

（2）完成表34-1，绘制TRC次数分布图。

（3）统计不同类型指纹出现的频率。

（4）统计不同指头上出现四种指纹的频率。

表34-1 我的指纹图型及纹嵴数

| | 左手 | | | | |
|---|---|---|---|---|---|
| | 拇指 | 食指 | 中指 | 环指 | 小指 |
| 我的指纹 | | | | | |
| 指纹类型 | | | | | |
| 纹嵴数 | | | | | |
| 左手纹嵴数小计 | | | | | |

续表

|  | 右手 | | | | |
|---|---|---|---|---|---|
|  | 拇指 | 食指 | 中指 | 环指 | 小指 |
| 我的指纹 |  |  |  |  |  |
| 指纹类型 |  |  |  |  |  |
| 纹嵴数 |  |  |  |  |  |
| 右手纹嵴数小计 |  |  |  |  |  |
| 总指嵴数（TRC） |  |  |  |  |  |

## 七、注意事项

（1）本实验使用的透明胶带的宽度要大于或等于手指第一指节的长度，不宜太窄。

（2）获取指纹时，用力要均匀，以获得清晰的指纹。

（3）指纹的类型有的形状奇特，无法归类，总嵴数的计数中，无法归类的不予统计。

## 八、思考题

（1）人类正常指纹有哪些类型？

（2）指纹分析有何意义？

（3）经统计（表34-2），全班同学的平均 TRC 是多少？班级的男生、女生的平均 TRC 分别是多少？

表34-2　班级同学的指纹类型及总指嵴数

| 序号 | 姓名 | 性别 | 左手 | | | | | 右手 | | | | | 弓形纹 | 箕形纹 | 斗形纹 | 混合形纹 | TRC |
|---|---|---|---|---|---|---|---|---|---|---|---|---|---|---|---|---|---|
|  |  |  | 拇指 | 食指 | 中指 | 环指 | 小指 | 拇指 | 食指 | 中指 | 环指 | 小指 |  |  |  |  |  |
| 1 |  |  |  |  |  |  |  |  |  |  |  |  |  |  |  |  |  |
| 2 |  |  |  |  |  |  |  |  |  |  |  |  |  |  |  |  |  |
| 3 |  |  |  |  |  |  |  |  |  |  |  |  |  |  |  |  |  |
| … |  |  |  |  |  |  |  |  |  |  |  |  |  |  |  |  |  |
| $n$ |  |  |  |  |  |  |  |  |  |  |  |  |  |  |  |  |  |

(4) 查阅指峰数与运动能力的相关研究进展。

(5) 查阅指纹与人类的许多先天性遗传疾病关系的研究进展。

(6) 查阅皮纹与肿瘤的相关性研究进展，以及皮纹与智力方面的研究状况。

## 实验 35　人群中 PTC 味盲基因频率的分析

### 一、实验目的

(1) 通过对味盲基因频率的分析，了解群体基因频率测算的一般方法。

(2) 加深理解遗传平衡定律，了解改变遗传平衡的因素。

### 二、实验原理

苯硫脲又称苯基硫代碳酰二胺（PTC），是一种由尿素人工合成的白色晶状化合物，因分子结构苯环上带有硫代酰胺基（N—C═S）而有苦味。1931—1932 年，Fox 首先发现某些人对 PTC 有苦味感（尝味者、敏感者），而有些人则无苦味感（味盲者），从而将人类对 PTC 尝味分为两类。但味盲者对不含硫代酰胺基的苦味物（如苦味酸等）还是有苦味的感觉。1932 年 Blakeslee 对 PTC 苦味敏感的家系进行了调查，证实人类对 PTC 的尝味能力是一种遗传性状。人类 PTC 尝味浓度阈值方面的差异呈单基因遗传，随后的家系和双生子研究支持了这一观点，基因（T-t）位于第 7 号染色体上，味盲者为隐性基因纯合体（tt），而尝味者是显性基因的纯合体（TT）或杂合体（Tt），遗传方式为不完全显性遗传。正常品味者的基因型是 TT，能尝出 1/6000000～1/750000mol/L 的 PTC 溶液的苦味；具有 Tt 基因型的人品尝能力较低，只能尝出 1/380000～1/48000mol/L 的 PTC 溶液的苦味；而 tt 基因型的人品尝能力最低，只能尝出 1/24000mol/L 以上浓度的 PTC 溶液的苦味，个别人甚至对 PTC 结晶的苦味也品尝不出来，在遗传学上被称为 PTC 味盲。但一些研究者从他们的研究数据中发现不能完全用孟德尔遗传来解释，因而提出其他遗传方式，如复等位基因、多基因等。另外，遗传背景和环境修饰也影响其表型。2003 年 Drayna 等通过连锁研究把对 PTC 敏感的一个主要基因定位于第 7 号染色体上，第 2 个基因可能在第 16 号染色体上。第 7 号染色体上负责该性状的主要基因也被确定为 TAS2R 苦味受体基因家族中的 TAS2R38。世界不同民族和地区的 PTC 味盲率与隐性基因频率有很大差异，最高值在印度，为 52.8%，澳大利亚土著也高达 49.3%。欧洲的英国、德国、挪威、瑞士和芬兰等国人群味盲率在 30% 左右，南欧的意大利、西班牙只有 24%～25%。亚洲尼泊尔人为 22.8%。日本、韩国人群均在 8%～15%，中国人味盲率在 7.27%～10.13%。黑人在 3%～4%，印第安人味盲率最低，有的仅有 1.2%，甚至为 0。PTC 尝味的敏感性与某些疾病存在一定的相关性，如甲状腺瘤、糖尿病、青光眼、呆小病、慢性消化溃疡、抑郁症，乃至某些癌症等。研究者发现PTC味盲者更容易患结节性甲状肿瘤，而先天愚型患者中PTC味盲率也大幅高于正常人群。近年来，西欧等国家的学者利用PTC等位基因进行味觉实验以研究原发性青光眼的遗传基因，Parr的研究表明，PTC味尝者中抑郁症患者显著高于味盲者。

　　检测PTC味盲有纸片法、结晶法、阈值法等方法，近年来通常采用的是1949年Harris和Kalmus改进的阈值法。将PTC配制成各种浓度的溶液，由低浓度到高浓度逐步测试群体的尝味能力，由此可区分出味盲（隐性纯合体）、高度敏感（显性纯合体）和介于两者之间的人（杂合体），据此可对人群进行PTC味盲基因频率的测定和分析，为群体遗传学的学习提供基本数据。人的味感觉及舌图见图35-1。

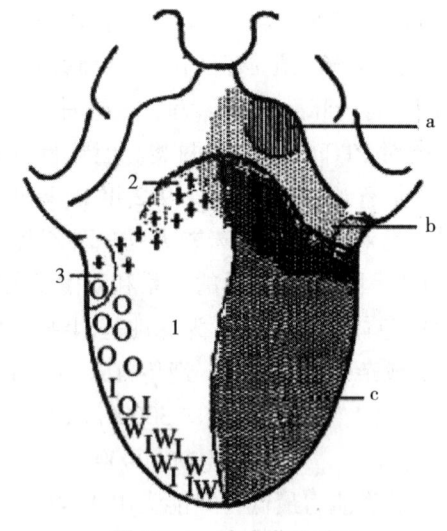

图35-1　味感觉及舌图

1.菌状乳头区；2.轮廓乳头区；3.叶状乳头区
+.苦；O.酸；I.咸；W.甜；a.舌根；b.舌侧面；c.舌体

## 三、实验试剂与器材

1. 实验试剂

　　PTC溶液及其不同浓度的稀释液：称取PTC结晶1.3g，加1000mL蒸馏水，室温下1～2d即可完全溶解，期间应不断摇晃以加快溶解。由此配制的溶液浓度为1/750mol/L，称为原液，也就是1号液。2～14号均由1号液按比例稀释，配方见表35-1。

表 35-1  PTC 溶液的配制方法、浓度和基因型

| 编号 | 配制方法 | 浓度/(mol/L) | 基因型 |
| --- | --- | --- | --- |
| 1 | PTC 结晶 1.3g+ 蒸馏水 1000mL | 1/750 | tt |
| 2 | 1 号溶液 50mL+ 蒸馏水 50mL | 1/1500 | tt |
| 3 | 2 号溶液 50mL+ 蒸馏水 50mL | 1/3000 | tt |
| 4 | 3 号溶液 50mL+ 蒸馏水 50mL | 1/6000 | tt |
| 5 | 4 号溶液 50mL+ 蒸馏水 50mL | 1/12000 | tt |
| 6 | 5 号溶液 50mL+ 蒸馏水 50mL | 1/24000 | tt |
| 7 | 6 号溶液 50mL+ 蒸馏水 50mL | 1/48000 | Tt |
| 8 | 7 号溶液 50mL+ 蒸馏水 50mL | 1/96000 | Tt |
| 9 | 8 号溶液 50mL+ 蒸馏水 50mL | 1/192000 | Tt |
| 10 | 9 号溶液 50mL+ 蒸馏水 50mL | 1/380000 | Tt |
| 11 | 10 号溶液 50mL+ 蒸馏水 50mL | 1/750000 | TT |
| 12 | 11 号溶液 50mL+ 蒸馏水 50mL | 1/1500000 | TT |
| 13 | 12 号溶液 50mL+ 蒸馏水 50mL | 1/3000000 | TT |
| 14 | 13 号溶液 50mL+ 蒸馏水 50mL | 1/6000000 | TT |
| 15 | 蒸馏水 | | |

2. 实验器材

蒸馏水、试剂瓶、量筒、滴管等。

## 四、实验材料

本校各院系学生或某一区域人群。

## 五、实验方法与步骤

【概括步骤】

配制溶液 ⟶ 尝味 ⟶ 根据测定结果计算基因 T、t 的频率 ⟶ $\chi^2$ 检验 ⟶ 判断群体是否平衡。

【具体步骤】

(1) 配制苯硫脲溶液,对半稀释成 14 种浓度。

(2) 每人按浓度由低到高依次尝味,记录自己的基因型。

①测试时，让受试者正坐，仰头张口伸舌，用滴管滴 4～6 滴 14 号液于受试者舌根部，让受试者慢慢咽下尝味，然后用蒸馏水做同样的实验。

②询问受试者能否鉴别此两种溶液的味道。若不能鉴别或鉴别不准，则依次用 13 号、12 号溶液重复实验，直到能明确鉴别出 PTC 的苦味为止。

③当受试者鉴别出某一溶液时，应当用此号溶液重复尝味 3 次，3 次结果相同时，才是可靠的，并记录首次尝到 PTC 苦味的浓度等级号。如果受试者直到 1 号液仍尝不出苦味，则其尝味浓度等级定为 1 号以下。

④在测定时，注意用蒸馏水交替给受试者尝味，并采用一些技巧迷惑受试者，以免因受试者的猜想和心理作用而影响实验结果的准确性。给受试者滴药时切记悬空加样，不要碰到受试者。

（3）根据一个实验班的测定结果，求出基因 T、t 的频率，并应用 $\chi^2$ 检验确定群体是否为平衡群体。

基因频率的计算方法：通过获得的不同基因型的数目或基因型频率求得。

基因频率 = 群体中某个座位的特定等位基因的拷贝数 / 群体中该座位所有等位基因数

$$p=f(T)=(2\times TT+Tt)/(2\times N)$$
$$q=f(t)=(2\times tt+Tt)/(2\times N)$$

两个等位基因的频率 $f(T)$ 和 $f(t)$ 一般以 $p$ 和 $q$ 来表示，一个座位上的基因频率相加总是等于 1，因此一旦计算出了 $q$，那么 $p=1-q$。$N$ 为个体总数。

## 六、实验作业

（1）根据实验结果，算出味盲者 tt 基因型的频率。

（2）求出基因 t 与基因 T 的频率。

（3）假定 tt 基因型的适应值为 0，求出选择后基因 t 的频率（$q_1$），以及改变量 $\Delta q$ 的值。

例：某班测定了 61 人对苯硫脲的尝味能力，其中 30 人（TT）有尝味能力、杂合的有 28 人（Tt）、味盲者有 3 人（tt）。问：是否达到哈代—温伯格平衡？

T 基因的频率 $p=(30\times 2+28)/(61\times 2)=0.72$；t 基因的频率 $q=(3\times 2+28)/(61\times 2)=0.28$，计算 $\chi^2$ 值（表 35-2），查表得到 $p$ 值，判断是否符合哈代—温伯格定律。

根据群体遗传学的哈代—温伯格定律，如果没有其他因素的干扰，人群中基因 t 的频率也将会世代相传而不发生变化。

如果假定某种选择作用对隐性纯合子 tt 不利，使其适应值为 0（即 100% 被淘汰），则基因 t 频率将会发生改变，如表 35-3 所示。

表 35-2 群体是否平衡的 $\chi^2$ 检验

| 计算项目 | 基因型 | | | 总数（$n$） |
|---|---|---|---|---|
| | TT | Tt | tt | |
| 实测值（O） | | | | |
| 理论预期值 | $p^2$ | $2pq$ | $q^2$ | |
| 预期值（E） | $Np^2$ | $2Npq$ | $Nq^2$ | $N$ |
| (O–E)²/E | | | | |

选择后基因 t 的频率为：

$$q_0 = \frac{\frac{1}{2} \times 2p_0q_0}{p_0^2 + 2p_0q_0} = \frac{p_0q_0}{p_0(p_0+2q_0)} = \frac{q_0}{1+2q_0} \tag{1}$$

表 35-3 选择作用对隐性纯合子 tt 不利时基因 t 频率变化

| 基因型 | TT | Tt | tt | 合计 |
|---|---|---|---|---|
| 初始频率 | $p_0^2$ | $2p_0q_0$ | $q_0$ | 1 |
| 适应值 | 1 | 1 | 0 | |
| 选择后频率 | $p_0^2$ | $2p_0q_0$ | 0 | $p_0^2+2p_0q_0$ |
| 相对频率 | $p_0^2+2p_0q_0$ | $\dfrac{2p_0q_0}{p_0^2+2p_0q_0}$ | 0 | 1 |

选择后基因 t 频率的改变量为：

$$\Delta q = q_1 - q_0 = \frac{q_0}{1+2q_0} - q_0 = \frac{-q_0^2}{1+q_0} \tag{2}$$

$$\Delta q = -\frac{-q_0^2}{1+q_0} = -0.28^2/(1+0.28) = -0.06125$$

以上分析表明，选择的强有力的作用使群体基因频率的平衡受到破坏，生物体便会产生某种方式的进化。

例：某班测定了 66 人对苯硫脲的尝味能力，其中 35 人（TT）有尝味能力、杂合的有 27 人（Tt）、味盲者有 4 人（tt），见表 35-4。问：是否达到哈代—温伯格平衡？

$D$（TT）=65/127=0.5118，$H$（Tt）=55/127=0.4331，$R$（tt）=7/127=0.0551，
$p$=（65×2+55）÷（127×2）=0.728，$q$=（7×2+55）÷（127×2）=0.272
$\chi^2$=1.1307，df=3-2=2，$p$=0.1～0.9

表 35-4　群体是否平衡的 $\chi^2$ 检验

|  | TT | Tt | tt | 总计 |
|---|---|---|---|---|
| 实际频数（O） | 65 | 55 | 7 | 127 |
| 基因型频率 | 0.5118 | 0.4331 | 0.0551 | 1 |
| 基因频率 | $p$=0.728 | | $q$=0.272 | |
| 理论频数（E） | 67.3 | 50.3 | 9.4 | 127 |
| （O-E）²/E | 0.0786 | 0.4392 | 0.6128 | 1.1307 |

（4）嗅觉察觉阈和识别阈的测定：轻轻摇晃测试液瓶，打开瓶塞，将鼻子凑近瓶口，依次从低浓度溶液向高浓度溶液闻过，记住几号溶液感觉有味道（即察觉阈），然后继续闻下去，直至正确判断所测物质的名称（即识别阈）。最后记下所得数据。

溶液配制：以25%某溶液为母液，同样按1/2作倍比，依次稀释成第13号至第1号溶液。

察觉阈分两种类型：敏感型（1～6号）；不敏感型（7～13号）。

识别阈分三种类型：高度敏感型（1～6号）；中度敏感型（7～11号）；不敏感型（12～13号）。

统计嗅阈测量数据，填入表35-5。

表 35-5　嗅阈测量数据统计表

| 溶液编号 | 1 | 2 | 3 | 4 | 5 | 6 | 7 | 8 | 9 | 10 | 11 | 12 | 13 |
|---|---|---|---|---|---|---|---|---|---|---|---|---|---|
| 察觉人数 | | | | | | | | | | | | | |
| 识别人数 | | | | | | | | | | | | | |

## 七、注意事项

（1）测试时一定要从低浓度到高浓度，每换不同号溶液时要用蒸馏水漱口。

（2）在测试时，用蒸馏水和PTC溶液交替测试，以避免受试者的臆想和猜测；每次测试味觉后须用饮用水漱口；测试味觉的顺序应从低浓度到高浓度依次进行。

## 八、思考题

(1) 根据实验班的测定结果，求出该班群体中 T 和 t 的基因频率。

(2) 应用 $\chi^2$ 检验确定该班群体是否为平衡群体。如果不是，可能的原因有哪些？为了降低因实验样本含量少所引起的误差，可综合多个实验班的结果进行分析。

(3) 在所测群体中，男、女性在尝味能力上是否有区别？

(4) 年龄对尝味阈值是否有影响？对成年人而言，哪些因素可能对其尝味能力产生影响？

# 实验 36　人类的 ABO 血型测定与分析

## 一、实验目的

(1) 掌握人类 ABO 血型的遗传特点及其鉴定原理与方法。

(2) 了解基因频率的分析计算方法，加深理解复等位基因的概念及遗传平衡定律。

## 二、实验原理

ABO 血型系统是最早发现的血型系统，是免疫遗传学、人类群体遗传学、法医学等重要领域中非常有用的遗传标记，在临床医学上具有重要的意义。

血型是由血细胞上存在的特异性抗原类型决定的，抗原主要有 A 和 B 两种，根据红细胞表面这两种抗原的有无，可把血型分为 4 种，即 A 型、B 型、AB 型、O 型。抗原的特异性是由 $I^A$、$I^B$、$i$ 这 3 个复等位基因决定的，其中任意 2 个基因组合就会形成 6 种不同的基因型组合，表现为 4 种血型。不同血型的血细胞表面的抗原、血清中的抗体种类分布见表 36-1。

表 36-1　ABO 血型遗传特征

| 表型（血型） | 基因型 | 红细胞膜上抗原 | 血清中抗体 |
| --- | --- | --- | --- |
| A | $I^A I^A$、$I^A i$ | A | β（抗 B） |
| B | $I^B I^B$、$I^B i$ | B | α（抗 A） |
| AB | $I^A I^B$ | A、B | — |
| O | $ii$ | | α、β |

A 抗原只能和抗 A 血清结合，B 抗原只能和抗 B 血清结合，故可用已知的 A

型标准血清（抗 B 血清）和 B 型标准血清（抗 A 血清）鉴定未知血型，这 2 种标准血清中的抗体能够与含有相同抗原的红细胞结合（凝集）。

本实验采用玻片凝集法鉴定待测血液的血型。如果待测血液与抗 A 血清凝集，则为 A 型；与抗 B 血清凝集，则为 B 型；与抗 A、抗 B 血清均凝集，则为 AB 型；与抗 A、抗 B 血清均不凝集，则为 O 型。

$[p(I^A)+q(I^B)+r(i)]^2 = p^2(I^AI^A)+q^2(I^BI^B)+r^2(ii)+2pq(I^AI^B)+2pr(I^Ai)+2qr(I^Bi) = 1$

在随机婚配的平衡群体中，假设 $I^A$、$I^B$、i 基因的频率分别为 $p$、$q$、$r$，这 3 个复等位基因频率和 6 种基因型频率，应符合哈代—温伯格平衡定律。假设实验受试者的 A、B、AB、O 表型频率分别为 $P_A$、$P_B$、$P_{AB}$、$P_O$，根据 4 种血型的频率，可计算出 $I^A$、$I^B$、i 的基因频率 $p$、$q$、$r$：

$$r = \sqrt{r^2} = \sqrt{P_O}$$

$$p = 1-(q+r) = 1-\sqrt{(q+r)^2} = 1-\sqrt{q^2+2qr+r^2} = 1-\sqrt{P_B+P_O}$$

### 三、实验试剂与器材

1. 实验试剂

ABO 血型鉴定试剂盒、70% 乙醇等。

2. 实验器材

一次性无菌采血针、牙签、记号笔、载玻片、脱脂棉等。

### 四、实验材料

受试者的耳垂或指端毛细血管血液样品。

### 五、实验方法与步骤

**【概括步骤】**

准备载玻片──→采血──→凝集──→观察与判断──→得出结论──→统计与计算。

**【具体步骤】**

1. 实验准备

将实验用的双凹槽载玻片或普通载玻片清洗干净，用记号笔在载玻片的两端边角处标明 A 和 B，同时写上受试者的名称。并在载玻片标有 A、B 的 2 个凹槽处，分别滴加抗 A 和抗 B 血清（图 36-1）。

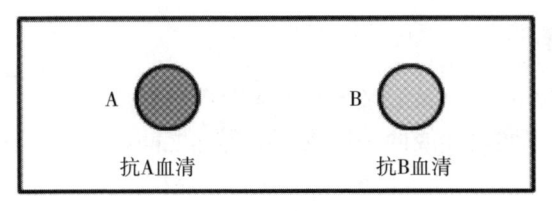

图 36-1　实验载玻片的标注

2. 采血

用 70% 乙醇棉球反复擦拭受试者的耳垂或手指,用一次性无菌采血针刺破耳垂或手指端部皮肤,用吸管(或牙签)吸取 1~2 滴,放入上述载玻片的凹槽中。

3. 血液与抗血清混合

用不同的牙签分别在载玻片的凹槽中搅拌,同时水平晃动载玻片,使血细胞与抗血清充分混合。

4. 观察与判断

待血细胞与抗血清混合 10~30min 后,可以观察有无凝集现象。如果载玻片上混合液由混浊变透明且出现大小不等的颗粒,表明红细胞已被抗血清凝集。如果不出现颗粒,始终处于混浊状态,或者出现类似凝集,但稍微晃动即呈现混浊,则属于无凝集。若看不清楚,也可在显微镜下观察。

5. 结论

根据 ABO 血型的测定的实验结果,确定受试者的血型。

6. 统计与计算

根据班级受试者的实验结果,统计 A、B、AB、O 这 4 种血型表型的频率,计算 $I^A$、$I^B$、$i$ 的基因频率,同时做 $\chi^2$ 检验。

## 六、实验作业

(1)根据凝集反应,确定自己的血型。

(2)将班级同学的血型进行统计,计算班级群体中 $I^A$、$I^B$、$i$ 的分布基因频率,同时做 $\chi^2$ 检验。评价该群体是否为平衡群体,如何解释?

## 七、注意事项

(1)标准的抗血清必须保存在 4℃ 冰箱中,否则易失效。

(2)吸取的血液不能过多或过少,否则会影响凝集现象的观察。

(3)载玻片使用后,要用酒精棉球擦拭,放入消毒缸内。

## 八、思考题

（1）怎样理解哈代—温伯格平衡定律的普遍意义？

（2）为什么不同民族或同一民族不同群体之间，A、B、AB、O血型的频率会不同？

# 参考文献

[1] 杨大翔. 遗传学实验 [M]. 3 版. 北京：科学出版社，2022.

[2] 乔守怡，皮妍，郭滨. 遗传学实验 [M]. 4 版. 北京：高等教育出版社，2023.

[3] 周洲. 遗传学实验 [M]. 2 版. 北京：科学出版社，2018.

[4] 张根发，梁前进. 遗传学实验 [M]. 2 版. 北京：北京师范大学出版社，2017.

[5] 唐文武，吴秀兰. 遗传学实验 [M]. 北京：化学工业出版社，2018.

[6] 吴琼，林琳，张贵友. 普通遗传学实验指导[M]. 2 版. 北京: 清华大学出版社，2016.

[7] 卢龙斗，常重杰. 遗传学实验 [M]. 2 版. 北京：科学出版社，2014.

[8] 郭宁. 遗传学实验指导 [M]. 北京：中国农业大学，2015.

[9] 郭善利，刘林德. 遗传学实验教程 [M]. 3 版. 北京：科学出版社，2015.

[10] 刘祖洞，江绍慧. 遗传学实验 [M]. 2 版. 北京：高等教育出版社，1987.

[11] 徐秀芳，张丽敏，丁海燕. 遗传学实验指导 [M]. 武汉：华中科技大学出版社，2013.

[12] 李秀霞. 生物学综合实验 [M]. 沈阳：东北大学出版社，2013.

[13] 李凤霞. 遗传学实验指导 [M]. 长春：吉林人民出版社，2006.

[14] 王建波，方呈祥，鄢慧民，等. 遗传学实验教程[M]. 武汉：武汉大学出版社，2004.

[15] 黎杰强，伍育源，朱碧岩. 遗传学实验 [M]. 长沙：湖南科学技术出版社，2006.

[16] 王金发，戚康标，何炎明. 遗传学实验教程 [M]. 北京：高等教育出版社，2008.

[17] 左伋. 医学遗传学实验指导 [M]. 北京：人民卫生出版社，2004.

[18] 王春台. 图解现代遗传学实验 [M]. 北京：化学工业出版社，2009.

[19] 张文霞，辛广伟，戴灼华. 遗传学实验指导 [M]. 2 版. 北京：高等教育出版社，2019.

[20] 李懋学，张学方. 植物染色体研究技术 [M]. 哈尔滨：东北林业大学出版社，1991.

[21] 高猛，安玉麟，孙瑞芬. 植物染色体分带及其荧光原位杂交技术研究进

展[J]. 生物技术通报, 2010（10）：67-75.

[22] 贾印峰, 单良鹏, 高素平, 等. 人体外周血淋巴细胞的培养与染色体标本制作方法的探讨[J]. 济宁医学院学报, 2000, 23（3）：44-45.

[23] 孔庆友, 孙媛, 王茜, 等. 人体外周血淋巴细胞培养和染色体标本制备实验的改进[J]. 大连医科大学学报, 2001, 23（3）：228.

[24] 王桂玲, 黄东阳, 刘戈飞. 一种从动物组织中提取高质量总 RNA 的方法[J]. 生命科学研究, 2003, 7（3）：275-278.

[25] 张书芹, 蔡明历, 刘焰, 等. 粗糙链孢霉杂交试验的新方法[J]. 安徽农业科学, 2011, 39（13）：7588, 7591.

[26] 王惠英, 李晓峰, 赵倩, 等. 几种葱属物的核型分析与比较[J]. 河北农业大学学报, 2006, 29（2）：13-15.

[27] 陈晓芸, 林鸿生, 朱慧. 果蝇培养条件优化和唾液腺染色体标本制备技术改进[J]. 中学生物学, 2021, 37（1）：43, 46.

[28] 饶友生, 柴学文, 王樟凤. 一种改进的果蝇唾液腺染色体装片制作方法[J]. 生物学通报, 2014, 49（5）：44-46, 63.

# 附　录

## 附录 I　遗传实验室的管理制度

### 一、实验室基本要求

（1）实验室中常规配备有供水、供电设施，仪器及各种药品（包括各种易燃、易爆及有毒药品），所以进入实验室首先要注意的就是安全问题。要求任何人不得擅自在实验室中与其所做实验无关的地方走动，不得触摸与实验无关的仪器、设备及物品。实验前应检查仪器是否完好无损，装置是否安装正确。实验结束后，检查一切用过的仪器、物品等是否完好，若无损坏，将其物归原位。若已损坏，务必及时告知实验教师，否则将追究其责任。

（2）实验室内要保持安静，不应大声喧哗。为了保证实验的有序进行，要求每个人不迟到、不早退。

（3）为了保证实验室卫生，学生应轮流值日。值日生负责整理公用器材，负责当天实验室卫生、安全工作，实验完毕要将实验室打扫干净，物品摆放整洁，水、电等关闭好后方可离开。

### 二、学生实验成绩的考核制度

（1）学生应按要求上满该学期全部实验，除非极特殊情况不得缺席，否则所缺实验概不后补。

（2）学生实验报告如无特殊要求的均应及时上交。

（3）实验课成绩包括课堂提问、出席情况、实验报告、操作考试、参与实验准备、课堂表现等部分。具体考核方法各学校任课教师可根据学生及学校情况确定。

## 附录 II　遗传实验室常用仪器的使用

生命科学是实验性学科，在进行生命科学教学和科研时，必然要使用各种常规和精密仪器。作为生命科学体系的一门重要课程，遗传学的研究和发展同样也离不开各种仪器的使用。为保证仪器的合理使用，减少不合理使用造成的损耗，提高教学过程的质量，有必要先介绍一下遗传实验室常用仪器的使用。

## 一、光学显微镜

光学显微镜是实验中使用率最高的仪器，用于观察微观物体和现象。显微镜主要由两个系统组成，即机械系统与光学系统。其使用方法如下。

1. 显微镜的使用

（1）取出显微镜：用一只手握紧镜臂，另一只手托住镜座，把显微镜从盒中取出，放于实验台上，切不可单手提显微镜。放置时，一般放于左侧，以便于左眼观察，右眼绘图。

（2）对光：移动物镜转换器，使低倍物镜正对通光孔，把虹彩光圈开到最大。用左眼自目镜观察，同时调节反光镜使之转向光源（或打开电源开关），将视野中的光亮度调均匀且不耀眼，此时即可放置被检物体。

（3）放置玻片标本与低倍镜观察：先提升镜筒，把玻片标本放置于载物台上，用压片夹压住。放置时最好使被观察的标本位于通光孔中央，再将物镜慢慢降低或将载物台慢慢升高，至物镜刚要触及玻片标本为止（勿使镜头与玻片标本相触碰）。这时左眼对准目镜，同时转动粗调焦旋钮，使物镜与玻片标本间的距离逐渐拉大，至标本影像出现为止。再用细调焦旋钮调节，调到图像最清晰时即可进行观察。如标本不在视野中，可根据调节过程中视野中出现污物的多少来判断是否对焦。一般来说，对焦时出现的污物较多。但还需用手转动推动器旋钮，观察视野中的污物是否移动，若移动则说明已对焦，可用推动器将标本调至视野中央进行观察。由于标本形成的像是倒像，因此，玻片移动的方向恰好与视野中物像移动的方向相反。

（4）高倍镜观察：仔细观察低倍镜下所找到的对象。若不再放大观察，则可用铅笔将视野中的图像绘出或用显微照相装置拍摄下来；若再放大观察，应更换物镜。一般更换物镜后，只须用细调焦旋钮即可得到清晰的图像，但有些镜头还需使用粗调焦旋钮才能调节清楚。由于更换物镜后，光线往往随之减弱，可调节虹彩光圈或反光镜、可变电阻等，使亮度增强。

（5）油镜观察：当高倍镜的放大倍数不能满足要求时，可使用油镜观察。把要观察的部分移至视野的中央，将镜筒提起或下降载物台，将油镜转至下方。在玻片标本的镜检部位滴一滴香柏油，然后缓缓下降镜筒或上升载物台，转动粗调焦旋钮，使镜头刚好与标本相接触并浸入油中。不可快速转动粗调焦旋钮，更不可用力过猛，否则会损坏镜头。接触标本后先进行粗调，再细调直至出现清晰图像。观察完毕，先用镜头纸擦去镜头上的香柏油，再用擦镜纸蘸些二甲苯拭去残留的油迹，最后用擦镜纸擦去二甲苯，切不可用手或其他物品去擦拭，以免损坏镜头。

（6）放回显微镜：显微镜用毕，将各部分复原后放入盒中，切不可部分复原或把标本留在载物台上。

2. 使用时的注意事项

在显微镜的使用过程中，除上述提及的注意事项外，还应牢记下列事项：

（1）搬动时，一定要用一只手握牢镜臂，另一只手托住镜座，并置于胸前，切忌用一只手提，而另一只手不托。

（2）显微镜要放在实验台上，切不可随便放在其他仪器或窗台及板凳上，以免损坏仪器。

（3）使用时应严格按照操作规范去做，切不可自作主张，以致损伤仪器。

（4）使用时要保持光学部分绝对干净，切不可用手触及各类镜面、镜头，如有灰尘，要用擦镜纸擦拭，不能用其他物品代替。

（5）机械部分也应注意清洁，有灰尘时要用绸布等软布拭去，若间隔时间不长还要继续使用，可不必放入盒中，但要用绸布盖好镜头，以防灰尘污染镜头。

（6）平时不修理时，不得随意拆卸显微镜的任何部件，更不能随意拆卸镜头，或者在不同的显微镜之间相互交换目镜，以防污染镜头内部，影响其正常使用，甚至损坏显微镜。如遇故障可请教师帮助排除或修理。

（7）观察临时装片时要小心，避免水及染色液等腐蚀污染镜头。

（8）显微镜平时要保养好，最好有专人管理，学生使用时也应专人专镜，以备出现问题时好查找原因，并能增强学生的责任感。

（9）显微镜盒内要防潮、防腐、防热等。

（10）如发现镜子已损坏，应立即停止使用，进行维修，切不可长期失修，以致不能修复而报废，造成国家财产的损失。

3. 日常保养

显微镜是生物实验室最常用的仪器，数量多且使用频繁，所以要注意日常保养，以保证正常使用。

（1）要进行使用登记，每使用两次就要擦拭一遍，并要定期进行检修，重点检查光学系统有无损坏、污染、发霉等现象。发现问题要及时处理。机械部分损坏时也要进行检修。

（2）在放假或长期放置期间，也应定期检查、擦拭，以防损坏。

（3）光学系统的保养是日常保养的中心，平时要特别注意保养，主要是防尘、防潮、防腐和防热等，并定期更换干燥剂。

（4）机械系统的保养比较容易，要定期上油，并随时注意是否有脱漆、旋转失灵等现象。发现问题时，及时处理。

## 二、双目解剖镜

双目解剖镜是一种用双目观察将细微物体放大,具有高分辨率、高清晰度和强立体感的连续变倍体视显微镜,它具有较长的工作距离、宽阔的视场、良好的成像质量等特点。

1. 使用方法

(1)润湿标本,务必使用玻璃镜台。暗视标本与淡色标本,除须改用白色底板或黑色底板外,上面可加灯光照射。透明标本只用玻璃镜台,并可移动镜台下的反光镜,以调节光线明暗度。

(2)用螺丝固定于镜柱的镜子,应将镜筒提高到与物镜"操作距离"合适的高度,然后旋紧螺丝,固定镜筒,防止掉落。

(3)使用者可根据自己的眼距,调节两个目镜间距离,直到观察的物像合为一个为止。

(4)使用完毕后,使镜筒恢复原来位置,其他暂时安装的零件(如灯、镜头等),务必归还原处。

2. 注意事项

(1)双目解剖镜要由经常使用者领取,并负责保管,使用者填写清单,一式两份,一份存于室内器材组,另一份存于镜箱内。

(2)使用者(包括借用者)必须严格遵守使用方法和注意事项。

(3)解剖镜箱必须放置于干燥场所,箱内应放硅胶等防潮,干燥剂失效后,应予烘干或调换。

(4)使用时,镜子不能受日光直接照射,以免镜头受热后金属与透镜的膨胀系数不同而引起脱胶开裂,勿使香柏油浸入镜头而造成油浸镜头模糊。

(5)为了保护镜头,一律用擦镜纸依直线方向抹拭,不宜以回转方式揩拭,并忌用酒精揩拭。必要时以极少量二甲苯揩拭,再用擦镜纸擦净。

(6)镜身金属部分,可用清洁纱布擦净,防止强碱物质污染。每月应仔细擦拭与检查一次,当发现损坏或失灵时,应及时送修理组进行检修。

(7)粗动螺旋与微动螺旋的松紧控制点不在齿轮和齿板上面而在轴上,因此不可用加油或垫纸来达到调整松紧的目的,移动器的松紧控制点也在螺旋的轴上,不在齿轮或齿板上。

(8)当需用一只手提镜箱时,应先检查一下箱底是否牢固,固定提环的螺丝是否已旋紧,并应锁上箱门。

(9)携带显微镜外出时,目镜与物镜必须全部卸下,用薄而软的纸包裹后捆紧,聚光器及反光镜亦宜卸下,用多层纸包好,放在箱底正中,镜台及某些关节宜用原来的垫板垫稳。然后将镜子推入箱内,插入撑板,先用固定螺钉自箱底把镜子紧紧固定，再用废纸团、纱布、擦片毛巾等把镜箱内部各处塞紧，再关门上锁。

## 三、离心机

离心机是利用离心力对混合溶液进行快速分离及沉淀的一种实验室常用仪器，可根据离心容量的不同分为不同的类型。

1. 使用方法

（1）首先检查离心机调速旋钮是否处在零位，外套管是否完整无损和垫有橡皮垫。

（2）将离心的物质放入合适的离心管中，离心液距离心管口 $1\sim 2cm$ 为宜，以免在离心时被甩出。将离心管放入外套管中，在外套管与离心管中注入缓冲用水，使离心管不易破损。

（3）取出一对已有离心管的外套管放在台天平上平衡，如不平衡，可调整缓冲用水或离心物质的量。将平衡好的外套管放在离心机十字转头的对称位置上，把不用的外套管取出，盖好离心机盖。

（4）接通电源，开启开关。平稳、缓慢地旋动调速旋钮至所需转速，待转速稳定后再开始计时。有自动计时的离心机，则不需人工计时，开启开关后，将计时旋钮旋至离心所需时间上（可多出 $1\sim 2min$，因为离心机达到所需转数需要一段时间），然后平稳、缓慢地将调速旋钮调到所需转速。

（5）离心结束，将调速旋钮先旋回零位，然后关闭开关，切断电源。打开机盖，取出离心样品。

（6）把外套管、橡皮垫冲洗干净，倒置干燥备用。使用离心机时要注意安全和正确操作。

2. 注意事项

（1）离心机应安放在平坦和结实的地面或实验台上，以确保安全。离心机不允许倾斜。离心机应接地线，以确保安全。

（2）离心机启动后，如有不正常的噪声及振动，可能是离心管破碎或相对位置上的两管质量不平衡，应立即关机处理。关机时须平稳、缓慢减小转速。关闭电源后，要等候离心机自动停止，不允许用手或其他物件迫使离心机停转。

（3）离心机在运转过程中严禁移动位置和开盖，以免发生危险和损坏离心机。

（4）每年要检查一次电动机的电刷及轴承磨损情况，必要时更换电刷或轴承。更换时要清洗刷盒及整流子表面污物。新电刷要自由落入刷盒内，要求电刷与整流子外缘吻合。轴承缺油或有污物时应清洗加油，轴承采用二硫化钼锂基脂润滑，添加量一般为轴承空隙的 1/2。

## 四、低温离心机

低温离心机即带冷冻装置的离心机,分为低温高速离心机和低温低速离心机两类。

1. 使用方法

(1) 此仪器无论何时使用,须经管理员同意。

(2) 每次使用仪器都要登记。

(3) 离心样品密度要相同,样品液面要求离试管口 3mm。

(4) 将配平、密度相同、管壁干燥的离心管对称放入吊桶内,旋紧对应的吊桶帽,悬挂到对应的吊桶架上,空吊桶也要悬挂。

(5) 打开仪器电源开关。

(6) 用脚踩住踏板,同时用手按住指定位置,门盖将自动打开。

(7) 将悬挂吊桶的转头向下笔直轻放于驱动轴套上,要确保牢固性。

(8) 旋紧转头盖。

(9) 手按住指定位置将门盖压下去。

(10) 设置离心参数:转头型号、转速、温度、时间、升降速度频率。

(11) 参数设置确认无误,按"ENTER""START"。

(12) 离心机达到设定转速 5min 后,使用者方可离开。离心过程中需不时观察仪器运转是否正常。

(13) 离心结束(或按"STOP"结束运行),转头停止运转后,打开门盖,旋松转头盖,将转头取出放到专用架上。

(14) 取出吊桶,旋松吊桶帽,将样品取出。

(15) 吊桶及吊桶帽敞开放在指定位置,如有漏液,取出密封圈,洗净后再倒置放在桌布上。

(16) 关上仪器电源开关。

(17) 将腔体内冷凝水擦净。

(18) 腔体温度与室温相同时关闭门盖。

2. 注意事项

(1) 预冷:冷冻离心需要预冷时,离心机在所需温度下 2000r/min 离心 3~5min。

(2) 温度:开机后可以先 2500r/min 空转,直到达到设定温度为止。

(3) 开盖:尽量缩短开盖时间,因为如果时间太长,一方面会使离心机内温度升高较大,另一方面也会增加离心机内的水汽凝结量,加重了离心机的损耗。

(4) 上转子:上转子时切忌用力过大,上得过紧,如果很紧的话会造成缓冲环的损耗。

（5）平衡：现在生产的冷冻离心机都有自动平衡功能，但是还是要做平衡操作，这样可以延长离心机的寿命。

（6）放离心管：一定要对称放置，尤其是1.5mL的管子离心时，因为这种转子样品孔很多，容易放错。

（7）转速的设定：离心机都有最高转速限制，不同转子的最高转速不一样，转子越小最高转速越高，注意不要超过最高转速。

（8）善后工作：离心完毕后一定要把离心机的转子卸下来，擦干离心机里的水滴，然后关机。

## 五、恒温箱

恒温箱是常用来进行生物材料培养的仪器。恒温箱的最高工作温度为60℃。

1. 使用方法

（1）将温度计插入温度计座（在箱顶放气调节器中部）内，把电源插头插入电源插座，将开关置于"开"的位置上，则指示灯亮，恒温箱发出"轰轰"声，即开始启动。

（2）将"设定、测温"按钮按下，即可设定所需温度，旋转调温旋钮，待屏幕上显示出所设温度时，停止旋转旋钮，再按一下"设定、测温"按钮，则按钮恢复到原来位置，此时屏幕显示即为所测温度。待所测温度达到所设定温度时，即可以将培养的材料放入恒温箱内培养。

（3）使用完毕后，先将开关打到"关"处，再拔下电源插头。

2. 注意事项

（1）使用仪器前先检查电源，且要有良好的地线。

（2）恒温箱内不可放易燃物品及挥发性物品。

（3）仪器内保持清洁，放物网不得有锈，否则影响玻璃器皿的清洁度。

（4）定时监看，以防使用时温度变化影响实验或发生事故。

（5）切勿拧动恒温箱内感温器，放物品也要避免碰撞感温器，否则温度不稳定。

（6）恒温箱应定时检修，检修仪器时应切断电源。

## 六、生化培养箱

生化培养箱具有制冷和加热双向调温系统，温度可控，是生物、遗传工程、医学、卫生防疫、环境保护、农林畜牧等行业的科研机构、大专院校、生产单位或部门实验室的重要实验设备，广泛应用于低温恒温实验、培养实验、环境实验等。

1. 使用方法

（1）打开箱门，将待处理物件放入箱内搁板上，关上箱门。

（2）接通电源，将三芯插头插入电源插座，将面板上的电源开关置于"开"的位置，此时仪表出现数字显示，表示设备进入工作状态。

（3）通过操作控制面板上的温度控制器，设定所需要的箱内温度。当设定温度大于环境温度5℃以上时，将制冷转换开关置于"RT+5℃"。

（4）仪器开始工作，箱内温度逐渐达到设定值，经过所需的处理时间后，处理工作完成。

（5）关闭电源，待箱内温度接近环境温度后，打开箱门，取出物件。

2. 注意事项

（1）生化培养箱尽可能地安装于温度、湿度变化较小的地方，使三芯插头的零线接地。

（2）使用生化培养箱前，应认真阅读各组成配套仪器、仪表的说明书，掌握正确的使用方法。

（3）严禁将易挥发性化学溶剂、爆炸性气体和可燃性气体置于箱内，培养箱附近不可使用可燃性喷雾剂，以免电火花引燃。

（4）经常检查气路有无漏气现象。

（5）生化培养箱有断电保护功能，因此压缩机停机后再次启动要达1.5min左右，从而更好地保护压缩机。

（6）生化培养箱的冷凝器与墙壁之间距离应大于100mm，箱体侧面应留有50mm间隙，箱体顶部至少应有300mm，保证良好的散热性。

（7）生化培养箱在搬运、维修、保养时应避免碰撞和摇晃振动，倾斜度应小于45°。

（8）长时间停止使用时，应关闭总电源及设备后部的电源开关。生化培养箱工作时，应避免频繁开门以保持温度稳定，同时防止灰尘污物进入工作室内。

（9）箱内外应保持清洁，每次使用完毕应当进行清理。长期不用也要经常擦拭箱壁内胆和设备表面以保持清洁，增加玻璃的透明度。请勿用酸、碱或其他腐蚀性溶液来擦拭外表面。

（10）培养结束后把电源开关关闭，如不立刻取出实验样品，请勿打开箱门。

（11）生化培养箱不宜在高电压、大电流、强磁场等异常环境下使用，严格按照电气安全操作守则执行。

## 七、光照培养箱

光照培养箱具有超温和传感器异常保护功能，以保障仪器和样品安全；选配全光谱的植物生长灯，有利于植物的生长，提高抗病性。

1. 使用方法

（1）接通电源，合上电源开关，整机通电，电源指示灯亮。

（2）控温设定请参考智能型数字温度控制器说明书。

（3）如需照明则打开照明开关。

（4）光照培养箱有断电保护功能及 1.5min 左右延时功能，压缩机停机后再次启动要达 1.5min 左右。

2. 注意事项

（1）光照培养箱外壳应可靠接地。

（2）光照培养箱要放置在阴凉、干燥、通风良好、远离热源和日晒的地方。放置平稳，以防震动、发生噪声。

（3）为保障冷凝器有效地散热，冷凝器与墙壁之间距离应大于 100mm。箱体侧面应留有 50mm 间隙，箱体顶部至少应有 300mm 空间。

（4）光照培养箱在搬运、维修、保养时，应避免碰撞、摇晃、振动；倾斜度应小于 45°。

（5）仪器突然不工作时，检查熔丝管（箱后）是否烧坏，检查供电情况。

（6）培养箱制冷工作时，不宜使箱内温度与环境温度之差大于 25℃。

## 八、电热恒温水浴锅

电热恒温水浴锅常用于恒温加热和蒸发。此仪器有温控器，可以调节控制温度。最高工作温度为 100℃。使用方法如下：

（1）将温度计插入座内。

（2）使用前检查电源，必须在随锅所带的三芯插座上接好地线。一般地线都与自来水管（长 2m、直径 25mm 的铁管）焊接并埋入地下。

（3）加蒸馏水于锅内，也可根据需要的温度加入热水以缩短加热时间。

（4）接通电源开始加热。观察温度计是否已达到所需温度。若锅内温度不够，而红色指示灯灭，可将调温器旋钮顺时针旋转，红色指示灯亮，即继续加热。当温度计显示温度将要达到需要温度时，微调控温旋钮，使绿指示灯正好发亮。几分钟后再观察温度计和指示灯。若逆时针旋转控温旋钮，指示灯灭，即断电降温。下次使用同样温度，可不必旋动控温旋钮。若需要锅内水温达 100℃ 及沸水蒸馏等时，可将控温旋钮旋至终点，使电源恒通不断。但不可加水过多，以免沸腾时水溢出锅外。并应注意锅内的水位不能少于最低水位，以免锅的接口焊锡熔化及烧坏漏水。控温旋钮周围的指示刻度不是温度标准指示，而只能作为调节用的标记。

## 九、托盘天平

托盘天平又称台式天平，是实验中常用的称量仪器，用于精确度不高的称量。常用的托盘天平有 100g（感量是 0.1g）、200g（感量是 0.2g）、500g（感量是 0.5g）

和1000g（感量是1g）四种。使用托盘天平称量时，可按下列步骤进行：

（1）根据所称物品的质量选择合适的托盘天平。

（2）调整零点，将游码移至"0"处，调节横梁上的螺丝，使指针停止在刻度中央。

（3）称量时，不要将称量物品直接放在天平盘上，以防腐蚀。将称量用纸或玻璃器皿放在左盘上，砝码放在右盘上。当指针重新停止在刻度中央时，右盘上砝码总质量与游码质量的总和即代表左盘上称量纸或器皿的质量，记录此质量。必须用镊子夹取砝码，加砝码的顺序是从大到小。

（4）向左盘中的称量纸或器皿中加入称量物品，再向右盘上加砝码，使托盘天平重新平衡，所得砝码的总质量减去称量纸或器皿的质量即得称量物品的质量。

（5）称量完毕，将砝码放回盒内，将游码重新移至"0"处，清洁称量盘。

## 十、电子天平

电子天平用于精确称量物体质量。电子天平一般采用应变式传感器、电容式传感器或电磁平衡式传感器。其特点是称量准确可靠、显示快速清晰，并且具有自动检测系统、简便的自动校准装置以及超载保护等装置。

1. 使用方法

（1）调水平：天平开机前，应观察天平后部水平仪内的水泡是否位于圆环的中央，否则通过天平的地脚螺栓调节，左旋升高，右旋下降。

（2）预热：天平在初次接通电源或长时间断电后开机时，至少需要30min的预热时间。因此，通常情况下，实验室里电子天平不要经常切断电源。

（3）称量：按下"ON/OFF"键，接通显示器；等待仪器自检。当显示器显示零时，自检过程结束，天平可进行称量；放置称量纸，按显示屏两侧的"Tare"键去皮，待显示器显示零时，在称量纸上加所要称量的试剂，称量。称量完毕，按"ON/OFF"键，关断显示器。

2. 注意事项

（1）为正确使用天平，应熟悉天平的几种状态：显示器右上角显示"O"，表示显示器处于关断状态；显示器左下角显示"O"，表示仪器处于待机状态，可进行称量；显示器左上角出现菱形标志，表示仪器的微处理器正在执行某个功能，此时不接受其他任务。

（2）天平在安装时已经过严格校准，故不可轻易移动天平，否则校准工作须重新进行。

（3）严禁不使用称量纸直接称量！每次称量后清洁天平，避免对天平造成污染而影响称量精度。

## 十一、电光分析天平

电光分析天平可作精密衡量分析测定之用。下面以 TG328B 型电光分析天平为例，介绍电光分析天平的调整、使用及维护保管方法。

1. 电光分析天平的调整

（1）零点的调整：幅度较大的零点调整，可由横梁上端左右2个平衡旋钮来进行；幅度较小的零点调整，可以用底板下部的微动调节梗来进行，移动到投影窗的"0"位置线重合为止。

（2）感量的调整：将 10mg 砝码加在左盘上，开启天平后，光学读数应为 10mg，不超出计量允差。如果感量小，则将重心螺帽向上移动，过多则反之。调整感量后，零点应恢复正常，再试看感量，反复调节至符合允差范围（在移动重心螺帽时，必须使横梁稳住不移动，以免刀刃损坏）。

（3）托盘对秤盘的调整：正常的天平在停止使用时，秤盘在空载时应由托盘极轻微地托住，这样可保证秤盘在加上负载时，托盘将秤盘托起，以免秤盘晃动，但又不易过高，因这样会引起天平计量的误差。如秤盘与托盘接触不良，过高或过低，可将托盘取出，拧松螺帽，再调整高低调节螺丝，然后拧紧螺帽，调整到秤盘与托盘在微托状态为止。

（4）光学系统的调整：当天平装好使用时，投影屏上显示刻度应明亮而清晰，相反则可能是天平受剧震或零件松动而产生刻度不清，光度不强，可按下列几个方面来调整。

①光源不强：将照明筒上的定位螺丝松开，把灯头座向顺、逆时针转动，如尚不够亮，可将照明筒向前、后移动或转动，使光源与聚光管集中成直线，直到投影屏上充满强光为止，最后将定位螺丝紧固。

②刻度不清：将指针前的物镜筒旁边螺丝松开，把物镜筒向前、后移动或转动，至刻度清晰为止，然后紧固螺丝。

③投影屏上有黑影缺陷：可将小反射镜和大反射镜相互调节角度。如左右光度不满，可将照明筒旋转，直至充满光度无黑暗为止。调节前将固定螺丝松开，调整后紧固。

2. 电光分析天平的使用

（1）使用电光分析天平时，必须缓慢、均匀地转动启闭。过快时会使刀刃急触而损坏，同时由于过于剧烈晃动，造成计量误差。

（2）称量时应适时地估计添加砝码，然后开动天平。按指针偏转方向增减砝码，直至投影屏中出现静止的 10mg 内的读数为止。

（3）在每次称量时，都应先将天平关闭，绝对不能在天平摆动时增减砝码或在秤盘中放置称量物。

（4）被称物在10mg以下者，可由投影屏中读出；10～990mg可以旋转砝码增减指数盘，来增减圈形砝码，1～100g可由砝码盒内用镊子夹出砝码，根据需要值选取。

（5）读取数值，克以下部分读取砝码旋钮指示数值和投影屏数值，克以上部分看盘子内的平衡砝码值。

3. 电光分析天平的维护保管

（1）天平室内温度最好保持在（20±2）℃，避免阳光照射及涡流侵袭或单面受冷受热，框罩内应放置干燥剂（最好用硅矾，忌用酸性液体作干燥剂）。

（2）所称的物体应放在秤盘中央，并不得超过天平最大称量。

（3）对过于冷或热和含有挥发性及腐蚀性的物体，不可放在天平内称量。

（4）天平使用完毕后，应将制动器关闭，将砝码指数盘旋至"0"位，并将天平用套子罩上。

（5）当要搬动整个天平时，必须将横梁、左右秤盘、挂钩等零件小心拿下，放入盒内（包括环形砝码），其他零件不能随意拆开。

（6）如天平要在另一气候环境使用时，必须根据上述办法清理和安装，然后要存放4h后才能使用。

（7）发现天平有损坏或不正常时，应立即停止使用，送交有关部门修理，经鉴定合格后，方能继续使用。

## 十二、电冰箱

电冰箱的制冷主要是根据物质由液态变成气态时吸热，由气态变成液态时放热的原理。电冰箱主要由箱体、制冷系统和自动控制系统三部分组成。使用方法与注意事项如下：

（1）搬运时，应从底部抬起，轻搬轻放，不可倒置或过度倾斜（倾斜角不能超过45°）。运输时切忌颠簸。安放处要避免潮湿、日晒或靠近其他热源。与墙面之间要留出15cm的间隙，以便散热。

（2）电冰箱内外应保持清洁干燥。清洗时应用温水或中性洗涤剂，切不可用香蕉水、苯等有机溶剂清洗。

（3）首次使用时，应将温控器调节钮对准"4"，空箱通电2～3h，冷却效果良好方可使用。

（4）电冰箱应避免频繁地开机、关机。开机、停机时间间隔不能少于5min。

（5）放置物品时不能紧贴箱壁，物品与物品之间也要留有一定空隙。

（6）热物品要自然冷却后，方可放入电冰箱。

（7）电冰箱长期停用时，应将其内外表面擦洗干净，门封条涂以滑石粉，每月开机0.5～1h。

### 十三、低温冰箱

低温冰箱主要用于科研、医疗用品的保存，生物制品、远洋制品、电子元件、化工材料等特殊材料的低温实验及储存。它适用于科研院所、卫生防疫系统、军工企业等。

1. 使用方法

（1）应放置在通风环境中，保持空气畅通，接通电源处保持干燥。

（2）药品、菌种等放入时应隔离好，切莫混杂。

（3）放入或取用物品后及时关闭冰箱门。

2. 注意事项

（1）保证环境温度。超低温冰箱的工作环境温度一定要在30℃以下，周围通风良好。温度过高或通风不畅都易造成设备过载运行而损坏。

（2）定期清理散热过滤网（2个月1次）。若长期不清理滤网，则灰尘堵塞网孔，造成散热不良，进而导致散热电机损坏、压缩机损坏。清理方法请查看使用说明书。

（3）定期清理冰箱门封处结冰。门封不严时，保温效果严重下降，容易致使压缩机长期超负荷运转而损坏。

### 十四、高压灭菌锅

高压灭菌锅是利用加压的饱和蒸汽对医疗器械、敷料用品、玻璃器皿等进行消毒灭菌的设备。它具有效果好、操作简易、安全可靠、携带方便等特点，也是生物教学中常用的仪器设备。

1. 使用方法

（1）堆放：将待消毒的物品妥善包扎，顺序地、相互之间留有间隙地放置在消毒桶内的筛板上。这样有利于蒸汽的穿透，提高灭菌效果。

（2）加水：在主体内加水3L，连续使用时，必须于每次灭菌后，补足上述水量，以免干热而发生事故。

（3）密封：将消毒桶放入主体内，然后将盖上的软管插入消毒桶内的侧凸管内，将盖与主体的螺栓槽对正，顺序地用力均匀地将相对方向的翼形螺母旋紧，使盖与主体密合。

（4）加热：接通电源，开始时，可将放气阀摘子推至垂直（开放）方位，让器内空气逸出去。待器内有较急蒸汽喷出时，应将摘子扳至水平（关闭）方位，随着器内温度升高，压力上升，可在压力表上显示出来。

（5）灭菌：当器内压力达到所需范围时，可采用切断电源的方法，使其维持恒压一定时间，根据不同的物品与包装选择相应的灭菌时间。

（6）干燥：对医疗器械、敷料器皿等，需要迅速干燥者，可于灭菌完成时，立即将放气阀打开，使器内之压力蒸汽迅速排去。待见压力表指针回复至零位后，稍等 1～2min，然后将盖打开，继续对本器加热 10～15min 即可。

（7）冷却：对瓶装溶液，于灭菌终了时，切勿立即排放本器内蒸汽。否则，瓶内溶液可因压力骤变而剧烈沸腾、溢出，甚至瓶子炸裂。所以应当首先将电源切断，让本器自然冷却，至压力表指针回复到零位，等待 1～2min，然后打开放气阀，将盖启开。

2. 注意事项与维护

（1）每次使用前，检查器内水量是否保持在 3L 左右。

（2）每次灭菌开始时，必须将放气阀打开，让器内空气逸去，否则将达不到预期灭菌效果。

（3）对溶液进行灭菌时，溶液应灌注于硬质耐热玻璃瓶中，以不超过瓶容积的 3/4 为妥。瓶口用棉纱塞塞好并用线绳缠扎于瓶颈上，以防落入瓶内。切勿使用未打孔的橡皮塞或软木塞，最好将玻璃瓶放置于容积稍大的搪瓷或金属盘内。这样万一玻璃瓶爆裂，溶液不致流失或损及本器内壁。

（4）对不同类型、不同灭菌要求的物品，如敷料与液体等，切勿放在一起灭菌，以免顾此失彼，造成不必要的损失。

（5）每次灭菌结束时，若遇压力表已回复至零位，盖仍不能开启，则可将放气阀打开，让外界空气进入，消除真空，这样便可轻易地将盖提起。

（6）压力表使用日久后，若遇指针不能回复零位或读数不准确，应及时予以检修，检修后应与标准压力表相对照，若仍不正常，则应另换新表。

（7）平时应保持本器的清洁和干燥，以延长其使用年限。

（8）本产品严禁改为他用。

### 十五、微波炉

微波炉是利用药品（或试剂）在微波场中吸收微波能量而使自身加热的烹饪器具。高校、研究所采用微波进行化学、生物等方面的实验，如微波合成、微波消解、微波溶样、微波水解、微波催化等。

1. 使用方法

（1）接通电源线，保证微波炉在正常状态下工作。

（2）放入需要加热或熔化的药品或试剂等，根据具体需要的时间进行加热。

（3）加热完毕取出药品或试剂等，保证微波炉内洁净、干燥，拔掉电源。

2. 注意事项

（1）使用前，检查微波炉的插头、导线和插座是否完好无损。

（2）炉门应轻开轻关，千万不要用重物敲击炉门，炉门损伤和变形将可能引起微波泄漏。

（3）微波炉烹饪用器皿要用陶瓷的、玻璃的、专用塑料的，不能用金属和搪瓷制品，因为金属对微波有反射作用。

（4）微波炉在使用过程中发生故障时，不要自行拆修，应请专业维修人员修复后再使用。

（5）加热时，应掌握好时间，不要一次将时间设得太长，以免引起药品过热、热焦或起火。万一起火，请勿打开炉门，只要将定时器回调到零或拔掉电源插头，火就会自动熄灭。

## 十六、电泳仪

电泳指带电粒子在直流电场作用下，在一定介质中所发生的定向运动。电泳一般分为自由界面电泳和区带电泳两大类。利用电泳现象对化学或生物化学组分进行分离分析的技术称为电泳技术。电泳仪是实现电泳分析的仪器，一般由电源、电泳槽、检测单元等组成。电泳技术是分子生物学研究不可缺少的重要分析手段。

1. 使用方法

（1）首先用导线将电泳槽的两个电极与电泳仪的直流输出端连接，注意极性不要接反。

（2）将电泳仪电源开关调至关的位置，电压旋钮转到最小，根据工作需要选择稳压稳流方式及电压电流范围。

（3）接通电源，缓缓旋转电压旋钮直到达到的所需电压为止，设定电泳终止时间，此时电泳即开始进行。

（4）工作完毕后，应将各旋钮、开关旋至零位或关闭状态，并拔出电泳仪电源插头。

2. 注意事项

（1）电泳仪通电进入工作状态后，禁止人体接触电极、电泳物及其他可能带电部分，也不能到电泳槽内取放东西，如需要应先断电，以免触电。同时要求仪器必须有良好接地端，以防漏电。

（2）电泳仪通电后，不要临时增加或拔除输出导线插头，以防发生短路，虽然仪器内部附设有保险丝，但短路现象仍有可能导致仪器损坏。

（3）由于不同介质支持物的电阻值不同，电泳时所通过的电流量也不同，其泳动速度及泳至终点所需时间也不同，故不同介质支持物的电泳，不要同时在同一电泳仪上进行。

（4）在总电流不超过仪器额定电流（最大工作电流）时，可以多槽并联使用，但要注意不能超载，否则容易影响仪器寿命。

（5）某些特殊情况下需检查仪器电泳输入情况时，允许在稳压状态下空载开机，但在稳流状态下必须先接好负载再开机，否则电压表指针将大幅度跳动，容易损坏仪器。

（6）使用过程中发现异常现象，如较大噪声、放电或异常气味，须立即切断电源，进行检修，以免发生意外事故。

### 十七、超净工作台

超净工作台是为了适应现代化工业、光电产业、生物制药以及科研实验等领域，对局部工作区域洁净度的需求而设计的。它可以排除工作区原来的空气，将尘埃颗粒和生物颗粒带走，以形成无菌的高度洁净的工作环境。

1. 使用方法

（1）使用超净工作台时，应提前50min开机，同时开启紫外线灭菌灯，处理操作区内表面积累的微生物，30min后关闭紫外线灭菌灯（此时日光灯即开启），启动风机。

（2）对新安装的或长期未使用的超净工作台，使用前必须对超净工作台和周围环境先用超静真空吸尘器或用不产生纤维的工具进行清洁工作，再采用药物灭菌法或紫外线灭菌法进行灭菌处理。

（3）操作区内不允许存放不必要的物品，以保证工作区的洁净气流流型不受物品干扰。

（4）操作区内应尽量避免明显扰乱气流流型的动作。

（5）操作区的使用温度不能超过60℃。

2. 注意事项

（1）超净工作台电源多采用三相四线制，其中有一零线，连接机器外壳，应接牢在地线上，另外三线都是相线，工作电压是380V。三线接入电路中有一定的顺序，如线头接错，风机会反转，这时声音正常或稍不正常，超净工作台正面无风（可用酒精灯火焰观察动静，不宜久试），应及时切断电源，只将其中任何两相的线头交换一下位置再接上，就可解决。

（2）超净工作台进风口在背面或正面的下方，金属网罩内有一普通泡沫塑料片或无纺布，用以阻拦大颗粒尘埃，应常检查、拆洗，如发现泡沫塑料片或无纺布老化，应及时更换。

（3）无菌室应定期用70%乙醇或0.5%苯酚喷雾降尘和消毒，用2%新洁尔灭抹拭台面和用具（70%乙醇也可），用福尔马林（40%甲醛）加少量高锰酸钾定期密闭熏蒸，配合紫外线灭菌灯（每次开启15min以上）等消毒灭菌手段，以使无菌室经常保持高度无菌的状态。

（4）在超净工作台上也可吊装紫外线灯，但应装在照明灯罩之外，并错开照明灯排列，这样在工作时不妨碍照明。

（5）接种室内力求简洁，凡与本室工作无直接关系的物品一律不能放入，以保持无菌状态。

## 十八、超声波细胞粉碎机

超声波细胞粉碎机是一种利用强超声波在液体中产生空化效应，对物质进行超声处理的多功能、多用途的仪器，能用于动植物组织、细胞、细菌、芽孢菌种的破碎，同时可用来乳化、分离、分散、匀化、提取、脱气、清洗及加速化学反应等。

1. 使用方法

（1）接好本仪器，用专用的电源线连接发生器背面的电源输入接口及市电（220V，50Hz），把换能器组件的信号输入接口与发生器的信号输出接口连接。即完成本仪器的安装。发生器正面的功率调节旋钮用来调节本仪器的输出功率，输出功率由功率表显示。

（2）按样品量的多少选择适当的容器（试管或各种烧杯及离心管），固定或放好，调节振动系统位置，使变幅杆末端插入样品液面 10～15mm 并使其在容器的中心位置，不得让变幅杆与容器相接触。变幅杆末端离容器一般应大于30mm；样品量小时，功率开小情况下可大于 10mm。

（3）将功率调节旋钮向逆时针方向转至最小位置，工作次数、工作时间、间隙时间设置为所需的合适值。一般工作时间不宜开得过长，在 1～10s 内选用，且间隙时间应大于工作时间。上述准备就绪即可按开关键开机，开机后电源指示灯亮，再依次按保护复位按钮及工作复位按钮，待设定的间隙时间过后，即进入振荡状态，显示屏开始显示工作时间、间隙时间及工作次数。将功率调节旋钮慢慢向顺时针方向转动，调至所需的功率位置上，以达到理想的工作效果。待设定的工作次数过后，显示屏显示所设定的总次数，工作时间、间隙时间显示屏显示为零，仪器处于停振状态。如需重复上述实验，可再按工作复位键；如不需要重复，应关机，并切断电源。

（4）如在工作时保护指示灯亮，说明仪器的功率开得太大，而进入保护状态，用旋钮减小功率，依次按保护复位键及工作复位键，即开始工作。

（5）调换探头时，按探头的规格，相应调节变幅杆选择开关（在机箱背面）。

2. 注意事项

（1）本机不需预热，使用时应有良好的接地。

（2）严禁在变幅杆未插入液体内（空载）时开机，否则会损坏换能器或超声发生器。

（3）变幅杆选择开关的使用：变幅杆选择开关是用来匹配不同规格的变幅杆与发生器的频率、阻抗的一致性，如换能器组件的频率与发生器的阻抗不一致时超声波就不能工作。使用 JY 系列新仪器或新配变幅杆时，选择开关应置于对应的位置，当变幅杆磨损后可拨动开关至超声工作正常为止，此时挡位与变幅杆规格不一定对应。

（4）功率表显示的数值与电压、变幅杆插入液面深度以及被破碎样品的浓度、稠度有关，当电压低于 220V，变幅杆插入液面较深，样品浓度、稠度较大时，显示数值要稍小；反之稍大（此数据为模拟参数，显示值的大小不影响超声波发射的实际功率）。

（5）本机采用无工频变压器开关电源，在打开发生器机壳后切勿乱摸，以防触电。本仪器性能可靠，一般不易损坏。

（6）超声破碎时，由于超声波在液体中起空化效应，液体温度会很快升高，因此对各种样品的温度要多加注意。建议采用短时间(每次不超过 5s )的多次破碎，同时可外加冰浴冷却或选配低温循环泵。

（7）对各种细胞破碎量的多少、时间长短、功率大小，需根据各种细胞摸索确定，选取最佳值。此仪器输出功率较大，如选用 ø2、ø3 或 ø6 变幅杆时，应把功率调小些（ø2、ø3 低于 300W，ø6 低于 700W），以免变幅杆过载而断裂。

（8）实践表明：短时间的多次工作，如工作时间 1～2s，间隙时间 1～2s，比连续长时间工作的效果要好，为防止液体发热，可设定较长的间隙时间。另外，不间断长时间工作容易形成空载，缩短仪器的使用寿命。

# 附录Ⅲ 常用试剂、培养基的配制

## 一、常用试剂的配制

1. 各种浓度（体积分数）乙醇和酸的配制

设 $V_1$ 为原液需要量（mL），$V_2$ 为加水量（mL），欲配制 100mL 溶液，则
$V_1$= 稀释后浓度 ×100mL
$V_2$=（原液浓度 – 稀释后浓度）×100mL

例：用 95% 乙醇为母液，配制 100mL 70% 乙醇。

$V_1$=70%×100mL=70mL，$V_2$=（95%-70%）×100mL=25mL，即量取 95% 乙醇 70mL，加蒸馏水 25mL，混匀，则得到所需的 70% 乙醇。各种浓度（体积分数）酸的配量计算方法同上，配时注意将酸倒入水中。

2. 一般细胞学压片药液的配制

（1）固定液：有两种，要现用现配。
①卡诺固定液：无水乙醇 3 份，冰醋酸 1 份。
②甲醇 3 份，冰醋酸 1 份。

（2）预处理液：常用的有两种。

①0.1%秋水仙素：取0.1g秋水仙素，加100mL蒸馏水，轻微加热使其溶解。

②0.002mol/L 8-羟基喹啉：称取0.29g 8-羟基喹啉，加蒸馏水100mL溶解。

（3）解离液（1mol/L盐酸）：取浓盐酸（相对密度为1.19）82.5mL，用蒸馏水定容至100mL。

3. 常用染色液

（1）醋酸大丽紫：取30mL冰醋酸，加入70mL蒸馏水中，加热至沸，加入0.75g大丽紫，搅动，冷却过滤，贮于棕色瓶中。

（2）丙酸、乳酸、地衣红：取丙酸、乳酸各50mL，混合后加热至沸，加入2g地衣红，冷却过滤即为原液，用时稀释为45%的染色液。

（3）硼砂洋红：将洋红2～3g加到100mL 4%硼砂的水溶液中，煮沸30min，静置3d后用100mL 70%乙醇稀释，再静置24h后过滤。

（4）苦味酸洋红：将1g洋红加入50mL蒸馏水中，再加1mL氨水，边加边搅拌，最后加苦味酸饱和水溶液50mL，2～3d后过滤。

（5）铁醋酸洋红：将90mL冰醋酸加入110mL蒸馏水中，煮沸，然后移去火焰并立刻加入洋红1g，使之迅速冷却过滤，并加醋酸铁水溶液数滴，直到颜色变为葡萄酒色为止。

（6）锂洋红：将2.5洋红加入100mL 1.5%的碳酸锂水溶液中，煮沸使其充分溶解，冷却后过滤，即可使用。

（7）中性红：将1g中性红溶解于100mL蒸馏水中，即可使用。

（8）结晶紫：将结晶紫7g溶于100mL无水乙醇（或95%乙醇）中。用时取储备液10mL，以100mL苯胺水稀释后使用。

（9）蕃红：取1g蕃红，溶于10mL 95%乙醇中，再加90mL苯胺水配成溶液。

（10）固绿：可溶于不同的溶剂，配制成三种固绿染色剂。

①水溶固绿：取0.5g固绿，溶于100mL蒸馏水中。

②醇溶固绿：取0.5g固绿，溶于100mL 95%乙醇中。

③丁香油固绿：取0.5g固绿，溶于50mL丁香油中，再加50mL无水乙醇。

（11）曙红（依红）：三种配制方法。

①取0.5g曙红，溶于100mL 95%乙醇中。

②取0.5g曙红，溶于100mL蒸馏水中。

③取0.5g曙红，加75mL蒸馏水，再加25mL 95%乙醇溶解即可。

（12）橙黄G：取1g橙黄G，溶于100mL蒸馏水中。

（13）醋酸地衣红：取1g地衣红，溶于100mL 45%醋酸中，煮沸后过滤即可。

（14）醋酸、铁矾、苏木精：有三个配方。

①配方Ⅰ。A液：取1g苏木精，加50%醋酸或丙酸100mL。B液：取铁矾0.5g，

加50%醋酸或丙酸100mL。

以上两液可长期保存，用前等量混合，每100mL混合液中加入4g水合三氯乙醛，充分溶解，摇匀，存放1d后使用。混合液只能存放30d，两周内效果最好，故不易多配。

②配方Ⅱ。A液：取0.1g碘酸、0.1g铵明矾[AlNH$_4$（SO$_4$）$_2$·12H$_2$O]、0.1g铬明矾[CrK（SO$_4$）$_2$·12H$_2$O]，加入3mL 95%乙醇。B液：浓盐酸（相对密度为1.19）3mL。C液：取2g苏木精，加入50mL 45%醋酸，待苏木精完全溶解后，加入0.5g铁明矾。存放1d后方可使用，染色力可保持4周，一次不要多配。以上三种溶液染色时混合使用。

③配方Ⅲ。取0.5g苏木精，溶于100mL 45%醋酸中，用前取3~5mL，用45%醋酸稀释1~2倍，加入铁明矾饱和液（铁明矾溶于45%醋酸中）1~2滴，染色液即由棕黄色变为紫色，立即使用，不能保存。

4. 苏木精染色液急用时加速成熟方法

（1）在新配的苏木精染色液中，加数毫升H$_2$O$_2$，不可过多，产生沉淀时即失去效用。

（2）在配成的0.5%染色液中，每100mL加0.1g碘酸钠，溶后即可使用。

（3）将蒸馏水煮沸，加入适量苏木精，待冷却后约半小时即可使用。

5. 常用缓冲液

常用缓冲液的名称、浓度及pH范围见附表1。

附表1　常用缓冲溶液一览表

| 序号 | 缓冲液名称及常用浓度 | pH范围 | 主要物质（相对分子质量M$_1$） |
|---|---|---|---|
| （1） | 甘氨酸—盐酸缓冲液（0.05mol/L） | 2.0~3.6 | 甘氨酸（75.07） |
| （2） | 邻苯二甲酸氢钾—盐酸缓冲液（0.05mol/L） | 2.2~3.8 | 邻苯二甲酸氢钾（204.23） |
| （3） | 磷酸氢二钠—柠檬酸缓冲液 | 2.2~8.0 | 磷酸氢二钠（141.98） |
| （4） | 柠檬酸—氢氧化钠—盐酸缓冲液 | 2.2~6.5 | 柠檬酸（192.06） |
| （5） | 柠檬酸—柠檬酸钠缓冲液（0.1mol/L） | 3.0~6.6 | 柠檬酸(192.06),柠檬酸钠(257.96) |
| （6） | 醋酸—醋酸钠缓冲液（0.2mol/L） | 3.6~5.8 | 醋酸钠（81.76），醋酸（60.05） |
| （7） | 磷酸氢二钠—磷酸二氢钠缓冲液（0.2mol/L） | 5.8~8.0 | Na$_2$HPO$_4$·2H$_2$O（178.05），Na$_2$HPO$_4$·12H$_2$O（358.22），NaH$_2$PO$_4$·H$_2$O（138.01），NaH$_{23}$PO$_4$·2H$_2$C（156.03） |

续表

| 序号 | 缓冲液名称及常用浓度 | pH 范围 | 主要物质（相对分子质量 $M_1$） |
|---|---|---|---|
| （8） | 磷酸氢二钠—磷酸二氢钾缓冲液（1/15mol/L） | 4.92～8.18 | $Na_2HPO_4 \cdot 2H_2O$（178.05），$KH_2PO_4$（136.09） |
| （9） | 磷酸二氢钾—氢氧化钠缓冲液（0.05mol/L） | 5.8～8.0 | $KH_2PO_4$（136.09） |
| （10） | 巴比妥钠—盐酸缓冲液（18℃） | 6.8～9.6 | 巴比妥钠（206.18） |
| （11） | Tris-盐酸缓冲液（0.05mol/L，25℃） | 7.10～8.90 | 三羟甲基氨基甲烷（Tris）（121.14） |
| （12） | 硼酸—硼砂缓冲液（0.2mol/L 硼酸根） | 7.4～9.0 | 硼砂 $Na_2B_4O_7 \cdot 10H_2O$（381.43），$H_3BO_3$（61.84） |
| （13） | 甘氨酸—氢氧化钠缓冲液（0.05mol/L） | 8.6～10.6 | 甘氨酸（75.07） |
| （14） | 硼砂—氢氧化钠缓冲液（0.05mol/L 硼酸根） | 9.3～10.1 | 硼砂 $Na_2B_4O_7 \cdot 10H_2O$（381.43） |
| （15） | 碳酸钠—碳酸氢钠缓冲液（0.1mol/L） | 9.16～10.83 | 碳酸钠（286.2），碳酸氢钠（84.0） |
| （16） | PBS 缓冲液 | 7.0～7.6 | NaCl（58.44），$Na_2HPO_4 \cdot 2H_2O$（178.05），$Na_2HPO_4 \cdot 12H_2O$（358.22） |

附表1中各缓冲液不同pH对应的配方如下。

（1）甘氨酸—盐酸缓冲液（0.05mol/L）：X mL 0.2mol/L 甘氨酸 +Y mL 0.2mol/L HCl，再加水稀释至200mL。

| pH | X | Y | pH | X | Y |
|---|---|---|---|---|---|
| 2.0 | 50 | 44.0 | 3.0 | 50 | 11.4 |
| 2.4 | 50 | 32.4 | 3.2 | 50 | 8.2 |
| 2.6 | 50 | 24.2 | 3.4 | 50 | 6.4 |
| 2.8 | 50 | 16.8 | 3.6 | 50 | 5.0 |

注 甘氨酸相对分子质量为75.07，0.2mol/L 甘氨酸溶液含 15.01g/L。

（2）邻苯二甲酸氢钾—盐酸缓冲液（0.05mol/L）：X mL 0.2mol/L 邻苯二甲酸氢钾 +Y mL 0.2mol/L HCl，再加水稀释到 20mL。

| pH (20℃) | X | Y | pH (20℃) | X | Y |
| --- | --- | --- | --- | --- | --- |
| 2.2 | | 4.670 | 3.2 | 5 | 1.470 |
| 2.4 | | 3.960 | 3.4 | 5 | 0.990 |
| 2.6 | | 3.295 | 3.6 | 5 | 0.597 |
| 2.8 | | 2.642 | 3.8 | 5 | 0.263 |
| 3.0 | 5 | 2.022 | | | |

**注** 邻苯二甲酸氢钾相对分子质量为204.23，0.2mol/L邻苯二甲酸氢钾溶液为40.85g/L。

（3）磷酸氢二钠—柠檬酸缓冲液：按下列表格量取相应体积的0.2mol/L磷酸氢二钠溶液、0.1mol/L柠檬酸溶液混合即可。

| pH | 0.2mol/L $Na_2HPO_4$ 体积/mL | 0.1mol/L 柠檬酸体积/mL | pH | 0.2mol/L $Na_2HPO_4$ 体积/mL | 0.1mol/L 柠檬酸体积/mL |
| --- | --- | --- | --- | --- | --- |
| 2.2 | 0.40 | 10.60 | 5.2 | 10.72 | 9.28 |
| 2.4 | 1.24 | 18.76 | 5.4 | 11.15 | 8.85 |
| 2.6 | 2.18 | 17.82 | 5.6 | 11.60 | 8.40 |
| 2.8 | 3.17 | 16.83 | 5.8 | 12.09 | 7.91 |
| 3.0 | 4.11 | 15.89 | 6.0 | 12.63 | 7.37 |
| 3.2 | 4.94 | 15.06 | 6.2 | 13.22 | 6.78 |
| 3.4 | 5.70 | 14.30 | 6.4 | 13.85 | 6.15 |
| 3.6 | 6.44 | 13.56 | 6.6 | 14.55 | 5.45 |
| 3.8 | 7.10 | 12.90 | 6.8 | 15.45 | 4.55 |
| 4.0 | 7.71 | 12.29 | 7.0 | 16.47 | 3.53 |
| 4.2 | 8.28 | 11.72 | 7.2 | 17.39 | 2.61 |
| 4.4 | 8.82 | 11.18 | 7.4 | 18.17 | 1.83 |
| 4.6 | 9.35 | 10.65 | 7.6 | 18.73 | 1.27 |
| 4.8 | 9.86 | 10.14 | 7.8 | 19.15 | 0.85 |
| 5.0 | 10.30 | 9.70 | 8.0 | 19.45 | 0.55 |

**注** $Na_2HPO_4$ 相对分子质量为141.98，0.2mol/L溶液为28.40g/L；$Na_2HPO_4 \cdot 2H_2O$ 相对分子质量为178.05，0.2mol/L溶液为35.61g/L；$C_4H_8O_7 \cdot H_2O$ 相对分子质量为210.14，0.1mol/L溶液为21.01g/L。

（4）柠檬酸—氢氧化钠—盐酸缓冲液：使用时可以每升中加入1g酚，若最后pH有变化，再用少量50%氢氧化钠溶液或浓盐酸调节，置于冰箱中保存。

| pH | 钠离子浓度/（mol/L） | 柠檬酸（$C_6H_3O_7·H_2O$）质量/g | 氢氧化钠（97% NaOH）质量/g | 浓盐酸体积/mL | 最终体积/L |
|---|---|---|---|---|---|
| 2.2 | 0.20 | 210 | 84 | 160 | 10 |
| 3.1 | 0.20 | 210 | 83 | 116 | 10 |
| 3.3 | 0.20 | 210 | 83 | 106 | 10 |
| 4.3 | 0.20 | 210 | 83 | 45 | 10 |
| 5.3 | 0.35 | 245 | 144 | 68 | 10 |
| 5.8 | 0.45 | 285 | 186 | 105 | 10 |
| 6.5 | 0.38 | 266 | 156 | 126 | 10 |

（5）柠檬酸—柠檬酸钠缓冲液（0.1mol/L）。

| pH | 0.1mol/L 柠檬酸体积/mL | 0.1mol/L 柠檬酸钠体积/mL | pH | 0.1mol/L 柠檬酸体积/mL | 0.1mol/L 柠檬酸钠体积/mL |
|---|---|---|---|---|---|
| 3.0 | 18.6 | 1.4 | 5.0 | 8.2 | 11.8 |
| 3.2 | 17.2 | 2.8 | 5.2 | 7.3 | 12.7 |
| 3.4 | 16.0 | 4.0 | 5.4 | 6.4 | 13.6 |
| 3.6 | 14.9 | 5.1 | 5.6 | 5.5 | 14.5 |
| 3.8 | 14.0 | 6.0 | 5.8 | 4.7 | 15.3 |
| 4.0 | 13.1 | 6.9 | 6.0 | 3.8 | 16.2 |
| 4.2 | 12.3 | 7.7 | 6.2 | 2.8 | 17.2 |
| 4.4 | 11.4 | 8.6 | 6.4 | 2.0 | 18.0 |
| 4.6 | 10.3 | 9.7 | 6.6 | 1.4 | 18.6 |
| 4.8 | 9.2 | 0.8 | | | |

注 柠檬酸（$C_6H_9O_7·H_2O$）相对分子质量为210.14，0.1mol/L溶液为21.01g/L；柠檬酸钠（$Na_3C_8H_5O_7·2H_2O$）相对分子质量为294.12，0.1mol/L溶液为29.41g/L。

（6）醋酸—醋酸钠缓冲液（0.2mol/L）。

| pH (18℃) | 0.2mol/L NaAc 体积/mL | 0.2mol/L HAc 体积/mL | pH (18℃) | 0.2mol/L NaAc 体积/mL | 0.2mol/L HAc 体积/mL |
|---|---|---|---|---|---|
| 3.6 | 0.75 | 9.25 | 4.8 | 5.90 | 4.10 |
| 3.8 | 1.20 | 8.80 | 5.0 | 7.00 | 3.00 |
| 4.0 | 1.80 | 8.20 | 5.2 | 7.90 | 2.10 |
| 4.2 | 2.65 | 7.35 | 5.4 | 8.60 | 1.40 |
| 4.4 | 3.70 | 6.30 | 5.6 | 9.10 | 0.90 |
| 4.6 | 4.90 | 5.10 | 5.8 | 9.40 | 0.60 |

注 $Na_2Ac·3H_2O$ 相对分子质量为36.09，0.2mol/L溶液为27.22g/L。

（7）磷酸氢二钠—磷酸二氢钠缓冲液（0.2mol/L）。

| pH | 0.2mol/L $Na_2HPO_4$ 体积/mL | 0.2mol/L $NaH_2PO_4$ 体积/mL | pH | 0.2mol/L $Na_2HPO_4$ 体积/mL | 0.2mol/L $NaH_2PO_4$ 体积/mL |
|---|---|---|---|---|---|
| 5.8 | 8.0 | 92.0 | 7.0 | 61.0 | 39.0 |
| 5.9 | 10.0 | 90.0 | 7.1 | 67.0 | 33.0 |
| 6.0 | 12.3 | 87.7 | 7.2 | 72.0 | 28.0 |
| 6.1 | 15.0 | 85.0 | 7.3 | 77.0 | 23.0 |
| 6.2 | 18.5 | 81.5 | 7.4 | 81.0 | 19.0 |
| 6.3 | 22.5 | 77.5 | 7.5 | 84.0 | 16.0 |
| 6.4 | 26.5 | 73.5 | 7.6 | 87.0 | 13.0 |
| 6.5 | 31.5 | 68.5 | 7.7 | 89.5 | 10.5 |
| 6.6 | 37.5 | 62.5 | 7.8 | 91.5 | 8.5 |
| 6.7 | 43.5 | 56.5 | 7.9 | 93.0 | 7.0 |
| 6.8 | 49.5 | 51.0 | 8.0 | 94.7 | 5.3 |
| 6.9 | 55.0 | 45.0 | | | |

注 $Na_2HPO_4·2H_2O$ 相对分子质量为178.05，0.2mol/L溶液为35.61g/L；$Na_2HPO_4·12H_2O$ 相对分子质量为358.22，0.2mol/L溶液为71.64g/L；$NaH_2PO_4·H_2O$ 相对分子质量为138.01，0.2mol/L溶液为27.6g/L；$NaH_2PO_4·2H_2O$ 相对分子质量为156.03，0.2mol/L溶液为31.21g/L。

（8）磷酸氢二钠—磷酸二氢钾缓冲液（1/15mol/L）。

| pH | 1/15mol/L Na$_2$HPO$_4$ 体积/mL | 1/15mol/L KH$_2$PO$_4$ 体积/mL | pH | 1/15mol/L Na$_2$HPO$_4$ 体积/mL | 1/15mol/L KH$_2$PO$_4$ 体积/mL |
|---|---|---|---|---|---|
| 4.92 | 0.10 | 9.90 | 7.17 | 7.00 | 3.00 |
| 5.29 | 0.50 | 9.50 | 7.38 | 8.00 | 2.00 |
| 5.91 | 1.00 | 9.00 | 7.73 | 9.00 | 1.00 |
| 6.24 | 2.00 | 8.00 | 8.04 | 9.50 | 0.50 |
| 6.47 | 3.00 | 7.00 | 8.34 | 9.75 | 0.25 |
| 6.64 | 4.00 | 6.00 | 8.67 | 9.90 | 0.10 |
| 6.81 | 5.00 | 5.00 | 8.18 | 10.00 | 0 |
| 6.98 | 6.00 | 4.00 | | | |

注 Na$_2$HPO$_4$·2H$_2$O 相对分子质量为178.05，1/15mol/L 溶液为11.876g/L；KH$_2$PO$_4$ 相对分子质量为136.09，1/15mol/L 溶液为9.078g/L。

（9）磷酸二氢钾—氢氧化钠缓冲液（0.05mol/L）：X mL 0.2mol/L K$_2$PO$_4$+Y mL 0.2mol/L NaOH，加水稀释至20mL。

| pH（20℃） | X | Y | pH（20℃） | X | Y |
|---|---|---|---|---|---|
| 5.8 | | 0.372 | 7.0 | 5 | 2.963 |
| 6.0 | | 0.570 | 7.2 | 5 | 3.500 |
| 6.2 | | 0.860 | 7.4 | 5 | 3.950 |
| 6.4 | | 1.260 | 7.6 | 5 | 4.280 |
| 6.6 | | 1.780 | 7.8 | 5 | 4.520 |
| 6.8 | 5 | 2.365 | 8.0 | 5 | 4.680 |

（10）巴比妥钠—盐酸缓冲液（18℃）。

| pH | 0.04mol/L 巴比妥钠体积/mL | 0.2mol/L 盐酸体积/mL | pH | 0.04mol/L 巴比妥钠体积/mL | 0.2mol/L 盐酸体积/mL |
|---|---|---|---|---|---|
| 6.8 | 100 | 18.4 | 8.4 | 100 | 5.21 |
| 7.0 | 100 | 17.8 | 8.6 | 100 | 3.82 |

续表

| pH | 0.04mol/L 巴比妥钠体积 /mL | 0.2mol/L 盐酸体积 /mL | pH | 0.04mol/L 巴比妥钠体积 /mL | 0.2mol/L 盐酸体积 /mL |
| --- | --- | --- | --- | --- | --- |
| 7.2 | 100 | 16.7 | 8.8 | 100 | 2.52 |
| 7.4 | 100 | 15.3 | 9.0 | 100 | 1.65 |
| 7.6 | 100 | 13.4 | 9.2 | 100 | 1.13 |
| 7.8 | 100 | 11.47 | 9.4 | 100 | 0.70 |
| 8.0 | 100 | 9.39 | 9.6 | 100 | 0.35 |
| 8.2 | 100 | 7.21 | | | |

注　巴比妥钠相对分子质量为206.18，0.04mol/L 溶液为8.25g/L。

（11）Tris-盐酸缓冲液（0.05mol/L，25℃）：50mL 0.1mol/L 三羟甲基氨基甲烷（Tris）溶液与 X mL 0.1mol/L 盐酸混匀后，加水稀释至100mL。Tris 溶液可从空气中吸收二氧化碳，使用时注意将瓶盖严。

| pH | X | pH | X |
| --- | --- | --- | --- |
| 7.10 | 45.7 | 8.10 | 26.2 |
| 7.20 | 44.7 | 8.20 | 22.9 |
| 7.30 | 43.4 | 8.30 | 19.9 |
| 7.40 | 42.0 | 8.40 | 17.2 |
| 7.50 | 40.3 | 8.50 | 14.7 |
| 7.60 | 38.5 | 8.60 | 12.4 |
| 7.70 | 36.6 | 8.70 | 10.3 |
| 7.80 | 34.5 | 8.80 | 8.5 |
| 7.90 | 32.0 | 8.90 | 7.0 |
| 8.00 | 29.2 | | |

注　三羟甲基氨基甲烷（Tris）相对分子质量为121.14，0.1mol/L 溶液为12.114g/L。

（12）硼酸—硼砂缓冲液（0.2mol/L 硼酸根）：硼砂易失去结晶水，必须在带塞的瓶中保存。

| pH | 0.05mol/L 硼砂体积/mL | 0.2mol/L 硼酸体积/mL | pH | 0.05mol/L 硼砂体积/mL | 0.2mol/L 硼酸体积/mL |
| --- | --- | --- | --- | --- | --- |
| 7.4 | 1.0 | 9.0 | 8.2 | 3.5 | 6.5 |
| 7.6 | 1.5 | 8.5 | 8.4 | 4.5 | 5.5 |
| 7.8 | 2.0 | 8.0 | 8.7 | 6.0 | 4.0 |
| 8.0 | 3.0 | 7.0 | 9.0 | 8.0 | 2.0 |

注 硼砂（$Na_2B_4O_7 \cdot 10H_2O$）相对分子质量为381.43，0.05mol/L溶液（0.2mol/L 硼酸根）含19.07g/L；硼酸（$H_3BO_3$）相对分子质量为61.84，0.2mol/L溶液为12.37g/L。

（13）甘氨酸—氢氧化钠缓冲液（0.05mol/L）：X mL 0.2mol/L 甘氨酸 +Y mL 0.2mol/L NaOH，加水稀释至200mL。

| pH | X | Y | pH | X | Y |
| --- | --- | --- | --- | --- | --- |
| 8.6 | 50 | 4.0 | 9.6 | 50 | 22.4 |
| 8.8 | 50 | 6.0 | 9.8 | 50 | 27.2 |
| 9.0 | 50 | 8.8 | 10.0 | 50 | 32.0 |
| 9.2 | 50 | 12.0 | 10.4 | 50 | 38.6 |
| 9.4 | 50 | 16.8 | 10.6 | 50 | 45.5 |

注 甘氨酸相对分子质量为75.07，0.2mol/L溶液为15.01g/L。

（14）硼砂—氢氧化钠缓冲液（0.05mol/L 硼酸根）：X mL 0.05mol/L 硼砂+Y mL 0.2mol/LNaOH，加水稀释至200mL。

| pH | X | Y | pH | X | Y |
| --- | --- | --- | --- | --- | --- |
| 9.3 | 50 | 6.0 | 9.8 | 50 | 34.0 |
| 9.4 | 50 | 11.0 | 10.0 | 50 | 43.0 |
| 9.6 | 50 | 23.0 | 10.1 | 50 | 46.0 |

注 硼砂（$Na_2B_4O_7 \cdot 10H_2O$）相对分子质量为381.43，0.05mol/L溶液为19.07g/L。

（15）碳酸钠—碳酸氢钠缓冲液（0.1mol/L）：$Ca^{2+}$、$Mg^{2+}$存在时不得使用本液。

| pH | | 0.1mol/L Na$_2$CO$_3$ 体积 /mL | 0.1mol/L N$_2$HCO$_3$ 体积 /mL |
|---|---|---|---|
| 20℃时 | 37℃时 | | |
| 9.16 | 8.77 | | 9 |
| 9.40 | 9.12 | 2 | 8 |
| 9.51 | 9.40 | 3 | 7 |
| 9.78 | 9.50 | 4 | 6 |
| 9.90 | 9.72 | 5 | 5 |
| 10.14 | 9.90 | 6 | 4 |
| 10.28 | 10.08 | 7 | 3 |
| 10.53 | 10.28 | 8 | 2 |
| 10.83 | 10.57 | 9 | 1 |

注 Na$_2$CO$_2$·10H$_2$O 相对分子质量为 286.2，0.1mol/L 溶液为 28.62g/L；N$_2$HCO$_3$ 相对分子质量为 84.0，0.1mol/L 溶液为 8.40g/L。

（16）PBS 缓冲液：pH 7.0～7.6。

| pH | 7.6 | 7.4 | 7.2 | 7.0 |
|---|---|---|---|---|
| H$_2$O 体积 /mL | 1000 | 1000 | 1000 | 100mL |
| NaCl 质量 /g | 8.5 | 8.5 | 8.5 | 8.5g |
| Na$_2$HPO$_4$ 质量 /g | 2.2 | 2.2 | 2.2 | 2.2g |
| NaH$_2$PO$_4$ 质量 /g | 0.1 | 0.2 | 0.3 | 0.4g |

（17）微生物实验用特殊缓冲液：常用的有以下 5 种。

① NaCl 缓冲液：取 Tris 0.0325g，溶于 40mL 蒸馏水中，用 1mol/L 盐酸调 pH 至 7.6。再将 0.292g NaCl、0.051g MgCl$_2$ 加入，溶解后定容至 50mL。0.134 MPa 灭菌 15min，4℃冰箱中保存。

② CaCl$_2$ 缓冲液：取 Tris 0.0325g，溶于 40mL 蒸馏水中，用 1mol/L 盐酸调 pH 至 7.6。再将 0.735g CaCl$_2$、0.931g KCl、0.051g MgCl$_2$ 依次加入并使之溶解，补加蒸馏水至 50mL。0.134MPa 灭菌 15min，4℃冰箱中保存。

③ 电极缓冲液（pH8.3）：取 Tris 9.69g、无水醋酸钠 3.2g、EDTA-Na$_2$ 1.49g，溶于 1950mL 蒸馏水中，用浓盐酸调 pH 至 8.3，补加蒸馏水至 2000mL。

④ 50×TAE 缓冲液：称取 Tris 242g、Na$_2$EDTA·2H$_2$O 37.2g 于 1L 烧杯中。向烧杯中加入约 800mL 去离子水，充分搅拌均匀。再加入 57.1mL 冰醋酸，充分溶解。最后加去离子水定容至 1L，室温下保存。

⑤5×TBE 缓冲液：取 Tris 54g，硼酸 27.5g，加 0.5mol/L 的 EDTA（pH8.0）溶液 20mL，加水定容至 1000mL，调 pH 至 8.0，用时稀释 5 倍。

6. 常用检测同工酶的染色液

（1）乳酸脱氢酶（LDH）：

①染色液：分别取 $NAD^+$（氧化型辅酶Ⅰ）50mg、NBT（氯化硝基四氮唑蓝）30mg、PMS（吩嗪二甲酯硫酸盐）2mg、1mol/L 乳酸钠溶液（pH7.0）10mL、0.1mol/L NaCl 溶液 5mL、0.5mol/L Tris-盐酸缓冲液（pH7.1）15mL 和蒸馏水 70mL。临用前配制。

②显色：将电泳后凝胶条（板）浸入染色液，于 37℃保温 30～60min 即可显示蓝紫色区带。可用无离子水漂洗，再用 7% 醋酸固定，以终止酶促反应。

（2）苹果酸脱氢酶（MDH）：

①染色液：分别取 $NAD^+$ 50mg、NBT 30mg、PMS 2mg、1mol/L L-苹果酸钠（pH7.0）10mL、0.5mol/L Tris-盐酸缓冲液（7.1）和蒸馏水 70mL。其中，1mol/L 苹果酸钠（pH7.0）也可以用 L-苹果酸钠 13.4g、2mol/L $Na_2CO_3·H_2O$（248g/L）49mL，加蒸馏水到 1L 配制。

②显色：将电泳后凝胶条（板）浸入染色液，于 37℃保温 30～60min，显示深蓝色区带。用无离子水漂洗，再用 7.5% 醋酸（或 7.5% 醋酸—30% 乙醇—15% 甘油）固定保存。

（3）葡萄糖-6-磷酸脱氢酶（G-6-PDH）：

①染色液：分别取 $NADP^+$（氧化型辅酶Ⅱ）30mg、NBT 20mg、PMS 20mg、G-6-P（葡萄糖-6-磷酸）187.5mg、0.01mol/L Tris-盐酸缓冲液（pH8.6，内含 0.004mol/L EDTA）62.5mL、蒸馏水 37.5mL。临用前 15min 配制。

②显色：将电泳后凝胶条（板）浸入染色液，于 37℃保温约 90min 即显示深蓝色区带。用无离子水漂洗，7.5% 醋酸固定保存。

（4）谷氨酸脱氢酶（GDH）：

①染色液：分别取 $NAD^+$ 60mg、NBT 30mg、PMS 2mg、1mol/L 谷氨酸钠溶液（pH7.0）5mL、0.5mol/L 磷酸缓冲液（pH7.0）25mL、蒸馏水 70mL。其中，1mol/L 谷氨酸钠液（pH7.0）用谷氨酸钠 10.9g 溶于 100mL 0.5mol/L 的磷酸缓冲液（pH7.0）中配制。

②显色：将电泳后凝胶条（板）浸入染色液，于 37℃保温，直至显示深蓝色区带。用无离子水漂洗，用 7.5% 醋酸固定保存。

（5）异柠檬酸脱氢酶（IDH）：

①染色液：分别取 $NADP^+$ 30mg、NBT 30mg、PMS 2mg、$MgCl_2$ 100mg、0.1mol/L 异柠檬酸钠溶液（pH7.0）16mL、0.2mol/L Tris-盐酸缓冲液（pH8.0）20mL、蒸馏水 64mL。

②显色：将电泳后凝胶条（板）浸入染色液，于37℃保温，直至显示深蓝色区带。用7.5%醋酸固定保存。

（6）醇脱氢酶（ADH）：

①染色液：分别取 NAD⁺50mg、NBT 30mg、PMS 2mg、95%乙醇（或其他醇类）4mL、0.2mol/L Tris-盐酸缓冲液（pH8.0）14mL、蒸馏水 82mL。

②显色：将电泳后凝胶条（板）浸入染色液，于37℃保温，直至显示深蓝色区带。用7.5%醋酸固定保存。

（7）酯酶（EST）：

①染色液：取1g α-醋酸萘酯和1g β-醋酸萘酯，溶于50mL丙酮和50mL蒸馏水中，配制成1% α, β-醋酸萘酯。取1% α, β-醋酸萘酯 3mL、坚牢蓝RR 100mg、0.5mol/L Tris-盐酸缓冲液（pH7.1）10mL，加蒸馏水至100mL。

②显色：将电泳后凝胶条（板）浸入染色液，于37℃保温约40min，或室温下直到显示棕色（或红棕色）的区带。用无离子水漂洗，固定保存于7.5%醋酸—30%乙醇—15%甘油中。

（8）胆碱酯酶（CHE）：

①染色液：3.2mmol/L 乙酰硫代胆碱或丁酰硫代胆碱、3mol/L 硫酸铵溶液、二硫代草酰胺饱和的 3mol/L 硫酸铵溶液。

②显色：将电泳后凝胶条（板）放在 1/15mol/L 磷酸盐缓冲液（pH6.1）中，于22℃下预温30min，取出后浸入 3.2mmol/L 乙酰硫代胆碱或丁酰硫代胆碱中，22℃保温90min。然后移至3mol/L硫酸铵溶液中，在4℃冰箱中放置24h，再移入二硫代草酰铵溶饱和的3mol/L硫酸铵液中，在4℃冰箱中放置24h 显色。将显色后的凝胶条放入7.5%醋酸中固定保存。

（9）过氧化物酶（POX）：

①染色液：A. 取 0.1%联苯胺（在0.1mol/L、pH 5.6醋酸缓冲液100mL中含0.1g联苯胺）100mL、3%H₂O₂ 溶液1mL，临用前混合；B. 取2%联苯胺（2g联苯胺溶于18mL冰醋酸，加蒸馏水到100mL）20mL、抗坏血酸70.4mg，0.6% H₂O₂ 溶液20mL和蒸馏水60mL，临用时混合。注意：在配制二苯胺贮液时，加几滴乙醇或微温热冰醋酸可起助溶作用。

②显色：将电泳后的凝胶条（板）浸入染色液，室温下1～5min 后显示蓝色区带。用无离子水漂洗，固定保存于甲醇—冰醋酸溶液（甲醇、冰醋酸、水体积比为5∶1∶5），区带渐渐变成棕色。

（10）过氧化氢酶（CAT）：

①染色贮液：A. 取 20 份 0.05mol/L 磷酸钾缓冲液（pH7.0）、2.5 份二氨基联苯胺水溶液（4mg/mL）和一份过氧化物酶水溶液（1mg/mL）混合；B. 含有 0.6% H₂O₂ 的 0.05mol/L 磷酸钾缓冲液（pH7.0）。

②显色（负带）：将电泳后的凝胶条（板）经无离子水漂洗，浸入 A 贮液，于 23℃下放置 5min，再用无离子水漂洗，随后浸在 B 贮液中，室温下直到棕色凝胶背景上出现白色区带。用无离子水漂洗，固定保存于甲醇—冰醋酸溶液（甲醇、冰醋酸、水的体积比为 5∶1∶5）。

（11）细胞色素氧化酶：

①染色液：取 1% 二甲基对苯二胺 1mL、1% α-萘酚 1mL，混合后再加入 25mL 0.1mol/L 磷酸盐缓冲液（pH7.4）。

②显色：将电泳后凝胶条（板）浸入染色液，室温下放置，直到显示蓝色。不宜久存。浸在水中，仅保存几天不褪色。

（12）α-淀粉酶：

①染色贮液：A.淀粉溶液，将 1g 可溶性淀粉溶于 100mL 1.2%NaCl 溶液中；B. 5% 醋酸；C. 碘溶液，含 KI 30g/L 和 $I_2$ 13g/L。

②显色（负带）：将电泳后凝胶条（板）浸入 A 液，37℃保温 30～120min。取出凝胶条（板），用无离子水洗去残留淀粉液，然后在 B 液中浸泡 5min，再用 C 液显色，在暗蓝色的背景上可见到浅黄色或透明的区带。倒去 C 液，用水洗后固定保存于 7.5% 醋酸—30% 乙醇—15% 甘油中。

（13）肌酸磷酸激酶（CPK）：

①染色液：磷酸肌酸 300mmol/L、ADP 2.8mmol/L、AMP 11mmol/L、NADP 1.2mmol/L、谷胱甘肽 9.9mol/L、葡萄糖 22mmol/L、$MgSO_4$ 4.1mmol/L、G-6-PDH 20μg/mL、己糖激酶 20μg/mL、叠氮钠 10mmol/L、PMS 0.06mg/mL、NBT 0.24mg/mL。

②显色：将电泳凝胶条（板）浸入染色液，37℃保温，直至显示蓝色区带。

（14）碱性磷酸酶（ALP）：

①染色贮液：A.底物溶液，将 α 或 β 染色剂萘酚磷酸盐 2mg 溶于 1mL 0.2mol/L 硼酸缓冲液（pH10）；B. 染色剂，将固兰 RR 或固兰 BB 1mg 溶于 1mL 0.2mol/L 硼酸缓冲液（pH10）；C. 硼酸缓冲液（pH10），将 0.2mol/L 硼酸—0.3mol/L KCl 混合液 200mL 与 0.2mol/L NaOH 溶液 100mL 混合。

②显色：将电泳后凝胶条（板）浸入底物溶液，置于 37℃保温 1～2h，再换上染色剂温育，直到显示红色区带。

（15）酸性磷酸酶（ACP）：

①染色液：0.1% α-萘酚磷酸钠和 0.1% 固紫 GBC 溶于 50mmol/L 醋酸钠缓冲液（pH5.0）中。

②显色：将电泳后凝胶条（板）浸泡在 50mmol/L 醋酸钠缓冲液（pH5.0）中 30min，然后浸入染色液中，室温下放置 60min 显色。在 7.5% 醋酸中固定。

（16）肽酶：

①染色液：邻联（二）茴香胺 10mg、L-氨基酶氧化酶 10mg、过氧化物酶

20mg、0.1mol/L 磷酸盐缓冲液（pH7.5）100mL、0.1mol/L $MnCl_2$ 溶液，甘氨酰—亮氨酸（二肽）20mg。

②显色：将电泳后凝胶条（板）浸入染色液中，于37℃保温，直到显色。

（17）醛缩酶：

①染色液：果糖-1,6-二磷酸545mg、甘油醛-3-磷酸脱氢酶（167单位/mL）0.6mL、$NAD^+$ 50mg、PMS 2mg、0.5mol/L Tris-盐酸缓冲液（pH 7.1）、砷酸钠（$Na_2AsO_4 \cdot 7H_2O$）150mg 和蒸馏水90mL。

②显色：将电泳后凝胶条（板）浸入染色液中，于37℃保温，直到显示蓝色区带。用无离子水浸洗，用7.5%醋酸固定。

## 二、培养基的配制

1. 植物组织培养用的培养基

（1）母液配制：为了配制培养基时使用方便，先将各种成分按类别分为大量元素、微量元素、铁盐、有机成分（氨基酸和维生素）4类（蔗糖除外），按原量的20倍或200倍分别称量，配成浓缩液，这种浓缩液叫作培养基母液。每种母液单独配制成1L培养基，使用时取其总量的1/20（50mL）或1/200（5mL），加水稀释，制成培养液。

①大量元素母液（母液Ⅰ）：按培养基20倍用量称取各种大量元素，用蒸馏水分别溶解，逐个加入，再定容至1L。

②微量元素母液（母液Ⅱ）：硼、锰、铜、锌、钴等微量元素的用量少，按培养基配方的200倍浓缩配制成母液。

③铁盐母液（母液Ⅲ）：乙二胺四乙酸二钠（$Na_2$-EDTA）、$FeSO_4 \cdot 7H_2O$ 等铁盐，按培养基配方的200倍浓缩配制成母液。

④有机成分母液（母液Ⅳ）：甘氨酸、盐酸硫胺素（维生素 $B_1$）、盐酸吡哆醇（维生素 $B_6$）、烟酸、肌醇等有机物，按培养基配方的200倍浓缩配制成母液。

母液Ⅰ、母液Ⅱ及母液Ⅳ的配制方法：将每种母液中的几种成分称量完毕后，分别用少量的蒸馏水彻底溶解，然后将它们混溶，最后分别定容到1L。

母液Ⅲ的配制方法是：将称好的 $FeSO_4 \cdot 7H_2O$ 和 $Na_2$-EDTA $\cdot 2H_2O$ 分别放入450mL蒸馏水中，边加热边不断搅拌，使它们溶解，然后将两种溶液混合，并将pH调至5.5，最后定容到1L，保存在棕色玻璃瓶中。

各种母液配完后，分别用玻璃瓶储存，并且贴上标签，注明母液号、配制倍数、日期等，置于4℃的冰箱中保存备用。期间需定期检查有无沉淀或微生物污染，如出现沉淀或母液混浊、生长霉菌等，则不能继续使用。

培养基中需加入的植物激素，一般将其配制成0.1～0.5mg/mL的激素母液。多数植物激素难溶，可按下面方法配制：

①IAA、IBA：先将IAA或IBA溶于少量的95%乙醇中，再加入蒸馏水稀释至所需浓度。

②NAA：可溶于热水，或者先用少量的95%乙醇（或少量1mol/L NaOH溶液）溶解后，再加入蒸馏水稀释至所需浓度。

③2,4-D：不溶于水，可用1mol/L NaOH溶液溶解后，再加入蒸馏水稀释至一定浓度。

④KT、BA：先溶于少量的1mol/L盐酸中，再加入蒸馏水稀释至一定浓度。

（2）培养基的配制：根据不同培养基的要求，按照下列步骤进行配制。

①混合培养液：用量筒或移液管从各种母液中分别取出所需的用量，按培养基配方要求，再量取一定量的激素，与各种母液一起放入烧杯中混合。

②溶化琼脂：用托盘天平分别称取一定量的琼脂、蔗糖，放入1000mL的搪瓷量杯中，再加入蒸馏水750mL，用电炉加热，边加热边用玻璃棒搅拌，直到液体呈半透明状。然后将配好的混合培养液加入煮沸的琼脂中，最后加蒸馏水定容至1000mL，搅拌均匀。

需要注意的是，在加热琼脂、制备培养基的过程中，操作者千万不能离开，否则沸腾的琼脂外溢，就需要重新称量、制备。此外，如果没有搪瓷量杯，可用大烧杯代替。但要注意大烧杯底的外表面不能沾水，否则加热时烧杯容易炸裂，使溶液外溢，甚至造成烫伤。

③调pH：用滴管吸取浓度为1mol/L的NaOH溶液，逐滴滴入熔化的培养基中，边滴边搅拌，并随时用精密的pH试纸（5.4～7.0）测培养基的酸碱度，一直到培养基的pH为5.8为止（培养基的酸碱度必须严格控制在5.8）。

④培养基的分装：熔化的培养基应该趁热分装。分装时，先将培养基倒入烧杯中，然后将烧杯中的培养基倒入锥形瓶（50mL或100mL）中。注意不要让培养基沾到瓶口和瓶壁上。锥形瓶中培养基的量为锥形瓶容量的1/5～1/4。每1000mL培养基可分装25～30瓶。

培养基分装完毕后，应及时封盖瓶口。用2块硫酸纸（每块大小约为9cm×9cm）中间夹1层薄牛皮纸封盖瓶口，并用线绳捆扎（若是专用的培养瓶则不需此步骤）。最后在锥形瓶外壁贴上标签。

⑤高压灭菌：培养基的高压灭菌包括以下几个步骤。

第一，放置培养瓶。将装有培养基的锥形瓶或培养瓶直立于金属小筐中，再放入高压蒸汽灭菌锅内。如果没有金属小筐，可以在两层锥形瓶之间放一块玻璃板隔开。

第二，放置其他需要灭菌的物品。将其他需要灭菌的物品也放入高压蒸汽灭菌锅内，如装有蒸馏水的锥形瓶、带螺口盖的玻璃瓶、烧杯、广口瓶（以上物品都要用牛皮纸封口）、用牛皮纸包裹的培养皿、剪刀、解剖刀、镊子、滤纸、铅笔等。

第三，灭菌。将需要灭菌的物品放置完毕，盖上锅盖。在98kPa、121.3℃下，灭菌20min。灭菌后取出锥形瓶，让其中的培养基自然冷却凝固。最好放置1d后再使用。

配制培养液时应注意：

①在使用提前配制的母液时，应在量取各种母液之前，轻轻摇动盛放母液的瓶子，如果发现瓶中有沉淀、悬浮物或被微生物污染，应立即淘汰这种母液，重新进行配制。

②用量筒或移液管量取培养基母液之前，必须用所量取的母液将量筒或移液管润洗2次。

③量取母液时，最好将各种母液按将要量取的顺序写在纸上，量取1种，划掉1种，以免出错。

（3）常用 MS、$B_5$、$N_6$ 培养基配方见附表2。

附表2　常用 MS、$B_5$、$N_6$ 培养基配方

| 母液名称 | 化合物名称 | MS 浓度／(mg/L) | $B_5$ 浓度／(mg/L) | $N_6$ 浓度／(mg/L) | 备注 |
| --- | --- | --- | --- | --- | --- |
| 大量元素（母液Ⅰ）20× | 硝酸钾（$KNO_3$） | 1900 | 2500 | 2830 | — |
| | 硫酸铵 [$(NH_4)_2SO_4$] | — | 134 | 463 | — |
| | 硝酸铵（$NH_4NO_3$） | 1650 | — | — | — |
| | 磷酸二氢钾（$KH_2PO_4$） | 170 | — | 400 | — |
| | 硫酸镁（$MgSO_4 \cdot 7H_2O$） | 370 | 250 | 185 | — |
| | 氯化钙（$CaCl_2 \cdot 2H_2O$） | 440 | 150 | 166 | 易沉淀 |
| 微量元素（母液Ⅱ）200× | 碘化钾（KI） | 0.83 | 0.75 | 1.6 | — |
| | 硼酸（$H_3BO_3$） | 6.2 | 3 | 0.8 | — |
| | 硫酸锰（$MnSO_4 \cdot 4H_2O$） | 22.3 | 10 | 4.4 | — |
| | 硫酸锌（$ZnSO_4 \cdot 7H_2O$） | 8.6 | 2 | 1.6 | — |
| | 钼酸钠（$Na_2MoO_4 \cdot 2H_2O$） | 0.25 | 0.25 | — | — |
| | 硫酸铜（$CuSO_4 \cdot 5H_2O$） | 0.025 | 0.025 | — | — |
| | 氯化钴（$CoCl_2 \cdot 6H_2O$） | 0.025 | 0.025 | — | — |

续表

| 母液名称 | 化合物名称 | MS 浓度/(mg/L) | $B_5$ 浓度/(mg/L) | $N_6$ 浓度/(mg/L) | 备注 |
|---|---|---|---|---|---|
| 铁盐（母液Ⅲ）200× | 乙二胺四乙酸二钠（$Na_2EDTA$） | 37.3 | 37.3 | — | 易沉淀 |
|  | 硫酸亚铁（$FeSO_4 \cdot 7H_2O$） | 28.7 | 27.8 | 27.8 | 易沉淀 |
| 氨基酸与维生素（母液Ⅳ）200× | 肌醇 | 100 | 100 |  |  |
|  | 甘氨酸 | 2 | — | 2 |  |
|  | 盐酸硫胺素（维生素 $B_1$） | 0.1 | 10 |  |  |
|  | 盐酸吡哆醇（维生素 $B_6$） | 0.5 | 1 | 0.5 |  |
|  | 烟酸（维生素 $B_8$ 或维生素 PP） | 0.5 | 1 | 0.5 |  |

2. 常用的果蝇培养基

（1）香蕉培养基：将熟透的香蕉捣碎，制成香蕉浆（约 50g），把 1.6g 琼脂加到 48mL 水中并煮沸，溶解后拌入香蕉浆，继续煮沸 3～5min。待稍降温后加入 1mL 丙酸以防止发霉，充分调匀后分装于培养瓶中。使用前在培养瓶中加入适量干酵母粉或 1～2 滴酵母菌液。

若作为临时培养果蝇的培养基，可以直接剥去已熟透且已腐烂的香蕉的皮或苹果的皮，把剥去皮的香蕉或苹果放入培养瓶中即可。

（2）玉米粉培养基：将 1.5g 琼脂捣碎放入 38mL 水中煮溶后，加入 10g 白糖制成琼脂糖混合物，再将 9g 玉米粉和 37mL 水加热搅拌成糊状倾入正在煮沸的琼脂糖混合物中，煮沸 3～5min。待稍降温后加入 1mL 丙酸，或加入溶于 95% 乙醇的苯甲酸少许以防腐，搅拌调匀后，将配好的培养基倒入经灭菌的培养瓶中（1～1.5cm 厚），倾倒时应注意勿将培养基粘到瓶口或瓶壁上。用灭菌的棉纱塞塞好瓶口，冷却待用。暂时不用的培养基应放入 4℃ 冰箱中或清洁阴凉处保存。使用前在培养瓶中加入适量干酵母粉或 1～2 滴酵母菌液。

（3）米粉培养基：将琼脂 2g 加入 75mL 水中，加热煮沸溶解后再加入白糖 10g、米粉 7g（或麸皮），不断搅拌煮沸数分钟。稍降温后加入丙酸 1mL，调匀后分装到培养瓶中。使用前加少许酵母液或适量干酵母粉。

以上 3 种果蝇培养基的配方（按 100mL）见附表 3。

附表3　3种果蝇培养基的配方（按100mL）

| 成分 | 香蕉培养基 | 玉米粉培养基 | 米粉培养基 |
|---|---|---|---|
| 水（mL） | 48 | 75 | 75 |
| 琼脂（g） | 1.6 | 1.5 | 2 |
| 糖（g） | — | 10 | 10 |
| 香蕉浆（g） | 50 | — | — |
| 玉米粉（g） | — | 9 | — |
| 米粉（g） | — | — | 7 |
| 麸皮（g） | — | — | 7 |
| 酵母粉（g） | 1.4 | 1.4 | 1.4 |
| 丙酸（mL） | 1 | 1 | 1 |

3.培养微生物的培养基

（1）面包霉杂交培养基：下面介绍8种培养基的配制方法。

①基本培养基：链孢霉培养基，按照不同类型链孢霉在其上能否正常生长，可分为基本培养基与补充培养基。野生型能在基本培养基上生长。缺陷型则不能在基本培养基上生长，缺陷型只有在基本培养基中补加所需要的某一种或多种生长物质（如氨基酸、维生素等）方能在其上生长。

二水柠檬酸（$Na_3C_8H_5O_7·2H_2O$）　　　3.0g
$KH_2PO_4$　　　5.0g
$NH_4NO_3$　　　2.0g
$MgSO_4·7H_2O$　　　0.2g
$CaCl_2·2H_2O$　　　0.1g
微量元素溶液（见③）　　　1.0mL
生物素溶液（10μg/mL）　　　1.0mL
蔗糖　　　20.0g
琼脂　　　15.0g

以上成分加蒸馏水1000mL，pH5.8，加2%的琼脂，即成固体基本培养基。

②杂交培养基：称取各种成分，加蒸馏水至1000mL，pH6.5，加2%的琼脂，即成固体培养基。

$KNO_3$　　　1.0g
$KH_2PO_4$　　　1.0g

| | |
|---|---|
| MgSO$_4$·7H$_2$O | 0.5g |
| NaCl | 0.1g |
| CaCl$_2$·2H$_2$O | 0.1g |
| 微量元素溶液（见③） | 1.0mL |
| 生物素溶液（10μg/mL） | 1.0mL |
| 蔗糖 | 20.0g |
| 琼脂 | 15.0g |

③微量元素溶液：基本培养基和杂交培养基用。

| | |
|---|---|
| 一水柠檬酸 | 500mg |
| ZnSO$_4$·7H$_2$O | 500mg |
| Fe(NH$_4$)$_2$(SO$_4$)$_2$·6H$_2$O | 100mg |
| CuSO$_4$·5H$_2$O | 25mg |
| MnSO$_4$·4H$_2$O | 5mg |
| H$_3$BO$_3$ | 5mg |
| Na$_2$MoO$_4$·2H$_2$O | 5mg |

加蒸馏水至100mL。

④补充培养基：在基本培养基上补一种或多种生长物质，如氨基酸、核酸碱基、维生素等。氨基酸用量一般是100mL基本培养基中加5～10mg。

⑤完全培养基：为获大量分生孢子，可用1%的甘油代替蔗糖，如加2%的琼脂，即为固体完全培养基。

| | |
|---|---|
| 基本培养基 | 1000mL |
| 酵母膏 | 5g |
| 麦芽汁（亦可省） | 5g |
| 酶解酪素 | 1g |
| 硫胺素 | 100mg |
| 核黄素 | 5mg |
| 吡哆醇 | 5mg |
| 泛酸钙 | 50mg |
| 对氨基苯甲酸 | 5mg |
| 烟酰胺 | 5mg |
| 胆碱 | 100mg |
| 肌醇 | 100mg |
| 叶酸 | 1mg |
| 蒸馏水 | 1000mL |
| 蔗糖 | 20g |

⑥麦芽汁培养基：可以代替完全培养基，配方简单，麦芽汁2份，蒸馏水1份，再加2%的琼脂。

⑦马铃薯培养基：也可以代替完全培养基。将马铃薯洗净去皮，切碎，取200g，加水1000mL，煮热，然后用纱布过滤，弃去残渣，滤下的汁加2%的琼脂、20g蔗糖，煮融，分装到试管中。也可将马铃薯切成黄豆大小碎块，每支试管放4~5块，再加入熔化好的琼脂，蔗糖。

上述培养基分装试管后，55.2kPa灭菌30min，取出摆成斜面，可代替完全培养基使用。

⑧玉米杂交培养基（玉米琼脂培养基）：先取玉米粒，将玉米浸泡软化，破碎，最好每粒破碎成3~4瓣，在水中浸泡数小时，再煮沸10min以上，然后分装到大试管中，每管有2~3粒（或6~8瓣），加入2%的琼脂，加上棉塞，经高压灭菌后做成斜面，待接种用。或另外将玉米煮沸后放入锥形瓶中，加入约总量2%的琼脂，经高压灭菌后，在无菌操作下分装到灭菌的培养皿中，待凝固后，在培养基上平铺一张已灭菌的玻璃纸（以后易于剥离子囊），上附一条宽约0.5cm已灭菌的滤纸（即所谓"桥"）在培养皿中间，以便于以后接种。

（2）牛肉膏蛋白胨培养基：培养细菌用，121℃灭菌20min。

| 牛肉膏 | 3g |
| --- | --- |
| 蛋白胨 | 5g |
| 氯化钠 | 10g |
| 琼脂 | 15~20g |
| pH | 7.0~7.2 |
| 水 | 1000mL |

（3）高氏（Gause）1号培养基：培养放线菌用。

| 可溶性淀粉 | 20g |
| --- | --- |
| 硝酸钾 | 1g |
| 氯化钠 | 0.5g |
| 磷酸氢二钾 | 0.5g |
| 硫酸镁 | 0.5g |
| 硫酸亚铁 | 0.01g |
| 琼脂 | 20g |
| 水 | 1000mL |
| pH | 7.2~7.4 |

配制时，先用少量冷水将淀粉调成糊状，倒入煮沸的水中，在火上加热，边搅拌边加入其他成分，溶解后，补足水分至1000mL。121℃灭菌20min。

（4）查氏（Czapek）培养基：培养霉菌用，121℃灭菌20min。

| 硝酸钠 | 2g |
| 磷酸氢二钾 | 1g |
| 氯化钾 | 0.5g |
| 硫酸镁 | 0.5g |
| 硫酸亚铁 | 0.01g |
| 蔗糖 | 30g |
| 琼脂 | 15～20g |
| 水 | 1000mL |
| pH | 自然 |

（5）马丁氏（Martin）琼脂培养基：分离真菌用。

| 葡萄糖 | 10g |
| 蛋白胨 | 5g |
| 磷酸二氢钾 | 1g |
| 七水合硫酸镁 | 0.5g |
| 1/3000孟加拉红（玫瑰红水溶液） | 100mL |
| 琼脂 | 15～20g |
| pH | 自然 |
| 蒸馏水 | 800mL |

112℃灭菌30min，临用前加入0.03%链霉素稀释液100mL，使每毫升培养基中含链霉素30μg。

（6）马铃薯培养基：简称PDA，培养真菌用。

| 马铃薯 | 200g |
| 蔗糖（或葡萄糖） | 20g |
| 琼脂 | 15～20g |
| pH | 自然 |

培养基的配制：铃薯去皮，切成块，煮沸30min，然后用纱布过滤，再加糖及琼脂，熔化后补足水至1000mL。121℃灭菌30min。

（7）麦芽汁琼脂培养基：

①取大麦或小麦若干，用水洗净，浸水6～12h，至15℃阴暗处发芽，上面盖纱布一块，每日早、中、晚各淋水1次，麦根伸长至麦粒的两倍时，即停止发芽，摊开晒干或烘干，储存备用。

②将干麦芽磨碎，1份麦芽加4份水，在65℃水浴中糖化3～4h，糖化程度可用碘滴定来确定。加水约20mL，调匀至生泡沫时为止，然后倒在糖化液中搅拌煮沸后再过滤。

③将糖化液用4～6层纱布过滤，滤液如混浊不清，可用鸡蛋白澄清，方法

是将一个鸡蛋白加水约 20mL，调匀至生泡沫时为止，然后倒在糖化液中搅拌煮沸后再过滤。

④将滤液稀释到 5～6°Bé，pH 约 6.4，加入 2% 的琼脂即成。121℃灭菌 30min。

（8）无氮培养基：自生固氮菌、钾细菌，113℃灭菌 30min。

| | |
|---|---|
| 甘露醇（或葡萄糖） | 10g |
| 磷酸二氢钾 | 0.2g |
| 七水合硫酸镁 | 0.2g |
| 氯化钠 | 0.2g |
| 七水合硫酸钙 | 0.2g |
| 碳酸钙 | 5g |
| 蒸馏水 | 1000mL |
| pH | 7.0～7.2 |

（9）半固体肉膏蛋白胨培养基：121℃灭菌 20min。

| | |
|---|---|
| 肉膏蛋白胨液体培养基 | 100mL |
| 琼脂 | 0.35～0.40g |
| pH | 7.6 |

（10）合成培养基：加 12mL 0.04% 的溴钾酚紫（pH 5.2～6.8，颜色由黄变紫，作指示剂），121℃灭菌 20min。

| | |
|---|---|
| 偏磷酸铵 | 1g |
| 氯化钾 | 0.2g |
| 七水合硫酸镁 | 0.2g |
| 豆芽汁 | 10mL |
| 琼脂 | 20g |
| 蒸馏水 | 1000mL |
| pH | 7.0 |

（11）豆芽汁蔗糖（或葡萄糖）培养基：称取新鲜豆芽 100g，放入烧杯中，加入水 1000mL，煮沸约 30min，用纱布过滤。用水补足原量，再加入蔗糖（或葡萄糖）50g，煮沸使其溶解，121℃灭菌 20min。

| | |
|---|---|
| 黄豆芽 | 100g |
| 蔗糖（或葡萄糖） | 50g |
| 水 | 1000mL |
| pH | 自然 |

（12）油脂培养基：油（不能使用变质油）和琼脂及水先加热，调好 pH，再加入中性红，分装时，须不断搅拌，使油均匀分布于培养基中，121℃灭菌

20min。

| 蛋白胨 | 10g |
| 牛肉膏 | 5g |
| 氯化钠 | 5g |
| 香油或花生油 | 10g |
| 1.6%中性红水溶液 | 1mL |
| 琼脂 | 15~20g |
| 蒸馏水 | 1000mL |
| pH | 7.2 |

（13）淀粉培养基：121℃灭菌20min。

| 蛋白胨 | 10g |
| 牛肉膏 | 5g |
| 氯化钠 | 5g |
| 可溶性淀粉 | 2g |
| 蒸馏水 | 1000mL |
| 琼脂 | 15~20g |

（14）明胶培养基：在水浴锅中将各成分熔化，不断搅拌。溶化后调pH至7.2~7.4，121℃灭菌30min。

| 牛肉膏蛋白胨液 | 100mL |
| 明胶 | 12~18g |
| pH | 7.2~7.4 |

（15）蛋白胨水培养基：121℃灭菌20min。

| 蛋白胨 | 10g |
| 氯化钠 | 5g |
| 蒸馏水 | 1000mL |
| pH | 7.6 |

（16）糖发酵培养基：

| 蛋白胨水培养基 | 1000mL |
| 1.6%溴钾酚紫乙醇溶液 | 1~2mL |
| pH | 7.6 |

另配制20%糖溶液（葡萄糖、乳糖、蔗糖等）各10mL。

①将上述含指示剂的蛋白胨水培养基（pH 7.6）分装于试管中，每管10mL，在每管内放一倒置的小玻璃管（Durham tube），使之充满培养液。

②将已分装好的蛋白胨水和20%的各种糖溶液分别灭菌，其中蛋白胨水121℃灭菌20min，糖溶液112℃灭菌30min。

③灭菌后，每管以无菌操作分别加入 20% 无菌糖溶液 0.5mL（按每 10mL 培养基中加入 20% 的糖液 0.5mL，则成 1% 的浓度）。配制用的试管必须洗干净，避免结果混乱。

（17）葡萄糖蛋白胨水培养基：将各成分溶于 1000mL 水中，调 pH 至 7.0～7.2，过滤。分装试管，每管 10mL，112℃灭菌 30min。

| 蛋白胨 | 5g |
| --- | --- |
| 葡萄糖 | 5g |
| 磷酸氢二钾 | 2g |
| 蒸馏水 | 1000mL |

（18）麦氏（Meclary）琼脂：培养酵母菌，113℃灭菌 20min。

| 葡萄糖 | 1g |
| --- | --- |
| 氯化钾 | 1.8g |
| 酵母浸膏 | 2.5g |
| 醋酸钠 | 8.2g |
| 琼脂 | 15～20g |
| 蒸馏水 | 1000mL |

（19）柠檬酸盐培养基：将各成分加热溶解后，调 pH 至 6.8，然后加入指示剂，摇匀，用脱脂棉过滤。制成后为黄绿色，分装试管，121℃灭菌 20min 后制成斜面，注意配制时控制好 pH，不要过高，以黄绿色为准。

| 磷酸二氢铵 | 1g |
| --- | --- |
| 磷酸氢二钾 | 1g |
| 氯化钠 | 5g |
| 硫酸镁 | 0.2g |
| 柠檬酸钠 | 2g |
| 琼脂 | 15～20g |
| 蒸馏水 | 1000mL |
| 1% 溴麝香草酚蓝乙醇液 | 10mL |

（20）醋酸铅培养基：将牛肉膏蛋白胨琼脂 100mL 加热熔化，待冷却至 60℃时加入硫代硫酸钠 0.25g，调 pH 至 7.2，分装于锥形瓶中，115℃灭菌 15min。取出后待冷却至 55～60℃，加入 10% 醋酸铅水溶液（无菌的）1mL，混匀后倒入灭菌试管或平板中。

| pH 7.4 的牛肉膏蛋白胨琼脂 | 100mL |
| --- | --- |
| 硫代硫酸钠 | 0.25g |
| 10% 醋酸铅水溶液 | 1mL |

（21）血琼脂培养基：将牛肉膏蛋白胨琼脂加热熔化，待冷却至 50℃时，

加入无菌脱纤维羊血（或兔血），摇匀后倒平板或制成斜面。37℃过夜，检查无菌生长即可使用。

| | |
|---|---|
| pH 7.6 的牛肉膏蛋白胨琼脂 | 100mL |
| 脱纤维羊血（或兔血） | 10mL |

（22）玉米粉蔗糖培养基：121℃灭菌30min，维生素$B_1$单独灭菌15min后另加。

| | |
|---|---|
| 玉米粉 | 60g |
| 磷酸二氢钾 | 3g |
| 维生素$B_1$ | 100mg |
| 蔗糖 | 10g |
| 七水合硫酸镁 | 1.5g |
| 水 | 1000mL |

（23）酵母膏麦芽汁琼脂：121℃灭菌30min。

| | |
|---|---|
| 麦芽粉 | 3g |
| 酵母浸膏 | 0.1g |
| 水 | 1000mL |

（24）棉籽壳培养基：棉籽壳50%，石灰粉1%，过磷酸钙1%，水65%～70%，按比例称好料，充分搅拌均匀后装瓶，较薄地平摊于盘上。

（25）复红亚硫酸钠培养基（远藤氏培养基）：先将琼脂加入900mL蒸馏水中，加热使其熔化，再加入磷酸氢二钾及蛋白胨，使其溶解，补足蒸馏水至1000mL，调pH至7.2～7.4。加入乳糖，混匀溶解后，115℃灭菌20min。称取亚硫酸钠，置于一无菌空试管中，加入无菌水少许使其溶解，再在水浴中煮沸10min，立刻滴加于20mL 5%碱性复红乙醇溶液中，直至深红色褪成淡粉红色为止。将此亚硫酸钠与碱性复红的混合液全部加至上述已灭菌的并仍保持熔化状态的培养基中，充分混匀，倒平板，放冰箱中备用，储存时间不宜超过2周。

| | |
|---|---|
| 蛋白胨 | 10g |
| 乳糖 | 10g |
| 磷酸氢二钾 | 3.5g |
| 琼脂 | 20～30g |
| 蒸馏水 | 1000mL |
| 5%碱性复红乙醇溶液 | 20mL |

（26）伊红美蓝培养基（EMB培养基）：将已灭菌的蛋白胨水培养基（pH 7.6）加热熔化，冷却至60℃左右时，再把已灭菌的乳糖溶液、伊红水溶液及美蓝水溶液按相应量以无菌操作加入。摇匀后，立即倒平板。乳糖在高温灭菌易被破坏，

必须严格控制灭菌温度，115℃灭菌 20min。

| | |
|---|---|
| 蛋白胨水培养基 | 100mL |
| 20% 乳糖溶液 | 2mL |
| 2% 伊红水溶液 | 2mL |
| 0.5% 美蓝水溶液 | 1mL |

（27）乳糖蛋白胨培养液：水的细菌学检查用，将蛋白胨、牛肉膏、乳糖及氯化钠加热溶解于 1000mL 蒸馏水中，调 pH 至 7.2～7.4。加入 1.6% 溴甲酚紫乙醇溶液 1mL，充分混匀，分装于有小倒管的试管中。115℃灭菌 20min。

| | |
|---|---|
| 蛋白胨 | 10g |
| 牛肉膏 | 3g |
| 乳糖 | 5g |
| 氯化钠 | 5g |
| 1.6% 溴甲酚紫乙醇溶液 | 1mL |
| 蒸馏水 | 1000mL |

（28）石蕊牛奶培养基：121℃灭菌 15min。

| | |
|---|---|
| 牛奶粉 | 100g |
| 石蕊 | 0.075g |
| 水 | 1000mL |
| pH | 6.8 |

（29）LB（Luria-Bertani）培养基：121℃灭菌 20min。

| | |
|---|---|
| 蛋白胨 | 10g |
| 酵母膏 | 5g |
| 氯化钠 | 10g |
| 蒸馏水 | 1000mL |
| pH | 7.0 |

（30）庖肉培养基：

①取已去肌膜、脂肪之牛肉 500g，切成小方块，加于 1000mL 蒸馏水中，以弱火煮 1h，用纱布过滤，挤干肉汁，将肉汁保留备用。将肉渣用绞肉机绞碎，或用刀切成细粒。

②将保留的肉汁加蒸馏水，使总体积为 2000mL，加入蛋白胨 20g、葡萄糖 2g、氯化钠 5g，以及绞碎的肉渣，置于烧瓶中摇匀，加热使蛋白胨熔化。

③取上层溶液测量 pH，并调至 8.0，在烧瓶壁上用记号笔标示瓶内液体高度，

121℃灭菌 15min 后补足蒸发的水分，重新调整 pH 至 8.0，再煮沸 10～20min，补足水量后调整 pH 至 7.4。

④将烧瓶内容物摇匀，将溶液和肉渣分装于试管中，肉渣约占培养基的 1/4。经 121℃灭菌 15min 后备用，如当日不用，应以无菌操作加入已灭菌的石蜡凡士林，以隔绝氧气。

（31）乳糖牛肉膏蛋白胨培养基：按下面的配方配制。

| | |
|---|---|
| 乳糖 | 5g |
| 牛肉膏 | 5g |
| 酵母膏 | 5g |
| 蛋白胨 | 10g |
| 葡萄糖 | 10g |
| 氯化钠 | 5g |
| 琼脂粉 | 15g |
| pH | 6.8 |
| 水 | 1000mL |

（32）马铃薯牛乳培养基：将 200g 马铃薯（去皮）煮出汁，加脱脂鲜乳 100mL、酵母膏 5g、琼脂粉 15g，加水 1000mL，调 pH 至 7.0。制平板培养基时，牛乳与其他成分分开灭菌，倒平板前再混合。

（33）尿素琼脂培养基：在 100mL 蒸馏水或去离子水中，加入其他成分（除琼脂外）。混合均匀。过滤灭菌。将琼脂加入 900mL 蒸馏水或去离子水中，加热煮沸。在 0.134MPa 121℃灭菌 15min。冷却至 50℃，加入灭菌好的基本培养基，混匀后，分装于灭菌的试管中，放在倾斜位置上让其凝固。

| | |
|---|---|
| 尿素 | 20g |
| 琼脂 | 15g |
| 氯化钠 | 5g |
| 磷酸二氢钾 | 2g |
| 蛋白胨 | 1g |
| 酚红 | 0.012g |
| 蒸馏水 | 1000mL |
| pH | $6.8 \pm 0.2$ |

# 附录Ⅳ 常见生物体细胞染色体数

附表4 动物体细胞染色体数目

| 动物名称 | 染色体数目 | 动物名称 | 染色体数目 | 动物名称 | 染色体数目 |
|---|---|---|---|---|---|
| 人类 | 46 | 小家鼠 | 40 | 新疆北鲵 | 66 |
| 黑猩猩 | 48 | 小白鼠 | 40 | 黑爪异鲵 | 64 |
| 大猩猩 | 48 | 大家鼠 | 42 | 鲫鱼 | 94 |
| 猩猩 | 48 | 大白鼠 | 42 | 金鱼 | 94 |
| 猿 | 48 | 褐家鼠 | 42 | 鲤鱼 | 104 |
| 黑长臂猿 | 52 | 中国田鼠 | 22 | 草鱼 | 48 |
| 猕猴 | 42 | 田鼠 | 54 | 白鲢鱼 | 48 |
| 台湾猴 | 42 | 仓鼠 | 22 | 鳙鱼（胖头鱼） | 48 |
| 恒河猴 | 42 | 豚鼠 | 64 | 河鳗 | 38 |
| 黑叶猴 | 44 | 鼹 | 40 | 泥鳅 | 52 |
| 金丝猴 | 44 | 袋鼠 | 12 | 黄鳝 | 24 |
| 水牛 | 48 | 刺猬 | 48 | 大马哈鱼 | 24（♂） |
| 黄牛 | 60 | 鸡 | 78 | 尼罗鲱鱼 | 24 |
| 牦牛 | 60 | 火鸡 | 80 | 河鲈 | 28 |
| 黑白花牛 | 58 | 鸭 | 80 | 文昌鱼 | 24 |
| 马 | 64、66 | 野鸽 | 16 | 大蜗牛 | 54（♂） |
| 驴 | 62 | 家鸽 | 80 | 河虾 | 116 |
| 骡 | 63 | 白鹭 | 60 | 矶蟹 | 128 |
| 山羊 | 60 | 蝮蛇 | 36 | 松叶蟹 | 208 |
| 绵羊 | 54 | 眼镜蛇 | 38（♂） | 高脚蟹 | 106 |
| 猪 | 38、40 | 银环蛇 | 36（♀） | 寄居蟹 | 254 |
| 狗 | 52、78 | 竹叶青蛇 | 36（♂） | 家蚕 | 56 |
| 猫 | 38 | 烙铁头蛇 | 36（♂） | 蜜蜂 | 16（♂）<br>32（♀） |

续表

| 动物名称 | 染色体数目 | 动物名称 | 染色体数目 | 动物名称 | 染色体数目 |
|---|---|---|---|---|---|
| 虎 | 38 | 五步蛇 | 36 | 蚊 | 6 |
| 豹 | 38 | 蜥蜴 | 26 | 摇蚊 | 8 |
| 狮 | 38 | 大壁虎 | 38 | 果蝇 | 8 |
| 赤狐 | 36 | 水龟 | 52（♂） | 家蝇 | 8 |
| 猪俐 | 38 | 鳖 | 63（♀）、64（♂） | 萤火虫 | 18（♀） |
| 紫貂 | 38 | 扬子鳄 | 32 | 蝗虫 | 21（♂）22（♀） |
| 水貂 | 30 | 青蛙 | 24、26 | 佛蝗 | 23（♂）24（♀） |
| 棕熊 | 74 | 林蛙 | 26 | 负蝗 | 19（♂）20（♀） |
| 亚洲象 | 56 | 牛蛙 | 26 | 蝼蛄 | 24（♀） |
| 大熊猫 | 42 | 无斑雨蛙 | 26 | 鲨 | 26 |
| 小熊猫 | 36 | 蟾蜍 | 24（♂） | 沙蚕 | 8 |
| 海豹 | 32 | 爪蟾 | 22 | 剑水蚤 | 4 |
| 河狸 | 48 | 蝾螈 | 38 | 美洲蛄 | 200 |
| 长须鲸 | 42 | 小鲵 | 12、24 | 蚜虫 | 6 |
| 兔 | 44 | 大鲵 | 56 | 菜粉蝶 | 30 |
| 穴兔（野生种） | 44 | 爪鲵 | 56～64 | 七星瓢虫 | 18（♂） |
| 鹿 | 14 | 山溪鲵 | 78 | 蚂蚁 | 16（♂）32（♀） |
| 东北梅花鹿 | 64～68 | 马蛔虫 | 4 | 海胆 | 18、36 |
| 马粪海胆 | 36 | 日本血吸虫 | 16 | 赤鏖 | 6（♀） |
| 海星 | 36 | 肺蛭 | 16 | 水螅 | 30 |
| 蚯蚓 | 32 | 线虫 | 2 | 淡水水螅 | 12、32 |

附表5 植物体细胞染色体数目

| 植物名称 | 染色体数目 | 植物名称 | 染色体数目 | 植物名称 | 染色体数目 |
| --- | --- | --- | --- | --- | --- |
| 大麦 | 14 | 黄麻 | 14 | 冬油菜 | 38 |
| 水稻 | 24 | 圆果种黄麻 | 28 | 白菜型油菜 | 20 |
| 小麦 | 42 | 长果种黄麻 | 56 | 甘蓝型油菜 | 38 |
| 一粒小麦 | 14 | 剑麻 | 60、120 | 芥菜型油菜 | 36 |
| 二粒小麦 | 28 | 蓖麻 | 20 | 食用油菜 | 20 |
| 硬粒小麦 | 28 | 大豆 | 40 | 芹菜 | 22 |
| 提莫菲维小麦 | 28 | 豌豆 | 14 | 牛皮菜 | 18 |
| 黑麦 | 14、28 | 香豌豆 | 14 | 苋菜 | 34 |
| 小黑麦 | 56 | 绿豆 | 22 | 雪里蕻 | 36 |
| 荞麦 | 16 | 扁豆 | 22 | 莴苣 | 18 |
| 莜麦 | 16 | 红小豆 | 22 | 菠菜 | 12 |
| 燕麦 | 42 | 蚕豆 | 12 | 荠菜 | 16 |
| 谷子 | 18 | 菜豆 | 22 | 糖用甜菜 | 18 |
| 粟 | 18 | 刀豆 | 22 | 黄花菜（萱草） | 22、33 |
| 黍 | 36 | 豇豆 | 22 | 洋葱 | 16、32 |
| 玉米 | 20 | 油莎豆 | 108 | 韭菜 | 32 |
| 高粱 | 20、40 | 紫云英 | 16 | 大葱 | 16 |
| 稷 | 36 | 苜蓿 | 32 | 茄子 | 24 |
| 节节麦 | 14 | 紫花苜蓿 | 32 | 辣椒 | 24 |
| 月见草 | 14 | 紫穗槐 | 40 | 大蒜 | 16 |
| 白茅 | 14 | 含羞草 | 48、52 | 姜 | 22 |
| 早熟禾 | 265 | 野豌豆 | 12、24 | 芫荽（香菜） | 22 |
| 茭白 | 34 | 望江南 | 26 | 茴香 | 22 |
| 蛛草 | 12 | 刺槐（洋槐） | 20 | 番茄 | 24 |
| 草棉 | 26 | 花生 | 20、40 | 芋 | 28、42 |
| 中棉 | 26 | 国槐 | 28 | 菊芋（洋姜） | 102 |
| 非洲棉 | 26 | 白菜 | 20 | 慈姑 | 22 |

续表

| 植物名称 | 染色体数目 | 植物名称 | 染色体数目 | 植物名称 | 染色体数目 |
| --- | --- | --- | --- | --- | --- |
| 印度木棉 | 26 | 芜菁 | 20 | 黄瓜 | 14 |
| 陆地棉 | 52 | 萝卜 | 18 | 南瓜 | 40 |
| 海岛棉 | 52 | 胡萝卜 | 18 | 苦瓜 | 22 |
| 洋麻 | 36 | 卷心菜 | 18 | 丝瓜 | 24、26 |
| 大麻 | 20 | 甘蓝 | 18 | 西瓜 | 22、44 |
| 红麻 | 36 | 球茎甘蓝 | 18 | 无籽西瓜 | 33 |
| 亚麻 | 30、32 | 花椰菜 | 18 | 冬瓜 | 24 |
| 蛇麻 | 18 | 青菜（小白菜） | 20 | 甜瓜（香瓜） | 24 |
| 苎麻 | 28 | 萝卜甘蓝 | 36 | 哈密瓜 | 24 |
| 印度南瓜 | 40 | 桑 | 28、42、56、84 | 向日葵 | 34 |
| 西葫芦 | 40 | 大巢菜 | 12 | 芝麻 | 26、52 |
| 花椒 | 68 | 毛巢菜 | 14 | 河柳 | 38 |
| 柿子椒 | 24 | 甘蔗 | 80、126 | 鸡血藤 | 32 |
| 马铃薯 | 48 | 白屈菜 | 16、24、32、 | 紫茉莉 | 58 |
| 梅 | 16 | 紫玉兰 | 38 | 中国水仙 | 30 |
| 桃 | 16 | 风信子 | 24、32 | 绵枣儿 | 16 |
| 樱桃 | 32 | 麻黄 | 28 | 月季 | 14、21、28 |
| 海棠 | 34 | 皱叶酸模 | 60 | 蔷薇 | 14、21、28 |
| 洋梨 | 34、51 | 天山酸模 | 20 | 朱顶红 | 44 |
| 美洲李 | 16 | 薏苡（米仁） | 20 | 凤仙花 | 14 |
| 欧洲李 | 46 | 川芎 | 22 | 翠菊 | 18 |
| 无花果 | 26 | 贝母 | 24 | 藏红花 | 6 |
| 甜樱桃 | 16 | 党参 | 16 | 春藏红花 | 8 |
| 酸樱桃 | 32 | 人参 | 44 | 车前 | 8 |
| 文冠果 | 40 | 当归 | 22 | 银杏（白果） | 24 |

续表

| 植物名称 | 染色体数目 | 植物名称 | 染色体数目 | 植物名称 | 染色体数目 |
|---|---|---|---|---|---|
| 甜橙 | 18、36 | 地黄 | 8 | 中华猕猴桃 | 116、160 |
| 山樱 | 16 | 芍药 | 10 | 对萼猕猴桃 | 116 |
| 普通杏 | 16 | 牡丹 | 10、20 | 硬毛中华猕猴桃 | 170、174 |
| 柿 | 90 | 杜仲 | 34 | 七叶一枝花 | 10 |
| 椰子 | 32 | 薄荷 | 32 | 药用蒲公英 | 24 |
| 黑枣 | 30 | 天门冬 | 18 | 石蒜 | 33 |
| 荔枝 | 28、30 | 砂仁 | 48 | 矮小石蒜 | 22 |
| 榧子 | 22 | 半枝莲 | 18 | 睡莲 | 112 |
| 夏蜜柑 | 18 | 番木瓜 | 18 | 土麦冬 | 108 |
| 普通桃 | 16 | 番红花 | 24 | 拟南芥 | 10 |
| 枣 | 24、48 | 郁金香 | 24、36、82 | 延龄草 | 10 |
| 核桃 | 32 | 曼陀罗 | 24 | 还阳参 | 6 |
| 板栗 | 22、24 | 玉簪 | 60 | 单冠毛菊 | 4 |
| 柠檬 | 18、36 | 牵牛花 | 30 | 酒花 | 18 |
| 石榴 | 16 | 商陆 | 36 | 啤酒花 | 20 |
| 龙眼（桂圆） | 30 | 芦荟 | 14 | 红薯（甘薯） | 90 |
| 香蕉 | 22、33 | 黄芪 | 12、48 | 小花紫露草 | 14 |
| 菠萝 | 50、75、100 | 鸢尾 | 24 | 荸荠属 | 10、20、30、80 |
| 葡萄 | 38、76 | 藿草 | 16 | 紫鸭跖草 | 24 |
| 山楂 | 32 | 百合 | 24、36 | 苏丹草 | 20 |
| 柚子 | 18 | 青岛百合 | 24 | 金鱼草 | 16 |
| 橘子 | 18 | 岷江百合 | 24 | 白杨 | 38、57 |
| 茶 | 24、30、44 | 枇杷 | 34 | 水杨 | 38 |
| 咖啡 | 22、44、 | 金橘 | 18、36 | 垂柳 | 78 |

续表

| 植物名称 | 染色体数目 | 植物名称 | 染色体数目 | 植物名称 | 染色体数目 |
|---|---|---|---|---|---|
| 含笑 | 38 | 李子 | 16 | 小叶桑 | 14、26 |
| 烟草 | 24、48 | 梨 | 34 | 榛 | 28 |
| 油茶 | 20 | 苹果 | 34、51、68 | 白榆 | 28 |
| 山茶 | 30 | 中国石蒜 | 16 | 花榈木 | 16 |
| 木荷 | 36 | 瓶尔小草 | 1260 | 蕨 | 104 |
| 珊瑚木 | 32 | 苏铁 | 22 | 油松 | 24 |
| 柠檬桉 | 22 | 提灯藓 | 12 | 金发藓 | 26 |
| 鹅掌楸 | 38 | 带叶苔 | 16 | 钱苔 | 16 |
| 山鸡椒 | 24 | 虾夷水钱苔 | 16 | 红贝母苔 | 14 |
| 金钱松 | 34 | 囊果苔 | 14 | 地钱 | 18 |
| 马尾松 | 24 | 羊齿 | 100 | 水绵 | 24 |
| 云杉 | 24 | 衣藻 | 16 | 海带 | 44 |
| 杉 | 22 | 鹿角藻 | 64 | 裙带菜 | 44 |
| 板栗 | 22 | 棕榈 | 36 | 梗瓶尔小草 | 960 |
| 柏 | 22 | 山毛榉 | 22 | 石刁柏 | 20 |
| 油桐 | 22 | 天竺葵 | 16 | 雪松 | 24 |
| 榔榆 | 28 | 落叶松 | 24 | 黑杨 | 38、57 |
| 檫树 | 24 | 青钢柳 | 38 | 山药 | 140、144 |
| 蜡梅 | 22 | 白蜡树 | 46 | 红松 | 24 |
| 江浙钓樟 | 24 | 吊兰 | 28 | 水王孙 | 24 |
| 玉兰 | 114 | | | | |

附表6 常见微生物染色体数目

| 微生物名称 | 染色体数目 | 微生物名称 | 染色体数目 |
|---|---|---|---|
| 黑曲霉 | 4 | 红色面包霉 | 14 |
| 小麦杆锈菌 | 2 | 曲霉 | 8 |
| 链孢霉 | 7 | 青霉菌 | 4 |

# 附录Ⅴ　$\chi^2$ 分布表（卡方分布表）

| 自由度 | 概率（P） | | | | | | | | | | | |
|---|---|---|---|---|---|---|---|---|---|---|---|---|
| | 0.995 | 0.99 | 0.975 | 0.95 | 0.90 | 0.75 | 0.50 | 0.25 | 0.10 | 0.05 | 0.025 | 0.01 | 0.005 |
| 1 | | | | – | 0.02 | 0.01 | 0.45 | 1.32 | 2.71 | 3.84 | 5.02 | 6.63 | 7.88 |
| 2 | 0.01 | 0.02 | 0.02 | 0.10 | 0.21 | 0.58 | 1.39 | 2.77 | 4.61 | 5.99 | 7.38 | 9.21 | 10.60 |
| 3 | 0.07 | 0.11 | 0.22 | 0.35 | 0.58 | 1.21 | 2.37 | 4.11 | 6.25 | 7.81 | 9.35 | 11.34 | 12.84 |
| 4 | 0.21 | 0.30 | 0.48 | 0.71 | 1.06 | 1.92 | 3.36 | 5.39 | 7.78 | 9.49 | 11.14 | 13.28 | 14.86 |
| 5 | 0.41 | 0.55 | 0.83 | 1.15 | 1.61 | 2.67 | 4.35 | 6.63 | 9.24 | 11.07 | 12.83 | 15.09 | 16.75 |
| 6 | 0.68 | 0.87 | 1.24 | 1.64 | 2.20 | 3.45 | 5.35 | 7.84 | 10.64 | 12.59 | 14.15 | 16.8 | 18.55 |
| 7 | 0.99 | 1.24 | 1.69 | 2.17 | 2.83 | 4.25 | 6.35 | 9.04 | 12.02 | 14.07 | 16.01 | 18.48 | 20.28 |
| 8 | 1.34 | 1.65 | 2.18 | 2.73 | 3.40 | 5.07 | 8.34 | 11.39 | 14.68 | 16.92 | 17.53 | 21.67 | 21.96 |
| 9 | 1.73 | 2.09 | 2.70 | 3.33 | 4.17 | 5.90 | 8.34 | 11.39 | 14.68 | 16.92 | 19.02 | 21.67 | 23.59 |
| 10 | 2.16 | 2.56 | 3.25 | 3.94 | 4.87 | 6.74 | 9.34 | 12.55 | 15.99 | 18.31 | 20.48 | 23.21 | 25.19 |
| 11 | 2.60 | 3.05 | 3.82 | 4.57 | 5.58 | 7.58 | 10.34 | 13.70 | 17.28 | 19.68 | 21.92 | 24.72 | 26.76 |
| 12 | 3.07 | 3.57 | 4.40 | 5.23 | 6.30 | 8.44 | 11.34 | 14.85 | 18.55 | 21.03 | 23.34 | 26.22 | 28.30 |
| 13 | 3.57 | 4.11 | 5.01 | 5.89 | 7.04 | 9.30 | 12.34 | 15.98 | 19.81 | 22.36 | 24.74 | 27.69 | 29.82 |
| 14 | 4.07 | 4.66 | 5.63 | 6.57 | 7.79 | 10.17 | 13.34 | 17.12 | 21.06 | 23.68 | 26.12 | 29.14 | 31.32 |
| 15 | 4.60 | 5.23 | 6.27 | 7.26 | 8.55 | 11.04 | 14.34 | 18.25 | 22.31 | 25.00 | 27.49 | 30.58 | 32.80 |
| 16 | 5.14 | 5.81 | 6.91 | 7.96 | 9.31 | 11.91 | 15.34 | 19.37 | 23.54 | 26.30 | 28.85 | 32.00 | 34.27 |
| 17 | 5.70 | 6.41 | 7.56 | 8.67 | 10.09 | 12.79 | 16.34 | 20.49 | 24.77 | 27.59 | 30.19 | 33.41 | 35.72 |
| 18 | 6.26 | 7.01 | 8.23 | 9.39 | 10.86 | 13.68 | 17.34 | 21.60 | 25.99 | 28.87 | 31.53 | 34.81 | 37.16 |
| 19 | 6.84 | 7.63 | 8.91 | 10.12 | 11.65 | 14.56 | 18.34 | 22.72 | 27.20 | 30.14 | 32.85 | 36.19 | 38.58 |
| 20 | 7.43 | 8.26 | 9.59 | 10.85 | 12.44 | 15.45 | 19.34 | 23.83 | 28.41 | 31.41 | 34.17 | 37.57 | 40.00 |
| 21 | 8.03 | 8.90 | 10.28 | 11.59 | 13.24 | 16.34 | 20.34 | 24.93 | 29.62 | 32.67 | 35.48 | 38.93 | 41.40 |
| 22 | 8.64 | 9.54 | 10.98 | 12.34 | 14.04 | 17.24 | 21.34 | 26.04 | 30.81 | 33.92 | 36.78 | 40.29 | 42.80 |
| 23 | 9.26 | 10.20 | 11.69 | 13.09 | 14.85 | 18.14 | 22.34 | 27.14 | 32.01 | 35.17 | 38.08 | 41.64 | 44.18 |

续表

| 自由度 | 概率（P） | | | | | | | | | | | |
|---|---|---|---|---|---|---|---|---|---|---|---|---|
| | 0.995 | 0.99 | 0.975 | 0.95 | 0.90 | 0.75 | 0.50 | 0.25 | 0.10 | 0.05 | 0.025 | 0.01 | 0.005 |
| 24 | 9.89 | 10.86 | 12.40 | 13.85 | 15.66 | 19.04 | 23.34 | 28.24 | 33.20 | 36.42 | 39.36 | 42.98 | 45.56 |
| 25 | 10.52 | 11.52 | 13.12 | 14.61 | 16.47 | 19.94 | 24.34 | 29.34 | 34.38 | 37.65 | 40.65 | 44.31 | 46.93 |
| 26 | 11.16 | 12.20 | 13.84 | 15.38 | 17.29 | 20.84 | 25.34 | 30.43 | 35.56 | 38.89 | 41.92 | 45.64 | 48.29 |
| 27 | 11.81 | 12.88 | 14.57 | 16.15 | 18.11 | 21.75 | 26.34 | 31.53 | 36.74 | 40.11 | 43.19 | 46.96 | 49.64 |
| 28 | 12.46 | 13.56 | 15.31 | 16.93 | 18.94 | 22.66 | 27.34 | 32.62 | 37.92 | 41.34 | 44.46 | 48.28 | 50.99 |
| 29 | 13.12 | 14.26 | 16.05 | 17.71 | 19.77 | 23.57 | 28.34 | 33.71 | 39.09 | 42.56 | 45.72 | 49.59 | 52.34 |
| 30 | 13.79 | 14.95 | 16.79 | 18.49 | 20.60 | 24.48 | 29.34 | 34.80 | 40.26 | 43.77 | 46.98 | 50.89 | 53.67 |
| 40 | 20.71 | 22.16 | 24.43 | 26.51 | 29.05 | 33.66 | 39.34 | 45.62 | 51.80 | 55.76 | 59.34 | 63.69 | 66.77 |
| 50 | 27.99 | 29.71 | 32.36 | 34.76 | 37.69 | 42.94 | 49.33 | 56.33 | 63.17 | 67.50 | 71.42 | 76.15 | 79.49 |
| 60 | 35.53 | 37.48 | 40.48 | 43.19 | 46.46 | 52.29 | 59.33 | 66.98 | 74.40 | 79.08 | 83.30 | 88.38 | 91.95 |
| 70 | 43.28 | 45.44 | 48.76 | 51.74 | 55.33 | 61.70 | 69.33 | 77.58 | 85.53 | 90.53 | 95.02 | 100.42 | 104.22 |
| 80 | 51.17 | 53.54 | 57.15 | 60.39 | 64.28 | 71.14 | 79.33 | 88.13 | 96.58 | 101.88 | 106.63 | 112.33 | 116.32 |
| 90 | 59.2 | 61.75 | 65.65 | 69.13 | 73.29 | 80.62 | 89.33 | 98.64 | 07.56 | 13.14 | 18.14 | 24.12 | 128.3 |
| 100 | 67.33 | 70.06 | 74.22 | 77.93 | 82.36 | 90.13 | 99.33 | 09.14 | 118.50 | 124.34 | 129.56 | 135.8 | 140.17 |